U0859526

安徽省一流教材建设项目
21世纪高等院校数学规划教材

线性代数

（第二版）

王传玉　编著

北京大学出版社
PEKING UNIVERSITY PRESS

图书在版编目(CIP)数据

线性代数/王传玉编著. —2版. —北京：北京大学出版社，2020. 8
21世纪高等院校数学规划教材
ISBN 978-7-301-31502-6

Ⅰ. ①线… Ⅱ. ①王… Ⅲ. ①线性代数—高等学校—教材 Ⅳ. ①O151. 2

中国版本图书馆 CIP 数据核字（2020）第 141399 号

书　　名	线性代数（第二版） XIANXING DAISHU（DI-ER BAN）
著作责任者	王传玉　编著
责任编辑	曾琬婷
标准书号	ISBN 978-7-301-31502-6
出版发行	北京大学出版社
地　　址	北京市海淀区成府路 205 号　100871
网　　址	http://www.pup.cn　　新浪微博：@北京大学出版社
电子信箱	zpup@pup.cn
电　　话	邮购部 010-62752015　发行部 010-62750672　编辑部 010-62754819
印 刷 者	大厂回族自治县彩虹印刷有限公司
经 销 者	新华书店
	787 毫米×1092 毫米　16 开本　10.5 印张　252 千字
	2011 年 1 月第 1 版
	2020 年 8 月第 2 版　2022 年 1 月第 3 次印刷（总第 13 次印刷）
印　　数	53301—57300 册
定　　价	34.00 元

内容简介

本书是作者根据教育部的“工科类本科数学基础课程教学基本要求”，在多年讲授“线性代数”课程的讲义基础上修订而成的，凝聚了作者三十多年在教学第一线积累的丰富教学经验．全书共分为六章，内容包括：矩阵与线性方程组、行列式、向量空间与线性变换、线性方程组、正交性、特征值与特征向量．每节配置有适量的习题，书末附有部分习题参考答案与提示，便于读者参考．

为了满足工科类学生的要求，本书对传统的线性代数教学内容在结构和内容上做了适当的调整，重点突出矩阵在线性代数中的地位，强调围绕矩阵展开的各种运算及各知识点在实际应用中的作用．本书第一版自2011年出版以来，得到广大读者的认可和欢迎．本次修订在保持第一版的特色基础上，结合近十年来作者在“线性代数”课程教学改革上的深刻思考以及读者的反馈意见，对部分结构与内容进行了调整和修改，使本书更贴合工科类学生的实际需求，更便于教学和自学．

本书可作为普通高等院校工科类各专业本科生“线性代数”课程的教材，也可供有关技术人员自学和参考．

第二版前言

本书第一版自2011年出版以来，一直作为我们讲授“线性代数”课程的教材，已经经过多次教学实践.在这次修订中，我们根据实践中积累的一些经验，并吸取使用本书作为教材的同行们所提出的宝贵意见，将本书的部分结构和内容做了调整和修改.

这次修订的主要工作是：

(1) 适当调整一些章节的编排和内容，使全书结构更合理.具体来说，在第二章中增加了矩阵的秩的内容，借此建立线性方程组有唯一解和无穷多个解的充要条件，解决线性方程组的求解问题.在第三章中进行了结构调整，按照向量组、向量空间、线性变换的次序展开，对向量组线性相关性的内容进行了扩充，增加了向量组的极大无关组内容，同时对向量空间和线性变换的部分内容进行了压缩.在第五章中删除了正交子空间和内积空间的部分内容，适当降低了学习本课程的难度.

(2) 对于一些较为深刻且重要的概念，增加了引导性和解说性文字，以增强本书的可读性，如2阶和3阶行列式的引入，格拉姆-施密特正交化过程，等等.

(3) 利用二维码增加了一些扩展性内容，以便读者进行自主学习.

(4) 弥补了几处疏漏，使推理、解题更为顺畅.

(5) 调整并增加了部分例题，对习题也做了少量的增删.

总之，这次修订在保持原有体系和框架的基础上，在满足教育部的“工科类本科数学基础课程教学基本要求”的前提下，使本书更易教易学，更贴近于当前的教学实际.

这次修订工作仍由安徽工程大学的王传玉主持.安徽工程大学的何俊、尹志、张培雨对本书第二版提出了许多修改意见，周金明、马静对部分习题答案进行了修订.谨在此对他们表示深切的谢意.同时，还要感谢北京大学出版社对本书出版的支持.

对书中不足之处，希望读者批评指正！

编　者

2020年1月

第一版前言

线性代数早已成为数学家、工程师、管理人员与其他科技人员所要求的数学基础的重要部分.此要求反映了这门学科的重要性与应用的广泛性.随着计算机技术的发展,线性代数的重要性日益凸显,其应用领域也越来越广泛.

线性代数研究的是线性空间(或称向量空间)以及线性空间中的线性变换.在线性空间取定一组基下,线性变换就和矩阵紧密联系起来.于是,研究线性空间以及线性空间关于线性变换的分解即构成线性代数的几何理论,而研究矩阵在各种关系下的分类问题则是线性代数的代数理论.本书编写的一个着眼点是,着力于建立线性代数的代数理论,重点突出矩阵在线性代数中的地位,强调围绕矩阵展开的各种运算符号以及这些运算符号所具有的运算功能.另外,本书还强调线性代数在实际应用方面的作用.

本书是按照21世纪新形势下高等院校数学基础课程教学改革的精神,根据教育部的"工科类本科数学基础课程教学基本要求",参考国内外同类教材的优点,结合编写者多年的教学实践,为目前普通高等院校工科类各专业"线性代数"课程编写的教材.希望通过对本教材的学习,学生能熟练掌握最常用的内容:线性方程组、行列式和矩阵,以及清楚地了解如何把一些具体的数学对象抽象为数学结构,即线性空间.

全书共分六章,内容包括:第一章矩阵与线性方程组、第二章行列式、第三章向量空间与线性变换、第四章线性方程组、第五章正交性、第六章特征值与特征向量等.每章清晰地叙述有关的定义、法则与定理,并伴以说明性的例证.用详细的例题解答来进一步阐述和充实理论,目的是使要点突出.本书的习题答案与提示部分由马静、周金明完成,在此表示感谢.同时也感谢编辑曾琬婷女士对本书所做的努力.

对书中不足之处,希望读者批评指正.

编　者

2010年3月

目　　录

第一章 矩阵与线性方程组

在处理经济管理、社会学、遗传学、工程技术等领域中的许多实际问题时，人们往往把这些问题归结为线性代数问题．在线性代数中，矩阵与线性方程组是重要的工具，也是基本内容．

线性代数简介

§1.1 线性方程组

线性方程组就是一次方程组，也就是只含未知量一次幂和常数的方程组.最简单的线性方程组是一元一次方程.形如

$$a_1x_1+a_2x_2+\cdots+a_nx_n=b$$

的方程，称为含有 n 个未知量的**线性方程**，其中 $a_1,a_2,\cdots,a_n$ 和 b 均为常数，分别称为此线性方程的**系数**和**右端项**；$x_1,x_2,\cdots,x_n$ 均为变量，称为此线性方程的**未知量**.含有 m 个方程和 n 个未知量的**线性方程组**定义为

$$\begin{cases}a_{11}x_1+a_{12}x_2+\cdots+a_{1n}x_n=b_1,\\a_{21}x_1+a_{22}x_2+\cdots+a_{2n}x_n=b_2,\\\cdots\cdots\\a_{m1}x_1+a_{m2}x_2+\cdots+a_{mn}x_n=b_m,\end{cases}\tag{1.1}$$

简称为 **$m\times n$ 方程组**，其中系数 a_{ij} 的第一个下标 i $(i=1,2,\cdots,m)$表示 a_{ij} 是第 i 个方程中的系数，第二个下标 j $(j=1,2,\cdots,n)$表示 a_{ij} 是未知量 x_j 的系数；右端项 b_i 的下标 i $(i=1,2,\cdots,m)$表示 b_i 是第 i 个方程的右端项.因为方程组(1.1)含有 n 个未知量，所以也称为 **n 元线性方程组**.

若方程组(1.1)的右端项 $b_i(i=1,2,\cdots,m)$全为 0，则称此方程组为**齐次线性方程组**；若方程组(1.1)的右端项 $b_i(i=1,2,\cdots,m)$不全为 0，则称此方程组为**非齐次线性方程组**.下面是几个线性方程组的例子：

(a) $\begin{cases}x_1+x_2=2,\\2x_1+3x_2=5;\end{cases}$　　(b) $\begin{cases}x_1-x_2+x_3=2,\\2x_1+x_2-x_3=7;\end{cases}$

(c) $\begin{cases}x_1+x_2=1,\\x_1+x_2=2,\\x_1=3.\end{cases}$

方程组(a)为 2×2 方程组，方程组(b)为 2×3 方程组，方程组(c)为 3×2 方程组.

若有序数组$(x_1,x_2,\cdots,x_n)$满足方程组(1.1)中的所有方程，则称其为该方程组的**解**.例如，有序数组(1,1)为上述方程组(a)的解，有序数组(3,1,0)为方程组(b)的解.事实上，方程组(b)有很多解.易见，对于任意实数 k，有序数组$(3,k+1,k)$均为方程组(b)的解.显然，方程组(c)无解.如果一个线性方程组无解，则称该方程组是**不相容**的；如果一个线性方程组至少有一个解，则称该方程组是**相容**的.齐次线性方程组

总是相容的，因为(0，0，…，0)是它的一个解．这个解通常称零解或平凡解．

线性方程组的所有解组成的集合，称为线性方程组的解集．如果一个线性方程组是不相容的，则其解集为空集．相容的线性方程组的解集必非空．因此，求解线性方程组，也就是寻找其解集．

本章的主要内容就是讨论如何判断一个线性方程组是否有解，有多少解，有解时如何求出其一般解．

$m\times n$ 方程组可能是相容的，也可能是不相容的．如果一个 $m\times n$ 方程组是相容的，则该方程组或者有且仅有一个解，或者有无穷多个解，其原因将在 §1.2 中给出．为了更简便地求解给定线性方程组，有必要引入等价方程组的概念．

考虑两个方程组

$$\text{(a)}\ \begin{cases} x_1-x_2+x_3=2, \\ 2x_1+x_2-x_3=7; \end{cases} \qquad \text{(b)}\ \begin{cases} x_1 \qquad\qquad =3, \\ \qquad x_2-x_3=1. \end{cases}$$

显然，方程组(b)比方程组(a)容易求解．但是，方程组(a)与方程组(b)有相同的解，即方程组(a)和方程组(b)有相同的解集

$$\{(3,k+1,k)\mid k\in\mathbf{R}\}.$$

定义 1.1 若两个含有相同未知量的方程组具有相同的解集，则称它们是等价的．

显然，交换方程组中任意两个方程的位置，不会影响方程组的解集，即重新排列后得到的方程组将等价于原方程组；若方程组中某个方程两端乘以一个非零常数，则不改变方程组的解集，从而得到的新方程组等价于原方程组；方程组中某个方程两端乘以一个常数后加到另一个方程上，得到的新方程组与原方程组等价．

综上所述，有三种变换可得到一个与原方程组等价的方程组：

(a) 交换任意两个方程的位置；

(b) 某个方程两端乘以一个非零常数；

(c) 某个方程两端乘以一个常数后加到另一个方程上．

对给定的线性方程组反复运用这三种变换，将会得到一个容易求解的等价方程组．

定义 1.2 以上三种变换称为线性方程组的初等变换．

对线性方程组进行初等变换是为了把它化简，直到化为与之等价的如下形式的阶梯形方程组(假设 $m<n$)：

$$
\begin{cases}
c_{11}x_1 + c_{12}x_2 + \cdots + c_{1m}x_m + \cdots + c_{1n}x_n = d_1, \\
\qquad c_{22}x_2 + \cdots + c_{2m}x_m + \cdots + c_{2n}x_n = d_2, \\
\qquad \cdots\cdots \\
\qquad\qquad c_{mm}x_m + \cdots + c_{mn}x_n = d_m, \\
\qquad\qquad\qquad 0 = 0, \\
\qquad\qquad\qquad \cdots\cdots \\
\qquad\qquad\qquad 0 = 0.
\end{cases}
$$

然后用所得的阶梯形方程组代替原方程组，对它进行讨论并求解，就可得原方程组的解.

把阶梯形方程组中后面的方程"0＝0"（如果有的话）去掉，剩下的方程可能有以下两种情况：

(a) 最后一个方程是

$$0 = a \quad (a\text{ 为非零常数}),$$

此时原方程组无解.

(b) 最后一个方程左边不等于 0，那么原方程组有解. 设阶梯形方程组有 r 个系数不全等于 0 的方程，此时又可分成两种情形：

ⓐ 如果 $r=n$，那么原方程组有唯一解.

这时，阶梯形方程组可表示为

$$
\begin{cases}
c_{11}x_1 + c_{12}x_2 + \cdots + c_{1n}x_n = d_1, \\
\qquad c_{22}x_2 + \cdots + c_{2n}x_n = d_2, \\
\qquad\qquad \cdots\cdots \\
\qquad\qquad\qquad c_{nn}x_n = d_n,
\end{cases}
$$

其中 $c_{ii} \neq 0(i=1,2,\cdots,n)$. 由最后一个方程得到

$$x_n = \frac{d_n}{c_{nn}}.$$

从倒数第二个方程开始，逐步回代，就可求出原方程组的解.

ⓑ 如果 $r<n$，那么原方程组有无穷多个解.

为了方便起见，不妨设这时阶梯形方程组为

$$
\begin{cases}
c_{11}x_1 + c_{12}x_2 + \cdots + c_{1r}x_r + c_{1,r+1}x_{r+1} + \cdots + c_{1n}x_n = d_1, \\
\qquad c_{22}x_2 + \cdots + c_{2r}x_r + c_{2,r+1}x_{r+1} + \cdots + c_{2n}x_n = d_2, \\
\qquad \cdots\cdots \\
\qquad\qquad c_{rr}x_r + c_{r,r+1}x_{r+1} + \cdots + c_{rn}x_n = d_r,
\end{cases}
$$

其中 $c_{ii} \neq 0(i=1,2,\cdots,r)$. 将它改写为等价方程组

$$\begin{cases} c_{11}x_1+c_{12}x_2+\cdots+c_{1r}x_r=d_1-c_{1,r+1}x_{r+1}-\cdots-c_{1n}x_n, \\ c_{22}x_2+\cdots+c_{2r}x_r=d_2-c_{2,r+1}x_{r+1}-\cdots-c_{2n}x_n, \\ \cdots\cdots \\ c_{rr}x_r=d_r-c_{r,r+1}x_{r+1}-\cdots-c_{rn}x_n. \end{cases}$$

由最后一个方程看到 x_r 可由 $x_{r+1},\cdots,x_n$ 表示，把它代入第 $r-1$ 个方程，再将 x_{r-1} 用 $x_{r+1},\cdots,x_n$ 表示，这样逐步回代，可将 $x_1,x_2,\cdots,x_r$ 通过 $x_{r+1},\cdots,x_n$ 表示出来：

$$\begin{cases} x_1=k_1+k_{1,r+1}x_{r+1}+\cdots+k_{1n}x_n, \\ x_2=k_2+k_{2,r+1}x_{r+1}+\cdots+k_{2n}x_n, \\ \cdots\cdots \\ x_r=k_r+k_{r,r+1}x_{r+1}+\cdots+k_{rn}x_n. \end{cases}$$

这组表达式称为原方程组的**一般解**(或**通解**)，其中 $x_1,x_2,\cdots,x_r$ 称为**首变量**，$x_{r+1},\cdots,x_n$ 称为**自由未知量**. 当自由未知量取定一组值后，代入一般解就可得到原方程组的一个解，称之为**特解**.

线性方程组的应用

例 1.1　解线性方程组

$$\begin{cases} x_1+2x_2-2x_3+3x_4=2, \\ 2x_1+4x_2-3x_3+4x_4=5, \\ 5x_1+10x_2-8x_3+11x_4=12. \end{cases}$$

解　利用初等变换，原方程组可化为

$$\begin{cases} x_1+2x_2-2x_3+3x_4=2, \\ \qquad\qquad x_3-2x_4=1, \\ \qquad\quad 2x_3-4x_4=2 \end{cases} \Longrightarrow \begin{cases} x_1+2x_2-2x_3+3x_4=2, \\ \qquad\qquad x_3-2x_4=1, \\ \qquad\qquad\qquad 0=0. \end{cases}$$

去掉最后一个方程“0=0”，把 x_2,x_4 移到等式右边，求得一般解

$$\begin{cases} x_1=4-2x_2+x_4, \\ x_3=1+2x_4, \end{cases}$$

其中 x_2,x_4 为自由未知量.

可以把例 1.1 中的线性方程组与一个以 $x_i(i=1,2,3,4)$ 的系数为元素的 3 行、4 列的阵列联系起来：

$$\begin{pmatrix} 1 & 2 & -2 & 3 \\ 2 & 4 & -3 & 4 \\ 5 & 10 & -8 & 11 \end{pmatrix}.$$

通常，我们称这个阵列为该方程组的**系数矩阵**，它就是一个矩形的数表.

下面我们给出矩阵的一般定义及符号表示.

定义 1.3 由 $m\times n$ 个数排成的 m 行、n 列的数表

$$\begin{pmatrix} a_{11} & a_{12} & \cdots & a_{1n} \\ a_{21} & a_{22} & \cdots & a_{2n} \\ \vdots & \vdots & & \vdots \\ a_{m1} & a_{m2} & \cdots & a_{mn} \end{pmatrix}$$

称为 m 行 n 列矩阵，简称 $m\times n$ 矩阵或矩阵，其中 a_{ij}（$i=1,2,\cdots,m;j=1,2,\cdots,n$）称为该矩阵的第 i 行第 j 列元素，并用 (i,j) 来表示.

若 $m=n$，则称 $m\times n$ 矩阵为 n 阶方阵或 n 阶矩阵，并称位于从左上角到右下角连线（称为主对角线）上的元素 $a_{11},a_{22},\cdots,a_{nn}$ 为主对角线元素.

通常将以 a_{ij} 为第 i 行第 j 列元素的 $m\times n$ 矩阵简记为 $(a_{ij})_{m\times n}$ 或 (a_{ij})，而将 1 阶方阵 (a_{11}) 简记为 a_{11}. 若只引入矩阵，而不用写出矩阵的所有元素，则可使用大写、黑斜体的字母 $\boldsymbol{A},\boldsymbol{B},\boldsymbol{C}$ 等表示矩阵. 矩阵中的元素一般是实数或复数，也可以是其他形式. 本书中我们只考虑元素为实数的情形.

下面介绍几种常用的特殊矩阵.

单位矩阵 如果 n 阶方阵 $\boldsymbol{A}=(a_{ij})$ 满足 $a_{ij}=\begin{cases}1, & i=j, \\ 0, & i\neq j\end{cases}$ $(i,j=1,2,\cdots,n)$，即

$$\boldsymbol{A}=\begin{pmatrix} 1 & & & \\ & 1 & & \\ & & \ddots & \\ & & & 1 \end{pmatrix}\quad（含有 n 个 1，空白处元素均为 0，下同），$$

那么称 $\boldsymbol{A}$ 为 n 阶单位矩阵，记为 $\boldsymbol{E}$.

数量矩阵 如果 n 阶方阵 $\boldsymbol{A}=(a_{ij})$ 满足 $a_{ij}=\begin{cases}k, & i=j, \\ 0, & i\neq j\end{cases}$ $(i,j=1,2,\cdots,n)$，即

$$\boldsymbol{A}=\begin{pmatrix} k & & & \\ & k & & \\ & & \ddots & \\ & & & k \end{pmatrix}\quad（含有 n 个 k），$$

那么称 $\boldsymbol{A}$ 为 n 阶数量矩阵.

对角矩阵 如果 n 阶方阵 $\boldsymbol{A}=(a_{ij})$ 满足 $a_{ij}=\begin{cases}a_i, & i=j, \\ 0, & i\neq j\end{cases}$ $(i,j=$

$1,2,\cdots,n$)，即

$$A=\begin{pmatrix}a_1&&&\\&a_2&&\\&&\ddots&\\&&&a_n\end{pmatrix},$$

那么称 $\boldsymbol{A}$ 为 n 阶对角矩阵，记为 $\boldsymbol{A}=\mathrm{diag}(a_1,a_2,\cdots,a_n)$.

三角形矩阵　设 $\boldsymbol{A}=(a_{ij})$ 为 n 阶方阵. 如果当 $i>j$ 时，$a_{ij}=0$ $(i,j=1,2,\cdots,n)$，即

$$\boldsymbol{A}=\begin{pmatrix}a_{11}&a_{12}&\cdots&a_{1n}\\&a_{22}&\cdots&a_{2n}\\&&\ddots&\vdots\\&&&a_{nn}\end{pmatrix},$$

那么称 $\boldsymbol{A}$ 为 n 阶上三角形矩阵；如果当 $i<j$ 时，$a_{ij}=0$ $(i,j=1,2,\cdots,n)$，即

$$\boldsymbol{A}=\begin{pmatrix}a_{11}&&&\\a_{21}&a_{22}&&\\\vdots&\vdots&\ddots&\\a_{n1}&a_{n2}&\cdots&a_{nn}\end{pmatrix},$$

那么称 $\boldsymbol{A}$ 为 n 阶下三角形矩阵. 上三角形矩阵和下三角形矩阵统称为三角形矩阵.

显然，上述矩阵都是三角形矩阵，其中单位矩阵最特殊，它是数量矩阵的特殊情形，而数量矩阵又是对角矩阵的特殊情形.

列向量　列数为 1 的矩阵称为列向量. 例如，$n\times 1$ 矩阵

$$\begin{pmatrix}x_1\\x_2\\\vdots\\x_n\end{pmatrix}$$

就是一个列向量，且称为 n 维列向量.

行向量　行数为 1 的矩阵称为行向量. 例如，$1\times n$ 矩阵

$$(x_1\quad x_2\quad\cdots\quad x_n)$$

就是一个行向量，且称为 n 维行向量，也记为$(x_1,x_2,\cdots,x_n)$.

列向量和行向量一般都用小写、黑斜体的字母来表示. 若 $\boldsymbol{A}$ 是一个 $m\times n$ 矩阵，则 $\boldsymbol{A}$ 可看成由 n 个列向量或 m 个行向量构成. 设 $\boldsymbol{A}$ 的列向量为 $\boldsymbol{a}_1,\boldsymbol{a}_2,\cdots,\boldsymbol{a}_n$，行向量为 $\boldsymbol{\alpha}_1,\boldsymbol{\alpha}_2,\cdots,\boldsymbol{\alpha}_m$，则 $\boldsymbol{A}$ 可以用它的列向量或行向量表示为

$$\boldsymbol{A}=(\boldsymbol{a}_1,\boldsymbol{a}_2,\cdots,\boldsymbol{a}_n) \quad \text{或} \quad \boldsymbol{A}=\begin{pmatrix}\boldsymbol{\alpha}_1\\ \boldsymbol{\alpha}_2\\ \vdots\\ \boldsymbol{\alpha}_m\end{pmatrix}.$$

回顾例 1.1 中的线性方程组，其左端变量 $x_i(i=1,2,\cdots,n)$ 的系数所构成的矩阵是该方程组的系数矩阵. 如果在此系数矩阵右侧添加一列线性方程组的右端项，可得到一个新的矩阵：

$$\left(\begin{array}{cccc:c}1 & 2 & -2 & 3 & 2\\ 2 & 4 & -3 & 4 & 5\\ 5 & 10 & -8 & 11 & 12\end{array}\right).$$

我们称这个矩阵为该方程组的**增广矩阵**. 一般地，将采用上述方法添加一个 $m\times r$ 矩阵 $\boldsymbol{B}$ 到一个 $m\times(n-r)$ 矩阵 $\boldsymbol{A}$ 的右侧所得到的矩阵记为 $(\boldsymbol{A}\vdots\boldsymbol{B})$，即若

$$\boldsymbol{A}=\begin{pmatrix}a_{11} & a_{12} & \cdots & a_{1,n-r}\\ a_{21} & a_{22} & \cdots & a_{2,n-r}\\ \vdots & \vdots & & \vdots\\ a_{m1} & a_{m2} & \cdots & a_{m,n-r}\end{pmatrix}, \quad \boldsymbol{B}=\begin{pmatrix}b_{11} & b_{12} & \cdots & b_{1r}\\ b_{21} & b_{22} & \cdots & b_{2r}\\ \vdots & \vdots & & \vdots\\ b_{m1} & b_{m2} & \cdots & b_{mr}\end{pmatrix},$$

则

$$(\boldsymbol{A}\vdots\boldsymbol{B})=\left(\begin{array}{cccc:cccc}a_{11} & a_{12} & \cdots & a_{1,n-r} & b_{11} & b_{12} & \cdots & b_{1r}\\ a_{21} & a_{22} & \cdots & a_{2,n-r} & b_{21} & b_{22} & \cdots & b_{2r}\\ \vdots & \vdots & & \vdots & \vdots & \vdots & & \vdots\\ a_{m1} & a_{m2} & \cdots & a_{m,n-r} & b_{m1} & b_{m2} & \cdots & b_{mr}\end{array}\right).$$

类似地，可把一个 $m\times n$ 矩阵 $\boldsymbol{C}$ 添加到一个 $m\times n$ 矩阵 $\boldsymbol{A}$ 的下方，并将所得到的矩阵记为 $\begin{pmatrix}\boldsymbol{A}\\ \hdashline \boldsymbol{C}\end{pmatrix}$.

每个线性方程组均对应于一个增广矩阵，形如

$$\left(\begin{array}{cccc:c}a_{11} & a_{12} & \cdots & a_{1n} & b_1\\ a_{21} & a_{22} & \cdots & a_{2n} & b_2\\ \vdots & \vdots & & \vdots & \vdots\\ a_{m1} & a_{m2} & \cdots & a_{mn} & b_m\end{array}\right).$$

线性方程组的求解可通过对其增广矩阵进行变换来实现，其所有未知量 x_i 作为位置标记符，在变换过程中可以省略. 用于得到等价方程组的三个变换，可对应于下列增广矩阵的行变换：

(a) 互换两行（互换第 i 行与第 j 行，记为 $r_i\longleftrightarrow r_j$）；

(b) 某一行各元素乘以一个非零常数（第 i 行各元素乘以非零常数 k，记为 kr_i）；

(c) 某一行各元素乘以一个常数后加到另一行对应的元素上(第 i 行各元素乘以常数 k 后加到第 j 行对应的元素上,记为 r_j+kr_i).

上述三种矩阵的行变换称为矩阵的**初等行变换**. 相应地,可以定义矩阵的**初等列变换**,并用 c_i 表示第 i 列. 例如,$c_i\leftrightarrow c_j$ 表示互换第 i 列和第 j 列. 矩阵的初等行变换和初等列变换统称为矩阵的**初等变换**.

习题 1.1

1. 利用回代的方法求解下列线性方程组:

(a) $\begin{cases} x_1-2x_2=1, \\ 2x_2=4; \end{cases}$　　(b) $\begin{cases} x_1+x_2+x_3=3, \\ x_2+x_3=2, \\ x_3=1. \end{cases}$

2. 写出第 1 题中每个线性方程组对应的增广矩阵.

3. 写出下列增广矩阵所对应的线性方程组:

(a) $\left(\begin{array}{cc:c} 2 & 3 & 3 \\ 3 & 1 & 4 \end{array}\right)$;　　(b) $\left(\begin{array}{ccc:c} 1 & 2 & 3 & -1 \\ 2 & 3 & 4 & 2 \\ 3 & 4 & 5 & 1 \end{array}\right)$.

4. 解下列线性方程组:

(a) $\begin{cases} x_1+x_2+x_3=1, \\ 2x_1-x_2+3x_3=-2, \\ 3x_1-x_2-x_3=3, \\ 4x_1-x_2+x_3=2; \end{cases}$　　(b) $\begin{cases} 3x_1+2x_2+x_3=0, \\ -2x_1+x_2-x_3=2, \\ 2x_1-x_2+2x_3=-1. \end{cases}$

5. 给定线性方程组

$$\begin{cases} m_1x_1-x_2=-b_1, \\ m_2x_1-x_2=-b_2, \end{cases}$$

其中 m_1,m_2,b_1,b_2 均为常数,证明:

(a) 若 $m_1\neq m_2$,则该方程组有唯一解;

(b) 若 $m_1=m_2$,则当且仅当 $b_1=b_2$ 时该方程组相容.

6. 考虑形如

$$\begin{cases} a_{11}x_1+a_{12}x_2=0, \\ a_{21}x_1+a_{22}x_2=0 \end{cases}$$

的线性方程组,其中 $a_{11},a_{12},a_{21},a_{22}$ 均为常数. 证明:此方程组必相容.

§1.2 行阶梯形矩阵

定义 1.4 若一个矩阵满足：

(a) 当第 k 行元素不全为 0 时，第 $k+1$ 行(若还有的话)的第一个非零元素之前 0 的个数多于第 k 行第一个非零元素之前 0 的个数；

(b) 所有元素均为 0 的行(称为**零行**)必在元素不全为 0 的行(称为**非零行**)的下方，

则称该矩阵为**行阶梯形矩阵**.

例 1.2 下列矩阵都是行阶梯形矩阵：

$$\begin{pmatrix} 1 & 1 & 2 \\ 0 & 2 & -1 \\ 0 & 0 & 1 \end{pmatrix}, \quad \begin{pmatrix} 1 & 2 & 1 \\ 0 & 0 & 1 \\ 0 & 0 & 0 \end{pmatrix}, \quad \begin{pmatrix} 1 & 2 & 1 & 0 \\ 0 & 0 & 1 & 2 \\ 0 & 0 & 0 & 0 \end{pmatrix}.$$

例 1.3 下列矩阵都不是行阶梯形矩阵：

$$\begin{pmatrix} 1 & 1 & 2 \\ 0 & 2 & -1 \\ 1 & 0 & 3 \end{pmatrix}, \quad \begin{pmatrix} 0 & 0 \\ 0 & 1 \end{pmatrix}, \quad \begin{pmatrix} 0 & 0 & 0 \\ 0 & 1 & 0 \end{pmatrix}.$$

例 1.4 利用初等行变换，把矩阵

$$\boldsymbol{A} = \begin{pmatrix} 0 & -3 & -6 & 4 & 9 \\ -1 & -2 & -1 & 3 & 1 \\ -2 & -3 & 0 & 3 & -1 \\ 1 & 4 & 5 & -9 & -7 \end{pmatrix}$$

化为行阶梯形矩阵.

解

$$\boldsymbol{A} = \begin{pmatrix} 0 & -3 & -6 & 4 & 9 \\ -1 & -2 & -1 & 3 & 1 \\ -2 & -3 & 0 & 3 & -1 \\ 1 & 4 & 5 & -9 & -7 \end{pmatrix} \xrightarrow{r_1 \leftrightarrow r_4} \begin{pmatrix} 1 & 4 & 5 & -9 & -7 \\ -1 & -2 & -1 & 3 & 1 \\ -2 & -3 & 0 & 3 & -1 \\ 0 & -3 & -6 & 4 & 9 \end{pmatrix}$$

$$\xrightarrow[r_3+2r_1]{r_2+r_1} \begin{pmatrix} 1 & 4 & 5 & -9 & -7 \\ 0 & 2 & 4 & -6 & -6 \\ 0 & 5 & 10 & -15 & -15 \\ 0 & -3 & -6 & 4 & 9 \end{pmatrix} \xrightarrow[r_4+\frac{3}{2}r_2]{r_3+\left(-\frac{5}{2}\right)r_2} \begin{pmatrix} 1 & 4 & 5 & -9 & -7 \\ 0 & 2 & 4 & -6 & -6 \\ 0 & 0 & 0 & 0 & 0 \\ 0 & 0 & 0 & -5 & 0 \end{pmatrix}$$

$$\xrightarrow{r_3 \leftrightarrow r_4} \begin{pmatrix} 1 & 4 & 5 & -9 & -7 \\ 0 & 2 & 4 & -6 & -6 \\ 0 & 0 & 0 & -5 & 0 \\ 0 & 0 & 0 & 0 & 0 \end{pmatrix}.$$

定义 1.5　利用矩阵的初等行变换，将线性方程组的增广矩阵化为行阶梯形矩阵的过程称为**高斯消元法**.

注意，如果线性方程组的增广矩阵化为行阶梯形矩阵后含有如下形式的行：

$$(0 \quad 0 \quad \cdots \quad 0 \,\vdots\, d) \quad (d \neq 0),$$

则该方程组不相容；否则，该方程组相容.

定义 1.6　若一个矩阵满足：

(a) 它是行阶梯形矩阵；

(b) 每一非零行的第一个非零元素均为 1(称为**首 1 元素**)；

(c) 每个首 1 元素是它所在列唯一的非零元素，

则称该矩阵为**行最简形矩阵**.

例 1.5　下列矩阵为行最简形矩阵：

$$\begin{pmatrix} 1 & 0 \\ 0 & 1 \end{pmatrix}, \quad \begin{pmatrix} 1 & 0 & 0 & -1 \\ 0 & 1 & 0 & -2 \\ 0 & 0 & 1 & -1 \end{pmatrix}, \quad \begin{pmatrix} 0 & 1 & -1 & 0 \\ 0 & 0 & 0 & 1 \\ 0 & 0 & 0 & 0 \end{pmatrix}, \quad \begin{pmatrix} 1 & -1 & 0 & 0 \\ 0 & 0 & 1 & 2 \\ 0 & 0 & 0 & 0 \end{pmatrix}.$$

例 1.6　利用初等行变换，把例 1.4 中的矩阵 $\boldsymbol{A}$ 化为行最简形矩阵.

解　$$\boldsymbol{A} \longrightarrow \begin{pmatrix} 1 & 4 & 5 & -9 & -7 \\ 0 & 2 & 4 & -6 & -6 \\ 0 & 0 & 0 & -5 & 0 \\ 0 & 0 & 0 & 0 & 0 \end{pmatrix} \xrightarrow[\left(-\frac{1}{5}\right) r_3]{\frac{1}{2} r_2} \begin{pmatrix} 1 & 4 & 5 & -9 & -7 \\ 0 & 1 & 2 & -3 & -3 \\ 0 & 0 & 0 & 1 & 0 \\ 0 & 0 & 0 & 0 & 0 \end{pmatrix}$$

$$\xrightarrow{r_1 + (-4) r_2} \begin{pmatrix} 1 & 0 & -3 & 3 & 5 \\ 0 & 1 & 2 & -3 & -3 \\ 0 & 0 & 0 & 1 & 0 \\ 0 & 0 & 0 & 0 & 0 \end{pmatrix} \xrightarrow[r_2 + 3r_3]{r_1 + (-3) r_3} \begin{pmatrix} 1 & 0 & -3 & 0 & 5 \\ 0 & 1 & 2 & 0 & -3 \\ 0 & 0 & 0 & 1 & 0 \\ 0 & 0 & 0 & 0 & 0 \end{pmatrix}.$$

例 1.7 如图 1.1 所示，某城市市区的交叉路口由两条单向车道组成，图中给出了在交通高峰时段，每小时进入和离开四个交叉路口的车辆数. 计算其中的车辆数 x_1, x_2, x_3, x_4.

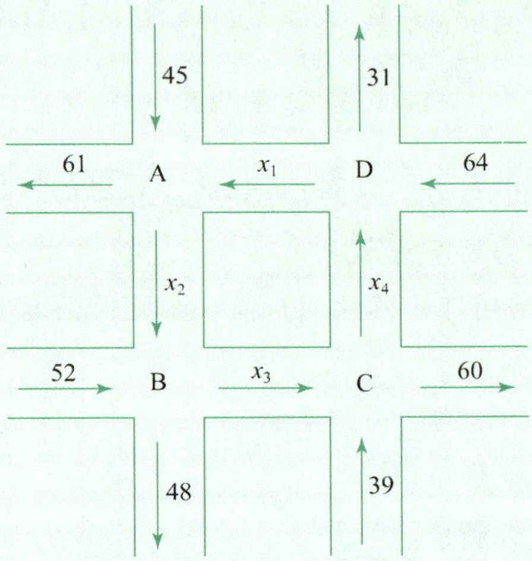

图 1.1

解 对于每个交叉路口，必有进入和离开的车辆数相同，因此得到线性方程组

$$\begin{cases} x_1+45=x_2+61, \\ x_2+52=x_3+48, \\ x_3+39=x_4+60, \\ x_4+64=x_1+31. \end{cases}$$

此方程组的增广矩阵为

$$(\boldsymbol{A} \vdots \boldsymbol{b})=\left(\begin{array}{cccc:c} 1 & -1 & 0 & 0 & 16 \\ 0 & 1 & -1 & 0 & -4 \\ 0 & 0 & 1 & -1 & 21 \\ -1 & 0 & 0 & 1 & -33 \end{array}\right).$$

对该增广矩阵做初等行变换，将其化为行最简形矩阵：

$$(\boldsymbol{A} \vdots \boldsymbol{b})=\left(\begin{array}{cccc:c} 1 & -1 & 0 & 0 & 16 \\ 0 & 1 & -1 & 0 & -4 \\ 0 & 0 & 1 & -1 & 21 \\ -1 & 0 & 0 & 1 & -33 \end{array}\right) \xrightarrow[r_1 \leftrightarrow r_4]{(-1)r_4} \left(\begin{array}{cccc:c} 1 & 0 & 0 & -1 & 33 \\ 0 & 1 & -1 & 0 & -4 \\ 0 & 0 & 1 & -1 & 21 \\ 1 & -1 & 0 & 0 & 16 \end{array}\right)$$

$$\xrightarrow{r_4+(-1)r_1} \left(\begin{array}{cccc:c} 1 & 0 & 0 & -1 & 33 \\ 0 & 1 & -1 & 0 & -4 \\ 0 & 0 & 1 & -1 & 21 \\ 0 & -1 & 0 & 1 & -17 \end{array}\right) \xrightarrow[r_2 \leftrightarrow r_4]{(-1)r_4} \left(\begin{array}{cccc:c} 1 & 0 & 0 & -1 & 33 \\ 0 & 1 & 0 & -1 & 17 \\ 0 & 0 & 1 & -1 & 21 \\ 0 & 1 & -1 & 0 & -4 \end{array}\right)$$

$$\xrightarrow{r_4+(-1)r_2}\left(\begin{array}{cccc|c}1&0&0&-1&33\\0&1&0&-1&17\\0&0&1&-1&21\\0&0&-1&1&-21\end{array}\right)\xrightarrow{r_4+r_3}\left(\begin{array}{cccc|c}1&0&0&-1&33\\0&1&0&-1&17\\0&0&1&-1&21\\0&0&0&0&0\end{array}\right).$$

可见,该方程组是相容的,且有无穷多个解:

$$\begin{cases}x_1=33+x_4,\\x_2=17+x_4,\\x_3=21+x_4,\end{cases}$$

其中 x_4 为自由未知量.

习题 1.2

1. 下列矩阵中哪些是行阶梯形矩阵?哪些是行最简形矩阵?

(a) $\begin{pmatrix}1&-1&2&-3\\0&1&0&1\end{pmatrix}$;　(b) $\begin{pmatrix}0&1&0\\0&0&0\\0&0&1\end{pmatrix}$;　(c) $\begin{pmatrix}1&0&1\\0&1&1\\1&0&-1\end{pmatrix}$;

(d) $\begin{pmatrix}0&1&1&1\\0&0&1&2\\0&0&0&0\end{pmatrix}$;　(e) $\begin{pmatrix}1&0&0&1&-1\\0&1&0&-1&1\\0&0&1&2&3\end{pmatrix}$.

2. 下列增广矩阵所对应的线性方程组是否相容?如果所对应的线性方程组有唯一解,求其解.

(a) $\left(\begin{array}{cc|c}1&-1&3\\0&1&2\\0&0&1\end{array}\right)$;　(b) $\left(\begin{array}{cc|c}1&-1&-1\\0&1&-2\\0&0&0\end{array}\right)$;

(c) $\left(\begin{array}{ccc|c}1&-1&1&-1\\0&0&1&2\\0&0&0&0\end{array}\right)$;　(d) $\left(\begin{array}{ccc|c}1&-1&2&-1\\0&1&-1&1\\0&0&1&1\end{array}\right)$.

3. 对第 2 题中每个有解的线性方程组,分别列表写出它的首变量和自由未知量.

4. 解下列线性方程组:

(a) $\begin{cases}x_1-x_2=1,\\2x_1-x_2=2;\end{cases}$　(b) $\begin{cases}2x_1+3x_2+x_3=1,\\x_1+x_2+x_3=2,\\3x_1+4x_2+2x_3=3;\end{cases}$　(c) $\begin{cases}x_1-3x_2+2x_3=1,\\2x_1+x_2-x_3=2,\\x_1+4x_2-3x_3=1,\\5x_1-8x_2+5x_3=5.\end{cases}$

5. 设一个线性方程组的增广矩阵为

$$\left(\begin{array}{ccc:c} 1 & 2 & 1 & 0 \\ 2 & 5 & 3 & 0 \\ -1 & 2 & k & 0 \end{array}\right).$$

(a) 该方程组是否有可能不相容?试说明.

(b) 当 k 取何值时,该方程组有无穷多个解?

6. 设一个线性方程组的增广矩阵为

$$\left(\begin{array}{ccc:c} 1 & 1 & 1 & 2 \\ 1 & 2 & 3 & 3 \\ 1 & 3 & \alpha & \beta \end{array}\right).$$

(a) 当 α 和 β 取何值时,该方程组有无穷多个解?

(b) 当 α 和 β 取何值时,该方程组不相容?

§1.3 矩阵代数

矩阵是数学中最有力的工具之一.本节中我们定义矩阵的一些代数运算——矩阵的数量乘法、加法、减法、乘法,并讨论它们的一些代数性质.

为了定义矩阵的代数运算,先引入两个矩阵相等的概念.

定义 1.7 若两个 $m\times n$ 矩阵 $\boldsymbol{A}=(a_{ij})$ 和 $\boldsymbol{B}=(b_{ij})$ 满足

$$a_{ij}=b_{ij} \quad (i=1,2,\cdots,m;j=1,2,\cdots,n),$$

则称矩阵 $\boldsymbol{A}$ 和 $\boldsymbol{B}$ **相等**,记作

$$\boldsymbol{A}=\boldsymbol{B}.$$

可见,若两个矩阵相等,则它们的维数(行数和列数)以及它们对应的元素必相等.

定义 1.8 设 $\boldsymbol{A}=(a_{ij})$ 为 $m\times n$ 矩阵,且 k 为常数,定义**常数 k 与矩阵 $\boldsymbol{A}$ 的乘积**(称为**矩阵的数量积**)$k\boldsymbol{A}$ 为一个 $m\times n$ 矩阵,其元素 (i,j) 为 ka_{ij},即

$$k\boldsymbol{A}=(ka_{ij}).$$

这种运算称为**矩阵的数量乘法**,简称**矩阵的数乘**.

也就是说,若 $\boldsymbol{A}$ 为矩阵,而 k 为常数,则 $k\boldsymbol{A}$ 为 $\boldsymbol{A}$ 的各元素乘以 k 而构成的一个矩阵.

例如,设矩阵 $\boldsymbol{A}=\begin{pmatrix}2&4&6\\4&6&2\end{pmatrix}$,则

$$\frac{1}{2}\boldsymbol{A}=\begin{pmatrix}1&2&3\\2&3&1\end{pmatrix},\quad(-1)\boldsymbol{A}=\begin{pmatrix}-2&-4&-6\\-4&-6&-2\end{pmatrix}.$$

定义 1.9 设 $\boldsymbol{A}=(a_{ij})$ 及 $\boldsymbol{B}=(b_{ij})$ 都是 $m\times n$ 矩阵,定义它们的和 $\boldsymbol{A}+\boldsymbol{B}$ 也为一个 $m\times n$ 矩阵,其元素(i,j)为 $a_{ij}+b_{ij}$,即

$$\boldsymbol{A}+\boldsymbol{B}=(a_{ij}+b_{ij}).$$

定义 1.9 说明,两个相同维数矩阵的和可通过对应元素相加得到.例如,

$$\begin{pmatrix}1&2&3\\2&3&1\end{pmatrix}+\begin{pmatrix}2&3&1\\3&1&2\end{pmatrix}=\begin{pmatrix}3&5&4\\5&4&3\end{pmatrix},$$

$$\begin{pmatrix}1\\2\\4\end{pmatrix}+\begin{pmatrix}3\\2\\1\end{pmatrix}=\begin{pmatrix}4\\4\\5\end{pmatrix}.$$

设 $\boldsymbol{A},\boldsymbol{B}$ 为两个维数相同的矩阵.我们定义两个矩阵的差 $\boldsymbol{A}-\boldsymbol{B}$ 为 $\boldsymbol{A}+(-1)\boldsymbol{B}$.于是,$\boldsymbol{A}-\boldsymbol{B}$ 为矩阵 $\boldsymbol{A}$ 的各元素减去矩阵 $\boldsymbol{B}$ 的对应元素所得到的矩阵.例如,

$$\begin{pmatrix}1&2&3\\2&3&1\end{pmatrix}-\begin{pmatrix}2&3&1\\3&1&2\end{pmatrix}=\begin{pmatrix}-1&-1&2\\-1&2&-1\end{pmatrix}.$$

如果用 $\boldsymbol{O}$ 表示与 $\boldsymbol{A}$ 的维数相同且元素全为 0 的矩阵,那么

$$\boldsymbol{A}+\boldsymbol{O}=\boldsymbol{O}+\boldsymbol{A}=\boldsymbol{A}.$$

我们称 $\boldsymbol{O}$ 为零矩阵.$1\times n$(或 $n\times 1$)零矩阵常常用 $\mathbf{0}$ 来表示.此外,每个矩阵 $\boldsymbol{A}$ 都有一个加法意义下的逆元:

$$\boldsymbol{A}+(-1)\boldsymbol{A}=\boldsymbol{O}=(-1)\boldsymbol{A}+\boldsymbol{A}.$$

记 $\boldsymbol{A}$ 的加法逆元为 $-\boldsymbol{A}$,则有

$$-\boldsymbol{A}=(-1)\boldsymbol{A}.$$

下面我们将定义一个极为重要的运算,即矩阵的乘法.

先考虑一个含有 m 个方程和 n 个未知量的线性方程组

$$\begin{cases}a_{11}x_1+a_{12}x_2+\cdots+a_{1n}x_n=b_1,\\a_{21}x_1+a_{22}x_2+\cdots+a_{2n}x_n=b_2,\\\cdots\cdots\\a_{m1}x_1+a_{m2}x_2+\cdots+a_{mn}x_n=b_m.\end{cases}\tag{1.2}$$

我们试图将它改写为矩阵方程(未知量为矩阵形式的方程)

$$\boldsymbol{A}\boldsymbol{x}=\boldsymbol{b}\tag{1.3}$$

的形式.

记 $\boldsymbol{A}$ 为线性方程组(1.2)的系数矩阵，$\boldsymbol{x}$ 为由未知量 $x_1, x_2, \cdots, x_n$ 组成的 $n\times 1$ 矩阵(称为未知量矩阵)，$\boldsymbol{b}$ 为由右端项 $b_1, b_2, \cdots, b_m$ 组成的 $m\times 1$ 矩阵(称为右端项矩阵)，即

$$\boldsymbol{A}=\begin{pmatrix} a_{11} & a_{12} & \cdots & a_{1n} \\ a_{21} & a_{22} & \cdots & a_{2n} \\ \vdots & \vdots & & \vdots \\ a_{m1} & a_{m2} & \cdots & a_{mn} \end{pmatrix},\quad \boldsymbol{x}=\begin{pmatrix} x_1 \\ x_2 \\ \vdots \\ x_n \end{pmatrix},\quad \boldsymbol{b}=\begin{pmatrix} b_1 \\ b_2 \\ \vdots \\ b_m \end{pmatrix},$$

并定义乘积 $\boldsymbol{Ax}$ 为

$$\boldsymbol{Ax}=\begin{pmatrix} a_{11}x_1+a_{12}x_2+\cdots+a_{1n}x_n \\ a_{21}x_1+a_{22}x_2+\cdots+a_{2n}x_n \\ \vdots \\ a_{m1}x_1+a_{m2}x_2+\cdots+a_{mn}x_n \end{pmatrix}, \tag{1.4}$$

则线性方程组(1.2)等价于矩阵方程(1.3)(这里定义的乘积 $\boldsymbol{Ax}$ 要求 $\boldsymbol{A}$ 的列数与 $\boldsymbol{x}$ 的行数相同才有意义).

从(1.4)式中可以看到，乘积 $\boldsymbol{Ax}$ 为一个 m 维列向量，且其第 i 个元素为

$$a_{i1}x_1+a_{i2}x_2+\cdots+a_{in}x_n,$$

它等于矩阵 $\boldsymbol{A}$ 的第 i 个行向量 $\boldsymbol{\alpha}_i$ 与列向量 $\boldsymbol{x}$ 的乘积 $\boldsymbol{\alpha}_i\boldsymbol{x}$(这个乘积通常称为 $\boldsymbol{\alpha}_i$ 与 $\boldsymbol{x}$ 的内积，参见§5.1)，即

$$\boldsymbol{Ax}=\begin{pmatrix} \boldsymbol{\alpha}_1\boldsymbol{x} \\ \boldsymbol{\alpha}_2\boldsymbol{x} \\ \vdots \\ \boldsymbol{\alpha}_m\boldsymbol{x} \end{pmatrix}.$$

例 1.8 设矩阵

$$\boldsymbol{A}=\begin{pmatrix} 1 & 3 & 2 \\ 3 & -1 & 5 \end{pmatrix},\quad \boldsymbol{x}=\begin{pmatrix} x_1 \\ x_2 \\ x_3 \end{pmatrix},$$

则

$$\boldsymbol{Ax}=\begin{pmatrix} x_1+3x_2+2x_3 \\ 3x_1-x_2+5x_3 \end{pmatrix}.$$

例 1.9 将下列线性方程组改写为矩阵方程 $\boldsymbol{Ax}=\boldsymbol{b}$ 的形式：

$$\begin{cases} x_1+2x_2+3x_3=2, \\ x_1-2x_2+4x_3=-2, \\ 2x_1+\ \ x_2+7x_3=0. \end{cases}$$

解 原方程组可表示为如下形式的矩阵方程：

$$\begin{pmatrix} 1 & 2 & 3 \\ 1 & -2 & 4 \\ 2 & 1 & 7 \end{pmatrix}\begin{pmatrix} x_1 \\ x_2 \\ x_3 \end{pmatrix}=\begin{pmatrix} 2 \\ -2 \\ 0 \end{pmatrix}.$$

另一种将线性方程组(1.2)表示为矩阵方程的方法是：将乘积 $\boldsymbol{Ax}$ 表示为列向量和的形式，即

$$\boldsymbol{Ax}=\begin{pmatrix} a_{11}x_1+a_{12}x_2+\cdots+a_{1n}x_n \\ a_{21}x_1+a_{22}x_2+\cdots+a_{2n}x_n \\ \vdots \\ a_{m1}x_1+a_{m2}x_2+\cdots+a_{mn}x_n \end{pmatrix}$$

$$=x_1\begin{pmatrix} a_{11} \\ a_{21} \\ \vdots \\ a_{m1} \end{pmatrix}+x_2\begin{pmatrix} a_{12} \\ a_{22} \\ \vdots \\ a_{m2} \end{pmatrix}+\cdots+x_n\begin{pmatrix} a_{1n} \\ a_{2n} \\ \vdots \\ a_{mn} \end{pmatrix},$$

因此有

$$\boldsymbol{Ax}=x_1\boldsymbol{a}_1+x_2\boldsymbol{a}_2+\cdots+x_n\boldsymbol{a}_n, \tag{1.5}$$

从而有

$$x_1\boldsymbol{a}_1+x_2\boldsymbol{a}_2+\cdots+x_n\boldsymbol{a}_n=\boldsymbol{b}. \tag{1.6}$$

定义 1.10 若 $\boldsymbol{a}_1,\boldsymbol{a}_2,\cdots,\boldsymbol{a}_n$ 是 n 维列(或行)向量，且 $k_1,k_2,\cdots,k_n$ 为常数，则称和式

$$k_1\boldsymbol{a}_1+k_2\boldsymbol{a}_2+\cdots+k_n\boldsymbol{a}_n$$

为 $\boldsymbol{a}_1,\boldsymbol{a}_2,\cdots,\boldsymbol{a}_n$ 的一个**线性组合**.

由方程(1.5)可知，乘积 $\boldsymbol{Ax}$ 为矩阵 $\boldsymbol{A}$ 的列向量的一个线性组合.

利用方程(1.6)可以刻画线性方程组是否相容.

定理 1.1（线性方程组的相容性定理） 一个线性方程组 $\boldsymbol{Ax}=\boldsymbol{b}$ 相容的充要条件是列向量 $\boldsymbol{b}$ 可写为矩阵 $\boldsymbol{A}$ 的列向量的一个线性组合.

证 利用方程(1.6)易证结论成立.

接下来我们考虑矩阵的乘法运算.

定义 1.11 若 $\boldsymbol{A}=(a_{ij})$ 为一个 $m\times n$ 矩阵,且 $\boldsymbol{B}=(b_{ij})$ 为一个 $n\times r$ 矩阵,则定义它们的**乘积** $\boldsymbol{AB}=\boldsymbol{C}=(c_{ij})$ 为一个 $m\times r$ 矩阵,其中元素 c_{ij} 为

$$c_{ij}=\boldsymbol{\alpha}_i\boldsymbol{b}_j=\sum_{k=1}^{n}a_{ik}b_{kj},$$

这里 $\boldsymbol{\alpha}_i$ 是 $\boldsymbol{A}$ 的第 i 个行向量,$\boldsymbol{b}_j$ 是 $\boldsymbol{B}$ 的第 j 个列向量.

可见,矩阵的乘积 $\boldsymbol{AB}$ 只有当左边矩阵 $\boldsymbol{A}$ 的列数等于右边矩阵 $\boldsymbol{B}$ 的行数时才有意义,且 $\boldsymbol{AB}$ 的行数等于左边矩阵 $\boldsymbol{A}$ 的行数,$\boldsymbol{AB}$ 的列数等于右边矩阵 $\boldsymbol{B}$ 的列数;$\boldsymbol{AB}$ 的元素 (i,j) 是由 $\boldsymbol{A}$ 的第 i 个行向量与 $\boldsymbol{B}$ 的第 j 个列向量做内积得到的.

例 1.10 设矩阵

$$\boldsymbol{A}=\begin{pmatrix}1&-2\\2&3\\3&-1\end{pmatrix},\quad \boldsymbol{B}=\begin{pmatrix}2&1&3\\-1&3&-2\end{pmatrix},$$

则

$$\begin{aligned}\boldsymbol{AB}&=\begin{pmatrix}1&-2\\2&3\\3&-1\end{pmatrix}\begin{pmatrix}2&1&3\\-1&3&-2\end{pmatrix}\\&=\begin{pmatrix}1\cdot2+(-2)\cdot(-1)&1\cdot1+(-2)\cdot3&1\cdot3+(-2)\cdot(-2)\\2\cdot2+3\cdot(-1)&2\cdot1+3\cdot3&2\cdot3+3\cdot(-2)\\3\cdot2+(-1)\cdot(-1)&3\cdot1+(-1)\cdot3&3\cdot3+(-1)\cdot(-2)\end{pmatrix}\\&=\begin{pmatrix}4&-5&7\\1&11&0\\7&0&11\end{pmatrix}.\end{aligned}$$

同样,还可计算 $\boldsymbol{BA}$:

$$\boldsymbol{BA}=\begin{pmatrix}13&-4\\-1&13\end{pmatrix}.$$

例 1.10 说明,矩阵的乘法不满足交换律.特别地,若 $\boldsymbol{A}$ 是 $1\times n$ 矩阵(行向量),$\boldsymbol{B}$ 是 $n\times1$ 矩阵(列向量),则 $\boldsymbol{AB}$ 是 1×1 矩阵,而 $\boldsymbol{BA}$ 是 $n\times n$ 矩阵,两者显然不相等.即使 $\boldsymbol{AB}$ 和 $\boldsymbol{BA}$ 的行数与列数均相等,二者也未必相等.我们看下面一个例子.

例 1.11　若矩阵 $\boldsymbol{A}=\begin{bmatrix}1 & 2\\0 & 0\end{bmatrix}$，$\boldsymbol{B}=\begin{bmatrix}1 & 1\\1 & 1\end{bmatrix}$，则

$$\boldsymbol{AB}=\begin{bmatrix}3 & 3\\0 & 0\end{bmatrix},\quad 且\quad \boldsymbol{BA}=\begin{bmatrix}1 & 2\\1 & 2\end{bmatrix}.$$

因此

$$\boldsymbol{AB}\neq\boldsymbol{BA}.$$

由例 1.11 可见，若 $\boldsymbol{A}$ 和 $\boldsymbol{B}$ 均为 n 阶方阵，则 $\boldsymbol{AB}$ 和 $\boldsymbol{BA}$ 也是 n 阶方阵，但一般它们不相等. 由于矩阵的乘法不满足交换律，用到交换律的代数公式，如平方差公式、完全平方公式，在矩阵乘法的意义下一般是不成立的，即

$$(\boldsymbol{A}+\boldsymbol{B})(\boldsymbol{A}-\boldsymbol{B})\neq\boldsymbol{A}^2-\boldsymbol{B}^2,$$

$$(\boldsymbol{A}+\boldsymbol{B})^2\neq\boldsymbol{A}^2+2\boldsymbol{AB}+\boldsymbol{B}^2.$$

另外，若矩阵的乘积 $\boldsymbol{AB}$ 是零矩阵，一般情况下，不能断定 $\boldsymbol{A}=\boldsymbol{O}$ 或 $\boldsymbol{B}=\boldsymbol{O}$. 类似地，若 $\boldsymbol{AB}=\boldsymbol{AC}$，一般情况下，$\boldsymbol{B}=\boldsymbol{C}$ 不成立，即消去律对矩阵的乘法不成立.

像常规的代数运算一样，如果矩阵的表达式中既包含乘法，也包含加法，且没有使用括号指明运算的顺序，那么做运算时乘法优先于加法. 例如，设矩阵

$$\boldsymbol{A}=\begin{pmatrix}1 & 2\\3 & 4\end{pmatrix},\quad \boldsymbol{B}=\begin{pmatrix}1 & 2\\3 & 1\end{pmatrix},\quad \boldsymbol{C}=\begin{pmatrix}-1 & 1\\2 & 3\end{pmatrix},$$

则

$$\begin{aligned}\boldsymbol{A}+\boldsymbol{BC}&=\begin{pmatrix}1 & 2\\3 & 4\end{pmatrix}+\begin{pmatrix}1 & 2\\3 & 1\end{pmatrix}\begin{pmatrix}-1 & 1\\2 & 3\end{pmatrix}\\&=\begin{pmatrix}1 & 2\\3 & 4\end{pmatrix}+\begin{pmatrix}3 & 7\\-1 & 6\end{pmatrix}=\begin{pmatrix}4 & 9\\2 & 10\end{pmatrix},\end{aligned}$$

$$3\boldsymbol{A}-4\boldsymbol{B}=\begin{pmatrix}3 & 6\\9 & 12\end{pmatrix}+\begin{pmatrix}-4 & -8\\-12 & -4\end{pmatrix}=\begin{pmatrix}-1 & -2\\-3 & 8\end{pmatrix}.$$

下面我们给出一些在矩阵算术运算中有用的法则.

定理 1.2　对于任何常数 k,l 和矩阵 $\boldsymbol{A},\boldsymbol{B},\boldsymbol{C}$，下列运算法则都是成立的（假定涉及的运算有意义）：

(a) $\boldsymbol{A}+\boldsymbol{B}=\boldsymbol{B}+\boldsymbol{A}$；

(b) $(\boldsymbol{A}+\boldsymbol{B})+\boldsymbol{C}=\boldsymbol{A}+(\boldsymbol{B}+\boldsymbol{C})$；

(c) $(\boldsymbol{AB})\boldsymbol{C}=\boldsymbol{A}(\boldsymbol{BC})$；

(d) $\boldsymbol{A}(\boldsymbol{B}+\boldsymbol{C})=\boldsymbol{AB}+\boldsymbol{AC}$；

(e) $(\boldsymbol{A}+\boldsymbol{B})\boldsymbol{C}=\boldsymbol{AC}+\boldsymbol{BC}$;

(f) $(kl)\boldsymbol{A}=k(l\boldsymbol{A})$;

(g) $k(\boldsymbol{AB})=(k\boldsymbol{A})\boldsymbol{B}=\boldsymbol{A}(k\boldsymbol{B})$;

(h) $(k+l)\boldsymbol{A}=k\boldsymbol{A}+l\boldsymbol{A}$;

(i) $k(\boldsymbol{A}+\boldsymbol{B})=k\boldsymbol{A}+k\boldsymbol{B}$.

证 我们只证明法则(d),其余法则留给读者验证.

设 $\boldsymbol{A}=(a_{ij})$ 为 $m\times n$ 矩阵,$\boldsymbol{B}=(b_{ij})$ 和 $\boldsymbol{C}=(c_{ij})$ 均为 $n\times r$ 矩阵,令

$$\boldsymbol{D}=(d_{ij})=\boldsymbol{A}(\boldsymbol{B}+\boldsymbol{C}),\quad \boldsymbol{F}=(f_{ij})=\boldsymbol{AB}+\boldsymbol{AC},$$

则有

$$d_{ij}=\sum_{k=1}^{n}a_{ik}(b_{kj}+c_{kj})\quad(i=1,2,\cdots,m;j=1,2,\cdots,n),$$

$$f_{ij}=\sum_{k=1}^{n}a_{ik}b_{kj}+\sum_{k=1}^{n}a_{ik}c_{kj}\quad(i=1,2,\cdots,m;j=1,2,\cdots,n).$$

而

$$\sum_{k=1}^{n}a_{ik}b_{kj}+\sum_{k=1}^{n}a_{ik}c_{kj}=\sum_{k=1}^{n}a_{ik}(b_{kj}+c_{kj}),$$

所以 $d_{ij}=f_{ij}$ $(i=1,2,\cdots,m;j=1,2,\cdots,n)$. 由此可得

$$\boldsymbol{A}(\boldsymbol{B}+\boldsymbol{C})=\boldsymbol{AB}+\boldsymbol{AC}.$$

定理 1.2 中矩阵的代数运算法则与实数的代数运算法则类似. 但是,矩阵的代数运算法则和实数的代数运算法则有着重要的区别,实数的乘法是可交换的,而矩阵的乘法是不可交换的. 还有一些矩阵的运算法则和实数的运算法则是不同的,见习题 1.3 的第 10~12 题.

当一个 n 阶方阵与自身相乘有限次时,使用幂记号表示. 也就是说,若 $\boldsymbol{A}$ 为 n 阶方阵,k 为正整数,则

$$\boldsymbol{A}^k=\underbrace{\boldsymbol{AA}\cdots\boldsymbol{A}}_{k个}.$$

我们规定 $\boldsymbol{A}^0=\boldsymbol{E}$.

例 1.12 设矩阵 $\boldsymbol{A}=\begin{pmatrix}1&1\\0&1\end{pmatrix}$,则

$$\boldsymbol{A}^2=\begin{pmatrix}1&1\\0&1\end{pmatrix}\begin{pmatrix}1&1\\0&1\end{pmatrix}=\begin{pmatrix}1&2\\0&1\end{pmatrix},$$

$$\boldsymbol{A}^3=\boldsymbol{AAA}=\boldsymbol{A}^2\boldsymbol{A}=\begin{pmatrix}1&2\\0&1\end{pmatrix}\begin{pmatrix}1&1\\0&1\end{pmatrix}=\begin{pmatrix}1&3\\0&1\end{pmatrix}.$$

一般地,有

$$A^n=\begin{pmatrix}1 & n\\0 & 1\end{pmatrix}.$$

容易看出，对于任何 n 阶方阵 $\boldsymbol{A}$，存在 n 阶单位矩阵 $\boldsymbol{E}$，满足方程

$$\boldsymbol{EA}=\boldsymbol{AE}=\boldsymbol{A}.$$

事实上，$\boldsymbol{E}$ 为矩阵乘法的单位元.

由矩阵数量积的定义知 $k\boldsymbol{E}$ 为数量矩阵. 而对于 n 阶方阵 $\boldsymbol{A}$，有

$$k\boldsymbol{A}=(k\boldsymbol{E})\boldsymbol{A}=\boldsymbol{A}(k\boldsymbol{E}).$$

上式说明，n 阶数量矩阵与所有 n 阶方阵 $\boldsymbol{A}$ 总是可交换的. 可以证明：与所有 n 阶方阵 $\boldsymbol{A}$ 都可交换的矩阵一定是 n 阶数量矩阵.

由于在矩阵的乘法运算中存在单位元 $\boldsymbol{E}$，对于 n 阶方阵 $\boldsymbol{A}$，我们可以考虑是否存在 n 阶方阵 $\boldsymbol{B}$，使得 $\boldsymbol{AB}=\boldsymbol{BA}=\boldsymbol{E}$ 成立. 这就是矩阵是否可逆的问题.

定义 1.12　设 $\boldsymbol{A}$ 为 n 阶方阵. 若存在一个 n 阶方阵 $\boldsymbol{B}$，使得 $\boldsymbol{AB}=\boldsymbol{BA}=\boldsymbol{E}$，则称矩阵 $\boldsymbol{A}$ 为**非奇异**或**可逆**的，并称矩阵 $\boldsymbol{B}$ 为矩阵 $\boldsymbol{A}$ 的**乘法逆元**.

若矩阵 $\boldsymbol{B}$ 和 $\boldsymbol{C}$ 均为矩阵 $\boldsymbol{A}$ 的乘法逆元，则

$$\boldsymbol{B}=\boldsymbol{BE}=\boldsymbol{B}(\boldsymbol{AC})=(\boldsymbol{BA})\boldsymbol{C}=\boldsymbol{EC}=\boldsymbol{C}.$$

因此，一个矩阵至多有一个乘法逆元. 我们将非奇异矩阵 $\boldsymbol{A}$ 的乘法逆元称为 $\boldsymbol{A}$ 的**逆矩阵**或**逆**，记为 $\boldsymbol{A}^{-1}$. 显然，$\boldsymbol{A}$ 与 $\boldsymbol{A}^{-1}$ 互为逆矩阵，即 $(\boldsymbol{A}^{-1})^{-1}=\boldsymbol{A}$. 故对于两个 n 阶方阵 $\boldsymbol{A},\boldsymbol{B}$，只要 $\boldsymbol{AB}=\boldsymbol{E}$ 成立，则 $\boldsymbol{A}^{-1}=\boldsymbol{B},\boldsymbol{B}^{-1}=\boldsymbol{A}$.

例 1.13　矩阵

$$\begin{pmatrix}1 & 2\\2 & 1\end{pmatrix}\quad 和\quad \begin{pmatrix}-\frac{1}{3} & \frac{2}{3}\\ \frac{2}{3} & -\frac{1}{3}\end{pmatrix}$$

互为逆矩阵，因为

$$\begin{pmatrix}1 & 2\\2 & 1\end{pmatrix}\begin{pmatrix}-\frac{1}{3} & \frac{2}{3}\\ \frac{2}{3} & -\frac{1}{3}\end{pmatrix}=\begin{pmatrix}-\frac{1}{3} & \frac{2}{3}\\ \frac{2}{3} & -\frac{1}{3}\end{pmatrix}\begin{pmatrix}1 & 2\\2 & 1\end{pmatrix}=\begin{pmatrix}1 & 0\\0 & 1\end{pmatrix}.$$

设矩阵 $\boldsymbol{A}=\begin{pmatrix}a & b\\c & d\end{pmatrix}$，容易验证当 $ad-bc\neq 0$ 时，$\boldsymbol{A}$ 是非奇异的，且

$$A^{-1}=\frac{1}{ad-bc}\begin{pmatrix} d & -b \\ -c & a \end{pmatrix}.$$

例 1.14 设 n 阶方阵 $\boldsymbol{A}$ 满足方程 $\boldsymbol{A}^2-\boldsymbol{A}-2\boldsymbol{E}=\boldsymbol{O}$，证明：$\boldsymbol{A}$，$\boldsymbol{A}+2\boldsymbol{E}$ 都是非奇异的；并求它们的逆矩阵.

解 由 $\boldsymbol{A}^2-\boldsymbol{A}-2\boldsymbol{E}=\boldsymbol{O}$ 得 $\boldsymbol{A}(\boldsymbol{A}-\boldsymbol{E})=2\boldsymbol{E}$，即

$$\boldsymbol{A}\frac{\boldsymbol{A}-\boldsymbol{E}}{2}=\boldsymbol{E},$$

所以 $\boldsymbol{A}$ 是非奇异的，且

$$\boldsymbol{A}^{-1}=\frac{\boldsymbol{A}-\boldsymbol{E}}{2}.$$

由 $\boldsymbol{A}^2-\boldsymbol{A}-2\boldsymbol{E}=\boldsymbol{O}$ 得 $(\boldsymbol{A}+2\boldsymbol{E})(\boldsymbol{A}-3\boldsymbol{E})+4\boldsymbol{E}=\boldsymbol{O}$，即

$$(\boldsymbol{A}+2\boldsymbol{E})\left[-\frac{1}{4}(\boldsymbol{A}-3\boldsymbol{E})\right]=\boldsymbol{E},$$

所以 $\boldsymbol{A}+2\boldsymbol{E}$ 是非奇异的，且

$$(\boldsymbol{A}+2\boldsymbol{E})^{-1}=-\frac{1}{4}(\boldsymbol{A}-3\boldsymbol{E}).$$

例 1.15 矩阵 $\boldsymbol{A}=\begin{pmatrix} 1 & -1 \\ -2 & 2 \end{pmatrix}$ 没有乘法逆元. 这是因为，若 $\boldsymbol{B}=\begin{pmatrix} a & b \\ c & d \end{pmatrix}$ 使

$$\boldsymbol{AB}=\boldsymbol{BA}=\boldsymbol{E}=\begin{pmatrix} 1 & 0 \\ 0 & 1 \end{pmatrix}$$

成立，则

$$\boldsymbol{AB}=\begin{pmatrix} a-c & b-d \\ -2a+2c & -2b+2d \end{pmatrix}=\begin{pmatrix} 1 & 0 \\ 0 & 1 \end{pmatrix}.$$

上式左边矩阵的第 2 行为第 1 行的 -2 倍，故此等式无法成立. 因此，$\boldsymbol{AB}$ 不可能等于 $\boldsymbol{E}$.

例 1.15 说明，并非所有的 n 阶方阵都是非奇异的.

定义 1.13 对于一个 n 阶方阵，若不存在乘法逆元，则称它为**奇异**的.

我们经常要使用非奇异矩阵的乘积. 两个非奇异矩阵 $\boldsymbol{A}$ 和 $\boldsymbol{B}$ 的乘积之逆与 $\boldsymbol{A}$，$\boldsymbol{B}$ 的逆之间是否存在关系呢？

定理 1.3 若 $\boldsymbol{A}$ 和 $\boldsymbol{B}$ 均为 n 阶非奇异矩阵，则 $\boldsymbol{AB}$ 也为 n 阶非奇异矩阵，且

$$(\boldsymbol{AB})^{-1}=\boldsymbol{B}^{-1}\boldsymbol{A}^{-1}.$$

证　因为 $\boldsymbol{A}$ 和 $\boldsymbol{B}$ 均为 n 阶非奇异矩阵，所以存在 $\boldsymbol{A}^{-1},\boldsymbol{B}^{-1}$，使得

$$\boldsymbol{AA}^{-1}=\boldsymbol{A}^{-1}\boldsymbol{A}=\boldsymbol{E},\quad \boldsymbol{BB}^{-1}=\boldsymbol{B}^{-1}\boldsymbol{B}=\boldsymbol{E}.$$

于是

$$(\boldsymbol{B}^{-1}\boldsymbol{A}^{-1})\boldsymbol{AB}=\boldsymbol{B}^{-1}(\boldsymbol{A}^{-1}\boldsymbol{A})\boldsymbol{B}=\boldsymbol{B}^{-1}\boldsymbol{B}=\boldsymbol{E},$$

$$\boldsymbol{AB}(\boldsymbol{B}^{-1}\boldsymbol{A}^{-1})=\boldsymbol{A}(\boldsymbol{BB}^{-1})\boldsymbol{A}^{-1}=\boldsymbol{AA}^{-1}=\boldsymbol{E}.$$

一般地，若 $\boldsymbol{A}_1,\boldsymbol{A}_2,\cdots,\boldsymbol{A}_k$ 均为 n 阶非奇异矩阵，则乘积 $\boldsymbol{A}_1\boldsymbol{A}_2\cdots\boldsymbol{A}_k$ 也为 n 阶非奇异矩阵，且

$$(\boldsymbol{A}_1\boldsymbol{A}_2\cdots\boldsymbol{A}_k)^{-1}=\boldsymbol{A}_k^{-1}\cdots\boldsymbol{A}_2^{-1}\boldsymbol{A}_1^{-1}.$$

容易验证，若 $\boldsymbol{A}$ 是 n 阶非奇异矩阵，则

(a) $(\boldsymbol{A}^{-1})^{-1}=\boldsymbol{A}$；

(b) $(k\boldsymbol{A})^{-1}=\dfrac{1}{k}(\boldsymbol{A}^{-1})$（$k$ 为非零常数）；

(c) $(\boldsymbol{A}^m)^{-1}=(\boldsymbol{A}^{-1})^m$（$m$ 为自然数）.

给定 $m\times n$ 矩阵 $\boldsymbol{A}$，构造一个各列是 $\boldsymbol{A}$ 的各行的 $n\times m$ 矩阵是很有用的.

定义 1.14　$m\times n$ 矩阵 $\boldsymbol{A}=(a_{ij})$ 的**转置**定义为一个 $n\times m$ 矩阵 $\boldsymbol{B}=(b_{ji})$，其中

$$b_{ji}=a_{ij}\quad (j=1,2,\cdots,n;i=1,2,\cdots,m).$$

$\boldsymbol{A}$ 的转置记为 $\boldsymbol{A}^{\mathrm{T}}$.

从定义 1.14 可知，$\boldsymbol{A}^{\mathrm{T}}$ 的第 $j(j=1,2,\cdots,n)$ 行元素与 $\boldsymbol{A}$ 的第 j 列元素相同，$\boldsymbol{A}^{\mathrm{T}}$ 的第 $i(i=1,2,\cdots,m)$ 列元素与 $\boldsymbol{A}$ 的第 i 行元素相同.

在矩阵的转置运算中，以下四个运算法则成立（假设涉及的运算有意义）：

(a) $(\boldsymbol{A}^{\mathrm{T}})^{\mathrm{T}}=\boldsymbol{A}$；

(b) $(k\boldsymbol{A})^{\mathrm{T}}=k\boldsymbol{A}^{\mathrm{T}}$（$k$ 为常数）；

(c) $(\boldsymbol{A}+\boldsymbol{B})^{\mathrm{T}}=\boldsymbol{A}^{\mathrm{T}}+\boldsymbol{B}^{\mathrm{T}}$；

(d) $(\boldsymbol{AB})^{\mathrm{T}}=\boldsymbol{B}^{\mathrm{T}}\boldsymbol{A}^{\mathrm{T}}$；

(e) 若 $\boldsymbol{A}$ 可逆，则 $(\boldsymbol{A}^{\mathrm{T}})^{-1}=(\boldsymbol{A}^{-1})^{\mathrm{T}}$.

证　只证明法则(d)，其余法则的证明留给读者完成.

若 $\boldsymbol{A}$ 为 $m\times n$ 矩阵，则矩阵 $\boldsymbol{B}$ 必有 n 行. $(\boldsymbol{AB})^{\mathrm{T}}$ 的元素 (i,j) 为 $\boldsymbol{AB}$ 的元素 (j,i)，该元素应为

$$\boldsymbol{\alpha}_j\boldsymbol{b}_i=\sum_{k=1}^{n}a_{jk}b_{ki}=\sum_{k=1}^{n}b_{ki}a_{jk}=\boldsymbol{b}_i^{\mathrm{T}}\boldsymbol{\alpha}_j^{\mathrm{T}},$$

其中 $\boldsymbol{\alpha}_j$ 是 $\boldsymbol{A}$ 的第 j 个行向量，$\boldsymbol{b}_i$ 是 $\boldsymbol{B}$ 的第 i 个列向量，故 $(\boldsymbol{AB})^{\mathrm{T}}$ 和 $\boldsymbol{B}^{\mathrm{T}}\boldsymbol{A}^{\mathrm{T}}$ 的各元素对应相等.

例 1.16 设矩阵

$$\boldsymbol{A}=\begin{pmatrix}1&2&3\\2&3&1\\3&1&2\end{pmatrix},\quad \boldsymbol{B}=\begin{pmatrix}1&2\\2&3\\3&1\end{pmatrix},$$

则

$$\boldsymbol{AB}=\begin{pmatrix}14&11\\11&14\\11&11\end{pmatrix},\quad (\boldsymbol{AB})^{\mathrm{T}}=\begin{pmatrix}14&11&11\\11&14&11\end{pmatrix}=\boldsymbol{B}^{\mathrm{T}}\boldsymbol{A}^{\mathrm{T}}.$$

定义 1.15 一个 n 阶方阵 $\boldsymbol{A}$，若满足 $\boldsymbol{A}^{\mathrm{T}}=\boldsymbol{A}$，则称它为**对称矩阵**；若满足 $\boldsymbol{A}^{\mathrm{T}}=-\boldsymbol{A}$，则称它为**反对称矩阵**.

由定义 1.15 可知，n 阶方阵 $\boldsymbol{A}$ 为对称矩阵当且仅当

$$a_{ij}=a_{ji}\quad (i,j=1,2,\cdots,n),$$

即对称矩阵的特点是它的元素以主对角线为对称轴对应相等；$\boldsymbol{A}$ 为反对称矩阵当且仅当

$$a_{ij}=-a_{ji}\quad (i,j=1,2,\cdots,n),$$

即反对称矩阵的特点是它的元素以主对角线为对称轴对应互为相反数，且主对角线元素都是 0. 可以证明：任何一个方阵均可表示为一个对称矩阵和一个反对称矩阵的和(见习题 1.3 的第 17 题).

例如，$\begin{pmatrix}1&-1&4\\-1&2&0\\4&0&3\end{pmatrix}$是对称矩阵，而$\begin{pmatrix}0&1&4\\-1&0&-2\\-4&2&0\end{pmatrix}$是反对称矩阵.

习题 1.3

1. 设矩阵

$$\boldsymbol{A}=\begin{pmatrix}1&0&2\\2&-1&3\\4&1&8\end{pmatrix}\quad 和\quad \boldsymbol{B}=\begin{pmatrix}-11&2&2\\-4&0&1\\6&-1&-1\end{pmatrix},$$

求：(a) $3\boldsymbol{A}$； (b) $3\boldsymbol{A}-2\boldsymbol{B}$； (c) $(3\boldsymbol{A})^{\mathrm{T}}-(2\boldsymbol{B})^{\mathrm{T}}$； (d) $\boldsymbol{AB}$； (e) $\boldsymbol{A}^{\mathrm{T}}\boldsymbol{B}^{\mathrm{T}}$.

2. 设矩阵

$$\boldsymbol{A}=\begin{pmatrix}-2 & 1 & 0\\ 1 & 0 & -2\end{pmatrix} \quad 和 \quad \boldsymbol{B}=\begin{pmatrix}1 & -1 & 0 & 1\\ 1 & 1 & 2 & -1\\ 2 & 0 & -1 & 0\end{pmatrix},$$

记 $\boldsymbol{AB}=(c_{ij})$，求 c_{23}，c_{14}.

3. 将下列线性方程组改写为矩阵方程的形式：

(a) $\begin{cases}x_1+x_2=1,\\ 2x_1-x_2=3;\end{cases}$ (b) $\begin{cases}x_1+\ x_2 \qquad =1,\\ 2x_1+2x_2+x_3=2,\\ 3x_1-\ x_2+x_3=3.\end{cases}$

4. 对于 2 阶方阵，证明：矩阵乘法的结合律成立.

5. 设 3 阶方阵 $\boldsymbol{A}=\begin{pmatrix}0 & 1 & 0\\ 0 & 0 & 1\\ 0 & 0 & 0\end{pmatrix}$，证明：当 $n\geqslant 3$ 时，$\boldsymbol{A}^n=\boldsymbol{O}$.

6. 对于下列每种 $\boldsymbol{A}$ 和 $\boldsymbol{b}$ 的取法，利用考查 $\boldsymbol{b}$ 是否可表示为矩阵 $\boldsymbol{A}$ 的列向量的线性组合的方法，确定线性方程组 $\boldsymbol{Ax}=\boldsymbol{b}$ 是否相容，并解释每种情形下的答案：

(a) $\boldsymbol{A}=\begin{pmatrix}2 & 1\\ -2 & -1\end{pmatrix}$，$\boldsymbol{b}=\begin{pmatrix}3\\ 1\end{pmatrix}$； (b) $\boldsymbol{A}=\begin{pmatrix}1 & 2 & 3\\ 1 & 2 & 3\\ 1 & 2 & 3\end{pmatrix}$，$\boldsymbol{b}=\begin{pmatrix}1\\ 0\\ -1\end{pmatrix}$.

7. 设 $\boldsymbol{A}$ 为非奇异矩阵，证明：$\boldsymbol{A}^{\mathrm{T}}$ 也是非奇异矩阵，且 $(\boldsymbol{A}^{\mathrm{T}})^{-1}=(\boldsymbol{A}^{-1})^{\mathrm{T}}$.

8. 设 $\boldsymbol{A}$ 为 n 阶方阵，$\boldsymbol{x}$ 和 $\boldsymbol{y}$ 均为 n 维列向量，证明：若 $\boldsymbol{Ax}=\boldsymbol{Ay}$，且 $\boldsymbol{x}\neq\boldsymbol{y}$，则 $\boldsymbol{A}$ 必为非奇异矩阵.

9. 设 $\boldsymbol{A}$ 为 n 阶非奇异矩阵，证明：$(\boldsymbol{A}^m)^{-1}=(\boldsymbol{A}^{-1})^m$（$m$ 为自然数）.

10. 说明为什么下列代数运算法则中将实数 a 和 b 用 n 阶方阵 $\boldsymbol{A}$ 和 $\boldsymbol{B}$ 替换后一般是不成立的：

(a) $(a+b)^2=a^2+2ab+b^2$； (b) $(a+b)(a-b)=a^2-b^2$.

11. 对于第 10 题代数运算法则，若将实数 a 替换为 n 阶方阵 $\boldsymbol{A}$，实数 b 替换为 n 阶单位矩阵 $\boldsymbol{E}$，它们是否成立？

12. 求 2 阶非零矩阵 $\boldsymbol{A}$ 和 $\boldsymbol{B}$，使得 $\boldsymbol{AB}=\boldsymbol{O}$.

13. 两个对称矩阵的乘积是否一定是对称的？证明你的结论.

14. 设 $\boldsymbol{A}$ 为 $m\times n$ 矩阵，证明：$\boldsymbol{A}^{\mathrm{T}}\boldsymbol{A}$ 和 $\boldsymbol{AA}^{\mathrm{T}}$ 均为对称矩阵.

15. 设 $\boldsymbol{A}$ 和 $\boldsymbol{B}$ 均为 n 阶对称矩阵，证明：$\boldsymbol{AB}$ 为对称矩阵当且仅当 $\boldsymbol{AB}=\boldsymbol{BA}$.

16. 证明：如果一个矩阵是反对称矩阵，那么它的所有主对角线元素必为 0.

17. 设 $\boldsymbol{A}$ 为 n 阶方阵,且令 $\boldsymbol{B}=\boldsymbol{A}+\boldsymbol{A}^{\mathrm{T}}$ 和 $\boldsymbol{C}=\boldsymbol{A}-\boldsymbol{A}^{\mathrm{T}}$,证明:

(a) $\boldsymbol{B}$ 为对称矩阵,$\boldsymbol{C}$ 为反对称矩阵;

(b) 任何一个 n 阶方阵均可表示为一个 n 阶对称矩阵和一个 n 阶反对称矩阵的和.

§1.4 初等矩阵

给定一个线性方程组 $\boldsymbol{Ax}=\boldsymbol{b}$,我们可通过在其两端乘以一系列特殊的矩阵,得到一个等价的行阶梯形方程组.这些特殊的矩阵就是初等矩阵,它们还可用来计算非奇异矩阵的逆矩阵.

定义 1.16 对单位矩阵只进行一次初等行(或列)变换而得到的矩阵,称为初等矩阵.

对应于单位矩阵的三种初等行(或列)变换,分别有三种初等矩阵:

(a) 初等对换矩阵:

$$\boldsymbol{E}_{ij}=\begin{pmatrix}1&&&&&&&&\\&\ddots&&&&&&&\\&&0&\cdots&\cdots&\cdots&1&\cdots&\\&&\vdots&1&&&\vdots&&\\&&\vdots&&\ddots&&\vdots&&\\&&\vdots&&&1&\vdots&&\\&&1&\cdots&\cdots&\cdots&0&\cdots&\\&&&&&&&\ddots&\\&&&&&&&&1\end{pmatrix}\begin{matrix}\\\\\text{第 } i \text{ 行}\\\\\\\\\text{第 } j \text{ 行}\\\\\\\end{matrix},$$

即 $\boldsymbol{E}_{ij}$ 是由单位矩阵的第 i 行与第 j 行(或第 i 列与第 j 列)互换而得到的.

例 1.17 将 3 阶单位矩阵 $\boldsymbol{E}$ 的第 1 行与第 2 行(或第 1 列与第 2 列)互换,得到 3 阶初等对换矩阵

$$\boldsymbol{E}_{12}=\begin{pmatrix}0&1&0\\1&0&0\\0&0&1\end{pmatrix}.$$

由于

$$\boldsymbol{E}_{12}\begin{pmatrix}a_{11}&a_{12}&a_{13}\\a_{21}&a_{22}&a_{23}\\a_{31}&a_{32}&a_{33}\end{pmatrix}=\begin{pmatrix}a_{21}&a_{22}&a_{23}\\a_{11}&a_{12}&a_{13}\\a_{31}&a_{32}&a_{33}\end{pmatrix},$$

$$\begin{pmatrix} a_{11} & a_{12} & a_{13} \\ a_{21} & a_{22} & a_{23} \\ a_{31} & a_{32} & a_{33} \end{pmatrix} \boldsymbol{E}_{12} = \begin{pmatrix} a_{12} & a_{11} & a_{13} \\ a_{22} & a_{21} & a_{23} \\ a_{32} & a_{31} & a_{33} \end{pmatrix},$$

所以某个矩阵左乘 $\boldsymbol{E}_{12}$ 就是互换该矩阵的第 1 行和第 2 行，右乘 $\boldsymbol{E}_{12}$ 就是互换该矩阵的第 1 列和第 2 列.

(b) 初等倍乘矩阵：

$$\boldsymbol{E}_i(c) = \mathrm{diag}(\underbrace{1,\cdots,1}_{i-1\text{个}},c,1,\cdots,1) \quad (c\text{ 为非零常数}),$$

即 $\boldsymbol{E}_i(c)$ 是由单位矩阵的第 i 行(或列)各元素乘以非零常数 c 而得到的.

例 1.18　将 3 阶单位矩阵 $\boldsymbol{E}$ 的第 3 行(或列)各元素乘以 2，得到 3 阶初等倍乘矩阵

$$\boldsymbol{E}_3(2) = \begin{pmatrix} 1 & 0 & 0 \\ 0 & 1 & 0 \\ 0 & 0 & 2 \end{pmatrix}.$$

由于

$$\boldsymbol{E}_3(2)\begin{pmatrix} a_{11} & a_{12} & a_{13} \\ a_{21} & a_{22} & a_{23} \\ a_{31} & a_{32} & a_{33} \end{pmatrix} = \begin{pmatrix} a_{11} & a_{12} & a_{13} \\ a_{21} & a_{22} & a_{23} \\ 2a_{31} & 2a_{32} & 2a_{33} \end{pmatrix},$$

$$\begin{pmatrix} a_{11} & a_{12} & a_{13} \\ a_{21} & a_{22} & a_{23} \\ a_{31} & a_{32} & a_{33} \end{pmatrix} \boldsymbol{E}_3(2) = \begin{pmatrix} a_{11} & a_{12} & 2a_{13} \\ a_{21} & a_{22} & 2a_{23} \\ a_{31} & a_{32} & 2a_{33} \end{pmatrix},$$

所以某个矩阵左乘 $\boldsymbol{E}_3(2)$ 就是将该矩阵的第 3 行各元素乘以 2，右乘 $\boldsymbol{E}_3(2)$ 就是将该矩阵的第 3 列各元素乘以 2.

(c) 初等倍加矩阵：

$$\boldsymbol{E}_{ij}(c) = \begin{pmatrix} 1 & & & & & & \\ & \ddots & & & & & \\ & & 1 & \cdots & & & \\ & & \vdots & \ddots & & & \\ & & c & \cdots & 1 & \cdots & \\ & & & & & \ddots & \\ & & & & & & 1 \end{pmatrix} \begin{matrix} \\ \\ \text{第 } i \text{ 行} \\ \\ \text{第 } j \text{ 行} \\ \\ \\ \end{matrix} \quad (c\text{ 为常数}),$$

即 $\boldsymbol{E}_{ij}(c)$是由单位矩阵的第 i 行各元素乘以常数 c 后加到第 j 行对应的元素上，或者第 j 列各元素乘以常数 c 后加到第 i 列对应的元素上而得到的.

例 1.19 将 3 阶单位矩阵 $\boldsymbol{E}$ 的第 1 行（或第 2 列）各元素乘以 2 后加到第 2 行（或第 1 列）对应的元素上，得到 3 阶初等倍加矩阵

$$\boldsymbol{E}_{12}(2)=\begin{pmatrix}1&0&0\\2&1&0\\0&0&1\end{pmatrix}.$$

由于

$$\boldsymbol{E}_{12}(2)\begin{pmatrix}a_{11}&a_{12}&a_{13}\\a_{21}&a_{22}&a_{23}\\a_{31}&a_{32}&a_{33}\end{pmatrix}=\begin{pmatrix}a_{11}&a_{12}&a_{13}\\a_{21}+2a_{11}&a_{22}+2a_{12}&a_{23}+2a_{13}\\a_{31}&a_{32}&a_{33}\end{pmatrix},$$

$$\begin{pmatrix}a_{11}&a_{12}&a_{13}\\a_{21}&a_{22}&a_{23}\\a_{31}&a_{32}&a_{33}\end{pmatrix}\boldsymbol{E}_{12}(2)=\begin{pmatrix}a_{11}+2a_{12}&a_{12}&a_{13}\\a_{21}+2a_{22}&a_{22}&a_{23}\\a_{31}+2a_{32}&a_{32}&a_{33}\end{pmatrix},$$

所以某个矩阵左乘 $\boldsymbol{E}_{12}(2)$就是将该矩阵的第 1 行各元素乘以 2 后加到第 2 行对应的元素上，右乘 $\boldsymbol{E}_{12}(2)$就是将该矩阵的第 2 列各元素乘以 2 后加到第 1 列对应的元素上.

一般地，假设 $\boldsymbol{D}$ 为 n 阶初等矩阵，则 $\boldsymbol{D}$ 是由单位矩阵经过一次初等行（或列）变换得到的. 若 $\boldsymbol{A}$ 为 $n\times m$ 矩阵，$\boldsymbol{D}$ 左乘 $\boldsymbol{A}$ 等价于对 $\boldsymbol{A}$ 进行相应的初等行变换；若 $\boldsymbol{B}$ 为 $m\times n$ 矩阵，则 $\boldsymbol{D}$ 右乘 $\boldsymbol{B}$ 等价于对 $\boldsymbol{B}$ 进行相应的初等列变换.

定理 1.4 若 $\boldsymbol{D}$ 为初等矩阵，则 $\boldsymbol{D}$ 是非奇异的，且 $\boldsymbol{D}^{-1}$ 为与 $\boldsymbol{D}$ 同类型的初等矩阵.

证 若 $\boldsymbol{D}$ 为初等对换矩阵 $\boldsymbol{E}_{ij}$，则

$$\boldsymbol{D}^{-1}=\boldsymbol{E}_{ij};$$

若 $\boldsymbol{D}$ 为初等倍乘矩阵 $\boldsymbol{E}_i(c)$ $(c\neq0)$，则

$$\boldsymbol{D}^{-1}=\boldsymbol{E}_i\left(\frac{1}{c}\right);$$

若 $\boldsymbol{D}$ 为初等倍加矩阵 $\boldsymbol{E}_{ij}(c)$，则有

$$\boldsymbol{D}^{-1}=\boldsymbol{E}_{ij}(-c).$$

定义 1.17 设 $\boldsymbol{A},\boldsymbol{B}$ 为两个 $m\times n$ 矩阵. 若存在一个有限初等矩阵的序列 $\boldsymbol{E}_1,\boldsymbol{E}_2,\cdots,\boldsymbol{E}_k$，使得

$$B=E_kE_{k-1}\cdots E_1A,$$

则称 A 与 B 是行等价的.

利用矩阵的行等价概念,可以解决线性方程组等价的问题.事实上,当且仅当 $Ax=b$ 和 $Bx=c$ 是等价线性方程组时,两个增广矩阵 $(A \vdots b)$ 和 $(B \vdots c)$ 是行等价的.矩阵之间的行等价还可以用来刻画非奇异矩阵.

容易得到以下行等价矩阵的性质:

(a) 自反性: A 行等价于 A.

(b) 对称性: 若 A 与 B 是行等价的,则 B 与 A 是行等价的.

(c) 传递性: 若 A 与 B 是行等价的,且 B 与 C 是行等价的,则 A 与 C 是行等价的.

满足自反性、对称性、传递性三条性质的关系称为等价关系,所以矩阵的行等价关系是等价关系.

定理 1.5（非奇异矩阵的等价条件）　设 A 为 n 阶方阵,则下列命题是等价的:

(a) A 是非奇异的;

(b) 线性方程组 $Ax=0$ 仅有平凡解 0;

(c) A 与 n 阶单位矩阵 E 行等价.

证　先证明(a)⇒(b).

若 A 是非奇异的,且有 $Ax_0=0$ 成立,则在此式两边乘以 A^{-1},有 $x_0=0$,即 $Ax=0$ 仅有平凡解 0.

再证明(b)⇒(c).

对 $Ax=0$ 施行初等变换,将其化为等价的线性方程组 $Ux=0$,其中 U 为行阶梯形矩阵.由于 $Ax=0$ 仅有平凡解 0,故 U 必为一个主对角线元素全非零的上三角形矩阵,从而 U 化为行最简形矩阵时就是 n 阶单位矩阵 E.因此,A 与 E 行等价.

最后证明(c)⇒(a).

若 A 与 n 阶单位矩阵 E 行等价,则必存在初等矩阵 $E_1,E_2,\cdots,E_{k-1},E_k$,使得

$$A=E_kE_{k-1}\cdots E_2E_1E=E_kE_{k-1}\cdots E_2E_1.$$

因所有 E_i 均是非奇异的,故 A 必是非奇异的,且由上式有

$$A^{-1}=(E_kE_{k-1}\cdots E_1)^{-1}=E_1^{-1}E_2^{-1}\cdots E_{k-1}^{-1}E_k^{-1}.$$

推论 1　当且仅当 n 阶方阵 A 非奇异时,含 n 个方程和 n 个未知量的线性方程组 $Ax=b$ 有唯一解.

推论 2　若 A 为一个 $m\times n$ 矩阵,则对 A 施行有限次初等行变换等

价于 $\boldsymbol{A}$ 左乘一个 m 阶非奇异矩阵,对 $\boldsymbol{A}$ 施行有限次初等列变换等价于 $\boldsymbol{A}$ 右乘一个 n 阶非奇异矩阵.

定理1.5为我们提供了求非奇异矩阵 $\boldsymbol{A}$ 的逆矩阵 $\boldsymbol{A}^{-1}$ 的方法:因为

$$\boldsymbol{E}_k\boldsymbol{E}_{k-1}\cdots\boldsymbol{E}_1\boldsymbol{A}=\boldsymbol{E},$$
$$\boldsymbol{E}_k\boldsymbol{E}_{k-1}\cdots\boldsymbol{E}_1\boldsymbol{E}=\boldsymbol{A}^{-1},$$

所以若将非奇异矩阵 $\boldsymbol{A}$ 和单位矩阵 $\boldsymbol{E}$ 写为增广矩阵形式 $(\boldsymbol{A}\,\vdots\,\boldsymbol{E})$,并利用初等行变换把 $\boldsymbol{A}$ 化为 $\boldsymbol{E}$,则 $\boldsymbol{E}$ 就化为 $\boldsymbol{A}^{-1}$,即

$$(\boldsymbol{A}\,\vdots\,\boldsymbol{E})\xrightarrow{\text{一系列初等行变换}}(\boldsymbol{E}\,\vdots\,\boldsymbol{A}^{-1}).$$

同理,有

$$\begin{pmatrix}\boldsymbol{A}\\ \hdashline \boldsymbol{E}\end{pmatrix}\xrightarrow{\text{一系列初等列变换}}\begin{pmatrix}\boldsymbol{E}\\ \hdashline \boldsymbol{A}^{-1}\end{pmatrix}.$$

例 1.20 求矩阵 $\boldsymbol{A}$ 的逆矩阵 $\boldsymbol{A}^{-1}$,其中

$$\boldsymbol{A}=\begin{pmatrix}1&-1&1\\1&2&3\\1&1&3\end{pmatrix}.$$

解 因为

$$(\boldsymbol{A}\,\vdots\,\boldsymbol{E})=\left(\begin{array}{ccc:ccc}1&-1&1&1&0&0\\1&2&3&0&1&0\\1&1&3&0&0&1\end{array}\right)\xrightarrow[r_3+(-1)r_1]{r_2+(-1)r_1}\left(\begin{array}{ccc:ccc}1&-1&1&1&0&0\\0&3&2&-1&1&0\\0&2&2&-1&0&1\end{array}\right)$$

$$\xrightarrow{r_3+\left(-\frac{2}{3}\right)r_2}\left(\begin{array}{ccc:ccc}1&-1&1&1&0&0\\0&3&2&-1&1&0\\0&0&2/3&-1/3&-2/3&1\end{array}\right)\xrightarrow[\frac{3}{2}r_3]{\frac{1}{3}r_2}\left(\begin{array}{ccc:ccc}1&-1&1&1&0&0\\0&1&2/3&-1/3&1/3&0\\0&0&1&-1/2&-1&3/2\end{array}\right)$$

$$\xrightarrow{r_1+r_2}\left(\begin{array}{ccc:ccc}1&0&5/3&2/3&1/3&0\\0&1&2/3&-1/3&1/3&0\\0&0&1&-1/2&-1&3/2\end{array}\right)\xrightarrow[r_2+\left(-\frac{2}{3}\right)r_3]{r_1+\left(-\frac{5}{3}\right)r_3}\left(\begin{array}{ccc:ccc}1&0&0&3/2&2&-5/2\\0&1&0&0&1&-1\\0&0&1&-1/2&-1&3/2\end{array}\right),$$

所以

$$\boldsymbol{A}^{-1}=\begin{pmatrix}3/2&2&-5/2\\0&1&-1\\-1/2&-1&3/2\end{pmatrix}.$$

可验证

$$\boldsymbol{A}\boldsymbol{A}^{-1}=\boldsymbol{A}^{-1}\boldsymbol{A}=\boldsymbol{E}.$$

例 1.21　解线性方程组

$$\begin{cases} x_1 - x_2 + x_3 = 1, \\ x_1 + 2x_2 + 3x_3 = 2, \\ x_1 + x_2 + 3x_3 = 3. \end{cases}$$

解　该线性方程组的系数矩阵为

$$\boldsymbol{A} = \begin{pmatrix} 1 & -1 & 1 \\ 1 & 2 & 3 \\ 1 & 1 & 3 \end{pmatrix},$$

它非奇异，且

$$\boldsymbol{A}^{-1} = \begin{pmatrix} 3/2 & 2 & -5/2 \\ 0 & 1 & -1 \\ -1/2 & -1 & 3/2 \end{pmatrix},$$

记

$$\boldsymbol{x} = \begin{pmatrix} x_1 \\ x_2 \\ x_3 \end{pmatrix}, \quad \boldsymbol{b} = \begin{pmatrix} 1 \\ 2 \\ 3 \end{pmatrix},$$

则该线性方程组可表示为 $\boldsymbol{Ax}=\boldsymbol{b}$. 两边左乘 $\boldsymbol{A}^{-1}$，得该线性方程组的解为

$$\boldsymbol{x} = \boldsymbol{A}^{-1}\boldsymbol{b} = \begin{pmatrix} 3/2 & 2 & -5/2 \\ 0 & 1 & -1 \\ -1/2 & -1 & 3/2 \end{pmatrix}\begin{pmatrix} 1 \\ 2 \\ 3 \end{pmatrix} = \begin{pmatrix} -2 \\ -1 \\ 2 \end{pmatrix}.$$

例 1.21 中的线性方程组事实上是一个矩阵方程：$\boldsymbol{Ax}=\boldsymbol{b}$. 通过矩阵运算，矩阵方程一般可化为以下三种基本形式之一：$\boldsymbol{AX}=\boldsymbol{B}$，$\boldsymbol{XA}=\boldsymbol{B}$，$\boldsymbol{AXC}=\boldsymbol{B}$. 例如，$\boldsymbol{AX}=\boldsymbol{B}+\boldsymbol{X}$ 可化为 $(\boldsymbol{A}-\boldsymbol{E})\boldsymbol{X}=\boldsymbol{B}$，$\boldsymbol{XA}=\boldsymbol{B}+\boldsymbol{X}$ 可化为 $\boldsymbol{X}(\boldsymbol{A}-\boldsymbol{E})=\boldsymbol{B}$. 三种基本形式的矩阵方程可如下求解：

(a) $\boldsymbol{AX}=\boldsymbol{B} \Longrightarrow \boldsymbol{X}=\boldsymbol{A}^{-1}\boldsymbol{B}$;

(b) $\boldsymbol{XA}=\boldsymbol{B} \Longrightarrow \boldsymbol{X}=\boldsymbol{BA}^{-1}$;

(c) $\boldsymbol{AXC}=\boldsymbol{B} \Longrightarrow \boldsymbol{X}=\boldsymbol{A}^{-1}\boldsymbol{BC}^{-1}$.

这里 $\boldsymbol{A}$，$\boldsymbol{C}$ 均为非奇异矩阵.

用常规方法计算 $\boldsymbol{A}^{-1}\boldsymbol{B}$，需要先计算出 $\boldsymbol{A}^{-1}$，再计算 $\boldsymbol{A}^{-1}$ 和 $\boldsymbol{B}$ 的乘积. 事实上，参考用初等行变换求逆矩阵的方法，有

$$(\boldsymbol{A} \mid \boldsymbol{B}) \xrightarrow{\text{一系列初等行变换}} (\boldsymbol{E} \mid \boldsymbol{A}^{-1}\boldsymbol{B}).$$

类似地，$\boldsymbol{BA}^{-1}$ 也可以按照

$$\begin{pmatrix} A \\ \hdashline B \end{pmatrix} \xrightarrow{\text{一系列初等列变换}} \begin{pmatrix} E \\ \hdashline BA^{-1} \end{pmatrix}$$

的方法来求.

习题 1.4

1. 对于下列每一对矩阵，求一个初等矩阵 $\boldsymbol{E}_0$，使得 $\boldsymbol{E}_0\boldsymbol{A}=\boldsymbol{B}$：

(a) $\boldsymbol{A}=\begin{pmatrix} 1 & -2 \\ 3 & 1 \end{pmatrix}$，$\boldsymbol{B}=\begin{pmatrix} 3 & -6 \\ 3 & 1 \end{pmatrix}$；

(b) $\boldsymbol{A}=\begin{pmatrix} 3 & 1 & 2 \\ -1 & 2 & 4 \\ 2 & 3 & -5 \end{pmatrix}$，$\boldsymbol{B}=\begin{pmatrix} 3 & 1 & 2 \\ 2 & 3 & -5 \\ -1 & 2 & 4 \end{pmatrix}$；

(c) $\boldsymbol{A}=\begin{pmatrix} 1 & -1 & 2 \\ 0 & 1 & 3 \\ 2 & -2 & 1 \end{pmatrix}$，$\boldsymbol{B}=\begin{pmatrix} 1 & -1 & 2 \\ 0 & 1 & 3 \\ 2 & 0 & 7 \end{pmatrix}$.

2. 对于下列每一对矩阵，求一个初等矩阵 $\boldsymbol{E}_0$，使得 $\boldsymbol{A}\boldsymbol{E}_0=\boldsymbol{B}$：

(a) $\boldsymbol{A}=\begin{pmatrix} 2 & -1 \\ 1 & -3 \end{pmatrix}$，$\boldsymbol{B}=\begin{pmatrix} -1 & 2 \\ -3 & 1 \end{pmatrix}$；

(b) $\boldsymbol{A}=\begin{pmatrix} -1 & 2 & 3 \\ 2 & 3 & -1 \\ 3 & -1 & 2 \end{pmatrix}$，$\boldsymbol{B}=\begin{pmatrix} -1 & 0 & 3 \\ 2 & 7 & -1 \\ 3 & 5 & 2 \end{pmatrix}$；

(c) $\boldsymbol{A}=\begin{pmatrix} -5 & -4 & 3 \\ -2 & -1 & 3 \\ -4 & 0 & 7 \end{pmatrix}$，$\boldsymbol{B}=\begin{pmatrix} -5 & -4 & -3 \\ -2 & -1 & -3 \\ -4 & 0 & -7 \end{pmatrix}$.

3. 给定矩阵

$$\boldsymbol{A}=\begin{pmatrix} 1 & -1 & 1 \\ 1 & 2 & 3 \\ 1 & 0 & 3 \end{pmatrix},$$

求初等矩阵 $\boldsymbol{E}_1,\boldsymbol{E}_2,\boldsymbol{E}_3$，使得

$$\boldsymbol{E}_3\boldsymbol{E}_2\boldsymbol{E}_1\boldsymbol{A}=\boldsymbol{U},$$

其中 $\boldsymbol{U}$ 为上三角形矩阵.

4. 给定矩阵 $\boldsymbol{A}=\begin{pmatrix}1&2\\2&3\end{pmatrix}$.

(a) 将 $\boldsymbol{A}$ 写为初等矩阵的乘积；　(b) 将 $\boldsymbol{A}^{-1}$ 写为初等矩阵的乘积.

5. 求下列矩阵的逆矩阵：

(a) $\begin{pmatrix}0&1\\1&0\end{pmatrix}$；　(b) $\begin{pmatrix}5&2\\3&1\end{pmatrix}$；　(c) $\begin{pmatrix}1&1&1\\0&2&1\\0&0&3\end{pmatrix}$；　(d) $\begin{pmatrix}5&0&2\\0&1&0\\3&0&1\end{pmatrix}$.

6. 设 $\boldsymbol{A}$ 为第 5 题中的矩阵(d)，对于下列 $\boldsymbol{b}$，利用 $\boldsymbol{A}^{-1}$ 解线性方程组 $\boldsymbol{Ax}=\boldsymbol{b}$：

(a) $\boldsymbol{b}=(3,2,1)^{\mathrm{T}}$；　(b) $\boldsymbol{b}=(1,0,-2)^{\mathrm{T}}$.

7. 给定矩阵 $\boldsymbol{A}=\begin{pmatrix}3&2\\2&1\end{pmatrix}$，$\boldsymbol{B}=\begin{pmatrix}4&2\\3&1\end{pmatrix}$，$\boldsymbol{C}=\begin{pmatrix}-1&-2\\-3&-4\end{pmatrix}$，解下列矩阵方程：

(a) $\boldsymbol{AX}+\boldsymbol{B}=\boldsymbol{C}$；　(b) $\boldsymbol{XA}+\boldsymbol{B}=\boldsymbol{C}$；　(c) $\boldsymbol{AX}+\boldsymbol{B}=\boldsymbol{X}$；　(d) $\boldsymbol{XA}+\boldsymbol{C}=\boldsymbol{X}$.

8. 设 $\boldsymbol{A}$ 为 3 阶方阵，并假设 $2\boldsymbol{a}_1-4\boldsymbol{a}_2+3\boldsymbol{a}_3=\boldsymbol{0}$，其中 $\boldsymbol{a}_i(i=1,2,3)$ 为 $\boldsymbol{A}$ 的第 i 个列向量. 线性方程组 $\boldsymbol{Ax}=\boldsymbol{0}$ 有多少个解？$\boldsymbol{A}$ 是否非奇异？试说明你的结论.

9. 设 $\boldsymbol{A}$ 为 3 阶方阵，并假设 $\boldsymbol{a}_1=\boldsymbol{a}_2-3\boldsymbol{a}_3$，其中 $\boldsymbol{a}_i(i=1,2,3)$ 为 $\boldsymbol{A}$ 的第 i 个列向量. 线性方程组 $\boldsymbol{Ax}=\boldsymbol{0}$ 是否有非平凡解？$\boldsymbol{A}$ 是否非奇异？试说明你的结论.

10. 设 $\boldsymbol{A}$ 和 $\boldsymbol{B}$ 均为 n 阶方阵，$\boldsymbol{C}=\boldsymbol{A}-\boldsymbol{B}$，证明：若 $\boldsymbol{Ax}_0=\boldsymbol{Bx}_0$，且 $\boldsymbol{x}_0\neq\boldsymbol{0}$，则 $\boldsymbol{C}$ 为奇异矩阵.

11. 设 $\boldsymbol{A}$ 和 $\boldsymbol{B}$ 均为 n 阶方阵，$\boldsymbol{C}=\boldsymbol{AB}$，证明：若 $\boldsymbol{B}$ 为奇异矩阵，则 $\boldsymbol{C}$ 也为奇异矩阵.

12. 证明：若 $\boldsymbol{A}$ 为对称的非奇异矩阵，则 $\boldsymbol{A}^{-1}$ 也为对称矩阵.

13. 证明：$\boldsymbol{B}$ 行等价于 $\boldsymbol{A}$ 的充要条件是，存在非奇异矩阵 $\boldsymbol{K}$，使得 $\boldsymbol{B}=\boldsymbol{KA}$.

14. 设 $\boldsymbol{e}_i=(0,\cdots,0,1,0,\cdots,0)(i=1,2,\cdots,n)$，其中 1 是第 i 个元素，证明：

(a) $\boldsymbol{Be}_j^{\mathrm{T}}$ 是 $m\times n$ 矩阵 $\boldsymbol{B}$ 的第 j 个列向量，$\boldsymbol{e}_i\boldsymbol{A}$ 是 $n\times m$ 矩阵 $\boldsymbol{A}$ 的第 i 个行向量；

(b) 若对于每个 i，有 $\boldsymbol{e}_i\boldsymbol{A}=\boldsymbol{e}_i\boldsymbol{B}$，则 $\boldsymbol{A}=\boldsymbol{B}$；

(c) 若对于每个 i，有 $\boldsymbol{Ae}_i^{\mathrm{T}}=\boldsymbol{Be}_i^{\mathrm{T}}$，则 $\boldsymbol{A}=\boldsymbol{B}$.

§ 1.5 分块矩阵

将矩阵看成由若干子矩阵组合而成是非常有用的. 一个矩阵 $\boldsymbol{A}$ 可通过在其行中画若干横线，并在其列中画若干竖线划分为较小的矩阵. 这种较小的矩阵称为 $\boldsymbol{A}$ 的子矩阵(或子块). 一般地，设 $\boldsymbol{A}$ 为一个 $m\times n$ 矩阵，$\alpha\subseteq\{1,2,\cdots,m\}$，$\beta\subseteq\{1,2,\cdots,n\}$. 所谓 $\boldsymbol{A}$ 的**子矩阵** $\boldsymbol{A}(\alpha,\beta)$，是指

$\boldsymbol{A}$ 的位于 α 中的行与 β 中的列交叉处的元素按照原来的顺序排列所构成的矩阵. 例如,有

$$\begin{pmatrix}1&2&1\\2&3&2\\3&4&5\end{pmatrix}(\{1,3\},\{1,2,3\})=\begin{pmatrix}1&2&1\\3&4&5\end{pmatrix}.$$

特别地,当 $m=n,\alpha=\beta$ 时,$\boldsymbol{A}(\alpha,\beta)$ 称为 $\boldsymbol{A}$ 的**主子阵**,记为 $\boldsymbol{A}(\alpha)$.

常见的矩阵分块方式为按行列顺序划分. 例如,设矩阵

$$\boldsymbol{A}=\left(\begin{array}{ccc:cc}1&2&3&4&5\\2&3&4&5&6\\\hdashline 3&4&5&6&7\\4&5&6&7&8\end{array}\right).$$

如果在第 2 行和第 3 行之间画一条横线,在第 3 列和第 4 列之间画一条竖线,则矩阵 $\boldsymbol{A}$ 被划成四个子矩阵,即

$$\boldsymbol{A}_{11}=\boldsymbol{A}(\{1,2\},\{1,2,3\}),\quad \boldsymbol{A}_{12}=\boldsymbol{A}(\{1,2\},\{4,5\}),$$
$$\boldsymbol{A}_{21}=\boldsymbol{A}(\{3,4\},\{1,2,3\}),\quad \boldsymbol{A}_{22}=\boldsymbol{A}(\{3,4\},\{4,5\}).$$

于是

$$\boldsymbol{A}=\begin{pmatrix}\boldsymbol{A}_{11}&\boldsymbol{A}_{12}\\\boldsymbol{A}_{21}&\boldsymbol{A}_{22}\end{pmatrix}.$$

像 $\boldsymbol{A}$ 这种以子矩阵为元素的矩阵称为**分块矩阵**.

对矩阵按列分块是常用的. 例如,设矩阵

$$\boldsymbol{B}=\begin{pmatrix}1&-1&1\\2&-2&1\\3&1&1\end{pmatrix},$$

可将 $\boldsymbol{B}$ 划分为三个列子矩阵:

$$\boldsymbol{B}=(\boldsymbol{b}_1,\boldsymbol{b}_2,\boldsymbol{b}_3)=\left(\begin{array}{c:c:c}1&-1&1\\2&-2&1\\3&1&1\end{array}\right).$$

这样,对乘积 $\boldsymbol{AB}$ 而言,有

$$\boldsymbol{AB}=\boldsymbol{A}(\boldsymbol{b}_1,\boldsymbol{b}_2,\boldsymbol{b}_3)=(\boldsymbol{Ab}_1,\boldsymbol{Ab}_2,\boldsymbol{Ab}_3).$$

若矩阵 $\boldsymbol{A}=\begin{pmatrix}1&1&1\\2&-1&2\end{pmatrix}$,则

$$\boldsymbol{Ab}_1=\begin{pmatrix}6\\6\end{pmatrix},\quad \boldsymbol{Ab}_2=\begin{pmatrix}-2\\2\end{pmatrix},\quad \boldsymbol{Ab}_3=\begin{pmatrix}3\\3\end{pmatrix}.$$

所以

$$\boldsymbol{A}(\boldsymbol{b}_1,\boldsymbol{b}_2,\boldsymbol{b}_3)=\left(\begin{array}{c:c:c}6&-2&3\\6&2&3\end{array}\right).$$

一般地，如果 $\boldsymbol{A}$ 为 $m\times n$ 矩阵，而 $\boldsymbol{B}$ 为按列分块的 $n\times r$ 矩阵 $(\boldsymbol{b}_1,\boldsymbol{b}_2,\cdots,\boldsymbol{b}_r)$，则 $\boldsymbol{A}$ 乘以 $\boldsymbol{B}$ 的分块乘法为

$$\boldsymbol{AB}=(\boldsymbol{Ab}_1,\boldsymbol{Ab}_2,\cdots,\boldsymbol{Ab}_r).$$

特别地，有

$$\boldsymbol{A}=\boldsymbol{AE}=(\boldsymbol{Ae}_1,\boldsymbol{Ae}_2,\cdots,\boldsymbol{Ae}_n).$$

设 $\boldsymbol{A}$ 为 $m\times n$ 矩阵，并将 $\boldsymbol{A}$ 按行分块：

$$\boldsymbol{A}=\begin{pmatrix}\boldsymbol{\alpha}_1\\\boldsymbol{\alpha}_2\\\vdots\\\boldsymbol{\alpha}_m\end{pmatrix}.$$

如果 $\boldsymbol{B}$ 为 $n\times r$ 矩阵，那么乘积 $\boldsymbol{AB}$ 的第 i 行是由 $\boldsymbol{A}$ 的第 i 行乘以 $\boldsymbol{B}$ 得到的，即 $\boldsymbol{AB}$ 的第 i 个行向量为 $\boldsymbol{\alpha}_i\boldsymbol{B}$，从而有

$$\boldsymbol{AB}=\begin{pmatrix}\boldsymbol{\alpha}_1\boldsymbol{B}\\\boldsymbol{\alpha}_2\boldsymbol{B}\\\vdots\\\boldsymbol{\alpha}_m\boldsymbol{B}\end{pmatrix}.$$

分块矩阵的运算法则与普通矩阵的运算法则相类似，分别说明如下：

(a) 分块矩阵的加法：若矩阵 $\boldsymbol{A}$ 与 $\boldsymbol{B}$ 的行数相同且列数相同，并采用相同的分块方法，即

$$\boldsymbol{A}=\begin{pmatrix}\boldsymbol{A}_{11}&\cdots&\boldsymbol{A}_{1r}\\\vdots&&\vdots\\\boldsymbol{A}_{s1}&\cdots&\boldsymbol{A}_{sr}\end{pmatrix},\quad \boldsymbol{B}=\begin{pmatrix}\boldsymbol{B}_{11}&\cdots&\boldsymbol{B}_{1r}\\\vdots&&\vdots\\\boldsymbol{B}_{s1}&\cdots&\boldsymbol{B}_{sr}\end{pmatrix},$$

其中 $\boldsymbol{A}_{ij}$ 与 $\boldsymbol{B}_{ij}$ 的行数相同且列数相同，则有

$$\boldsymbol{A}+\boldsymbol{B}=\begin{pmatrix}\boldsymbol{A}_{11}+\boldsymbol{B}_{11}&\cdots&\boldsymbol{A}_{1r}+\boldsymbol{B}_{1r}\\\vdots&&\vdots\\\boldsymbol{A}_{s1}+\boldsymbol{B}_{s1}&\cdots&\boldsymbol{A}_{sr}+\boldsymbol{B}_{sr}\end{pmatrix}.$$

(b) 分块矩阵的数乘：若矩阵

$$\boldsymbol{A}=\begin{pmatrix}\boldsymbol{A}_{11}&\cdots&\boldsymbol{A}_{1r}\\\vdots&&\vdots\\\boldsymbol{A}_{s1}&\cdots&\boldsymbol{A}_{sr}\end{pmatrix},$$

λ 是常数，则有

$$\lambda\boldsymbol{A}=\begin{pmatrix}\lambda\boldsymbol{A}_{11} & \cdots & \lambda\boldsymbol{A}_{1r}\\ \vdots & & \vdots\\ \lambda\boldsymbol{A}_{s1} & \cdots & \lambda\boldsymbol{A}_{sr}\end{pmatrix}.$$

(c) 分块矩阵的乘法：设 $\boldsymbol{A}$ 为 $m\times l$ 矩阵，$\boldsymbol{B}$ 为 $l\times n$ 矩阵. 将 $\boldsymbol{A}$ 和 $\boldsymbol{B}$ 分块成

$$\boldsymbol{A}=\begin{pmatrix}\boldsymbol{A}_{11} & \cdots & \boldsymbol{A}_{1t}\\ \vdots & & \vdots\\ \boldsymbol{A}_{s1} & \cdots & \boldsymbol{A}_{st}\end{pmatrix},\quad \boldsymbol{B}=\begin{pmatrix}\boldsymbol{B}_{11} & \cdots & \boldsymbol{B}_{1r}\\ \vdots & & \vdots\\ \boldsymbol{B}_{t1} & \cdots & \boldsymbol{B}_{tr}\end{pmatrix}.$$

使得对于每个 k，$\boldsymbol{A}_{ik}$ 的列数等于 $\boldsymbol{B}_{kj}$ 的行数，即对矩阵 $\boldsymbol{A}$ 的列分块方法与对矩阵 $\boldsymbol{B}$ 的行分块方法一致，则有

$$\boldsymbol{AB}=\begin{pmatrix}\boldsymbol{C}_{11} & \cdots & \boldsymbol{C}_{1r}\\ \vdots & & \vdots\\ \boldsymbol{C}_{s1} & \cdots & \boldsymbol{C}_{sr}\end{pmatrix},$$

其中

$$\boldsymbol{C}_{ij}=\sum_{k=1}^{t}\boldsymbol{A}_{ik}\boldsymbol{B}_{kj}\quad(i=1,2,\cdots,s;j=1,2,\cdots,r).$$

例 1.22 设矩阵

$$\boldsymbol{A}=\begin{pmatrix}1&0&0&0\\0&1&0&0\\-1&2&1&0\\1&1&0&1\end{pmatrix},\quad \boldsymbol{B}=\begin{pmatrix}1&0&1&0\\-1&2&0&1\\1&0&4&1\\-1&-1&2&0\end{pmatrix},$$

求 $\boldsymbol{AB}$.

解 把 $\boldsymbol{A},\boldsymbol{B}$ 分块成

$$\boldsymbol{A}=\left(\begin{array}{cc:cc}1&0&0&0\\0&1&0&0\\ \hdashline -1&2&1&0\\1&1&0&1\end{array}\right)=\begin{pmatrix}\boldsymbol{E}&\boldsymbol{O}\\ \boldsymbol{A}_1&\boldsymbol{E}\end{pmatrix},\quad \boldsymbol{B}=\left(\begin{array}{cc:cc}1&0&1&0\\-1&2&0&1\\ \hdashline 1&0&4&1\\-1&-1&2&0\end{array}\right)=\begin{pmatrix}\boldsymbol{B}_{11}&\boldsymbol{E}\\ \boldsymbol{B}_{21}&\boldsymbol{B}_{22}\end{pmatrix},$$

则

$$\boldsymbol{AB}=\begin{pmatrix}\boldsymbol{E}&\boldsymbol{O}\\ \boldsymbol{A}_1&\boldsymbol{E}\end{pmatrix}\begin{pmatrix}\boldsymbol{B}_{11}&\boldsymbol{E}\\ \boldsymbol{B}_{21}&\boldsymbol{B}_{22}\end{pmatrix}=\begin{pmatrix}\boldsymbol{B}_{11}&\boldsymbol{E}\\ \boldsymbol{A}_1\boldsymbol{B}_{11}+\boldsymbol{B}_{21}&\boldsymbol{A}_1+\boldsymbol{B}_{22}\end{pmatrix}.$$

而

$$\boldsymbol{A}_1\boldsymbol{B}_{11}+\boldsymbol{B}_{21}=\begin{pmatrix}-1&2\\1&1\end{pmatrix}\begin{pmatrix}1&0\\-1&2\end{pmatrix}+\begin{pmatrix}1&0\\-1&-1\end{pmatrix}$$

$$=\begin{pmatrix}-3&4\\0&2\end{pmatrix}+\begin{pmatrix}1&0\\-1&-1\end{pmatrix}=\begin{pmatrix}-2&4\\-1&1\end{pmatrix},$$

$$\boldsymbol{A}_1+\boldsymbol{B}_{22}=\begin{pmatrix}-1&2\\1&1\end{pmatrix}+\begin{pmatrix}4&1\\2&0\end{pmatrix}=\begin{pmatrix}3&3\\3&1\end{pmatrix},$$

于是

$$\boldsymbol{AB}=\begin{pmatrix}1&0&1&0\\-1&2&0&1\\-2&4&3&3\\-1&1&3&1\end{pmatrix}.$$

(d) 分块矩阵的转置：设矩阵

$$\boldsymbol{A}=\begin{pmatrix}\boldsymbol{A}_{11}&\cdots&\boldsymbol{A}_{1r}\\\vdots&&\vdots\\\boldsymbol{A}_{s1}&\cdots&\boldsymbol{A}_{sr}\end{pmatrix},$$

则有

$$\boldsymbol{A}^{\mathrm{T}}=\begin{pmatrix}\boldsymbol{A}_{11}^{\mathrm{T}}&\cdots&\boldsymbol{A}_{s1}^{\mathrm{T}}\\\vdots&&\vdots\\\boldsymbol{A}_{1r}^{\mathrm{T}}&\cdots&\boldsymbol{A}_{sr}^{\mathrm{T}}\end{pmatrix}.$$

可见,分块矩阵转置就是先将分块矩阵的行列互换,再将每个子矩阵转置.

下面介绍一种特殊的分块矩阵——分块对角矩阵.

设 $\boldsymbol{A}$ 是 n 阶方阵. 如果 $\boldsymbol{A}$ 的分块矩阵只在主对角线上有非零子矩阵,其余子矩阵都为零矩阵,且主对角线上的子矩阵都是方阵,即

$$\boldsymbol{A}=\begin{pmatrix}\boldsymbol{A}_1&&&\\&\boldsymbol{A}_2&&\\&&\ddots&\\&&&\boldsymbol{A}_s\end{pmatrix},$$

其中 $\boldsymbol{A}_i\,(i=1,2,\cdots,s)$ 是方阵,那么称 $\boldsymbol{A}$ 为**分块对角矩阵**.

例 1.23 设 $\boldsymbol{A}$ 为 n 阶方阵,形如

$$\begin{pmatrix}\boldsymbol{A}_{11}&\boldsymbol{O}\\\boldsymbol{O}&\boldsymbol{A}_{22}\end{pmatrix},$$

其中 $\boldsymbol{A}_{11}$ 为 $k(k<n)$ 阶方阵，证明：当且仅当 $\boldsymbol{A}_{11}$ 和 $\boldsymbol{A}_{22}$ 均为非奇异矩阵时，$\boldsymbol{A}$ 为非奇异矩阵.

证　若 $\boldsymbol{A}_{11}$ 和 $\boldsymbol{A}_{22}$ 均为非奇异矩阵，则存在 $\boldsymbol{A}_{11}^{-1}$，$\boldsymbol{A}_{22}^{-1}$，使得

$$\boldsymbol{A}_{11}\boldsymbol{A}_{11}^{-1}=\boldsymbol{E}_k,\quad \boldsymbol{A}_{22}\boldsymbol{A}_{22}^{-1}=\boldsymbol{E}_{n-k},$$

其中 $\boldsymbol{E}_k$ 为 k 阶单位矩阵，$\boldsymbol{E}_{n-k}$ 为 $n-k$ 阶单位矩阵. 于是有

$$\begin{pmatrix}\boldsymbol{A}_{11}^{-1} & \boldsymbol{O}\\ \boldsymbol{O} & \boldsymbol{A}_{22}^{-1}\end{pmatrix}\begin{pmatrix}\boldsymbol{A}_{11} & \boldsymbol{O}\\ \boldsymbol{O} & \boldsymbol{A}_{22}\end{pmatrix}=\begin{pmatrix}\boldsymbol{E}_k & \boldsymbol{O}\\ \boldsymbol{O} & \boldsymbol{E}_{n-k}\end{pmatrix}=\boldsymbol{E}.$$

所以，$\boldsymbol{A}$ 为非奇异矩阵，且

$$\boldsymbol{A}^{-1}=\begin{pmatrix}\boldsymbol{A}_{11}^{-1} & \boldsymbol{O}\\ \boldsymbol{O} & \boldsymbol{A}_{22}^{-1}\end{pmatrix}.$$

反过来，设 $\boldsymbol{A}$ 为非奇异矩阵. 令 $\boldsymbol{B}=\boldsymbol{A}^{-1}$，且 $\boldsymbol{B}$ 采用与 $\boldsymbol{A}$ 相同的方法分块：

$$\boldsymbol{B}=\begin{pmatrix}\boldsymbol{B}_{11} & \boldsymbol{B}_{12}\\ \boldsymbol{B}_{21} & \boldsymbol{B}_{22}\end{pmatrix}.$$

注意到 $\boldsymbol{AB}=\boldsymbol{E}$，可得

$$\begin{pmatrix}\boldsymbol{A}_{11} & \boldsymbol{O}\\ \boldsymbol{O} & \boldsymbol{A}_{22}\end{pmatrix}\begin{pmatrix}\boldsymbol{B}_{11} & \boldsymbol{B}_{12}\\ \boldsymbol{B}_{21} & \boldsymbol{B}_{22}\end{pmatrix}=\begin{pmatrix}\boldsymbol{E}_k & \boldsymbol{O}\\ \boldsymbol{O} & \boldsymbol{E}_{n-k}\end{pmatrix},$$

因此

$$\boldsymbol{A}_{11}\boldsymbol{B}_{11}=\boldsymbol{E}_k,\quad \boldsymbol{A}_{22}\boldsymbol{B}_{22}=\boldsymbol{E}_{n-k}.$$

于是，$\boldsymbol{A}_{11}$ 和 $\boldsymbol{A}_{22}$ 均为非奇异矩阵，且它们的逆矩阵分别为 $\boldsymbol{B}_{11}$ 和 $\boldsymbol{B}_{22}$.

一般地，可以证明结论：若 $\boldsymbol{A}$ 为分块对角矩阵：

$$\boldsymbol{A}=\begin{pmatrix}\boldsymbol{A}_1 & & & \\ & \boldsymbol{A}_2 & & \\ & & \ddots & \\ & & & \boldsymbol{A}_s\end{pmatrix},$$

则 $\boldsymbol{A}$ 为非奇异矩阵当且仅当 $\boldsymbol{A}_1,\boldsymbol{A}_2,\cdots,\boldsymbol{A}_s$ 均为非奇异矩阵，且当 $\boldsymbol{A}$ 为非奇异矩阵时，有

$$\boldsymbol{A}^{-1}=\begin{pmatrix}\boldsymbol{A}_1^{-1} & & & \\ & \boldsymbol{A}_2^{-1} & & \\ & & \ddots & \\ & & & \boldsymbol{A}_s^{-1}\end{pmatrix}.$$

例 1.24　设矩阵

$$\boldsymbol{A}=\begin{pmatrix}5&0&0\\0&3&1\\0&2&1\end{pmatrix},$$

求 $\boldsymbol{A}^{-1}$.

解　将 $\boldsymbol{A}$ 做如下分块：

$$\boldsymbol{A}=\left(\begin{array}{c:cc}5&0&0\\ \hdashline 0&3&1\\0&2&1\end{array}\right)=\begin{pmatrix}\boldsymbol{A}_1&\boldsymbol{O}\\\boldsymbol{O}&\boldsymbol{A}_2\end{pmatrix},$$

则有

$$\boldsymbol{A}_1=5,\quad \boldsymbol{A}_2=\begin{pmatrix}3&1\\2&1\end{pmatrix},\quad \boldsymbol{A}_1^{-1}=\frac{1}{5},\quad \boldsymbol{A}_2^{-1}=\begin{pmatrix}1&-1\\-2&3\end{pmatrix}.$$

所以

$$\boldsymbol{A}^{-1}=\begin{pmatrix}\boldsymbol{A}_1^{-1}&\boldsymbol{O}\\\boldsymbol{O}&\boldsymbol{A}_2^{-1}\end{pmatrix}=\begin{pmatrix}1/5&0&0\\0&1&-1\\0&-2&3\end{pmatrix}.$$

习题 1.5

1. 设 $\boldsymbol{A}$ 为 n 阶非奇异矩阵，计算：

(a) $\boldsymbol{A}^{-1}(\boldsymbol{A}\quad\boldsymbol{E})$；　　(b) $\begin{pmatrix}\boldsymbol{A}^{-1}\\\boldsymbol{E}\end{pmatrix}(\boldsymbol{A}\quad\boldsymbol{E})$.

2. 设矩阵 $\boldsymbol{A}=(a_{ij})$，$\boldsymbol{B}=(b_{ij})$，且 $\boldsymbol{B}=\boldsymbol{A}^{\mathrm{T}}\boldsymbol{A}$，证明：对于所有的 i,j，有 $b_{ij}=\boldsymbol{a}_i^{\mathrm{T}}\boldsymbol{a}_j$，其中 $\boldsymbol{a}_i,\boldsymbol{a}_j$ 分别为 $\boldsymbol{A}$ 的第 i、第 j 个列向量.

3. 设矩阵 $\boldsymbol{A}=\begin{pmatrix}-1&1\\2&3\end{pmatrix}$，$\boldsymbol{B}=\begin{pmatrix}1&2\\3&1\end{pmatrix}$.

(a) 计算 $\boldsymbol{A}\boldsymbol{b}_1$ 与 $\boldsymbol{A}\boldsymbol{b}_2$，其中 $\boldsymbol{b}_i\,(i=1,2)$ 为 $\boldsymbol{B}$ 的第 i 个列向量；

(b) 计算 $\boldsymbol{\alpha}_1\boldsymbol{B}$ 和 $\boldsymbol{\alpha}_2\boldsymbol{B}$，其中 $\boldsymbol{\alpha}_i\,(i=1,2)$ 为 $\boldsymbol{A}$ 的第 i 个行向量.

4. 设 $\boldsymbol{A}$ 为 $m\times n$ 矩阵，$\boldsymbol{X}$ 为 $n\times r$ 矩阵，$\boldsymbol{B}$ 为 $m\times r$ 矩阵，证明：$\boldsymbol{AX}=\boldsymbol{B}$ 的充要条件是 $\boldsymbol{A}\boldsymbol{x}_j=\boldsymbol{b}_j\,(j=1,2,\cdots,r)$，其中 $\boldsymbol{x}_j,\boldsymbol{b}_j\,(j=1,2,\cdots,r)$ 分别为 $\boldsymbol{X},\boldsymbol{B}$ 的第 j 个列向量.

5. 设 $\boldsymbol{A}$ 为 n 阶方阵，$\boldsymbol{D}=(d_{ij})$ 为 n 阶对角矩阵，证明：

(a) $\boldsymbol{D}=(d_{11}\boldsymbol{e}_1,d_{22}\boldsymbol{e}_2,\cdots,d_{nn}\boldsymbol{e}_n)$；

(b) $\boldsymbol{AD}=(d_{11}\boldsymbol{a}_1,d_{22}\boldsymbol{a}_2,\cdots,d_{nn}\boldsymbol{a}_n)$，其中 $\boldsymbol{a}_i\ (i=1,2,\cdots,n)$ 为 $\boldsymbol{A}$ 的第 i 个列向量.

6. 设矩阵 $\boldsymbol{A}=\begin{pmatrix}\boldsymbol{A}_{11} & \boldsymbol{A}_{12}\\ \boldsymbol{O} & \boldsymbol{A}_{22}\end{pmatrix}$，其中四个子矩阵均为 n 阶方阵.

(a) 若 $\boldsymbol{A}_{11}$ 和 $\boldsymbol{A}_{22}$ 均为非奇异矩阵，证明：$\boldsymbol{A}$ 也为非奇异矩阵，且 $\boldsymbol{A}^{-1}=\begin{pmatrix}\boldsymbol{A}_{11}^{-1} & \boldsymbol{C}\\ \boldsymbol{O} & \boldsymbol{A}_{22}^{-1}\end{pmatrix}$，其中 $\boldsymbol{C}$ 为某个 n 阶方阵.

(b) 求(a)中的 $\boldsymbol{C}$.

7. 设 $\boldsymbol{A}$ 和 $\boldsymbol{B}$ 均为 n 阶方阵，并设 $\boldsymbol{M}$ 为如下的分块矩阵：

$$\boldsymbol{M}=\begin{pmatrix}\boldsymbol{A} & \boldsymbol{C}\\ \boldsymbol{O} & \boldsymbol{B}\end{pmatrix}.$$

证明：如果 $\boldsymbol{A}$ 或 $\boldsymbol{B}$ 为奇异矩阵，那么 $\boldsymbol{M}$ 也为奇异矩阵.

8. 设 $\boldsymbol{A}$ 为 n 阶方阵，且对于所有的 n 维列向量 $\boldsymbol{x}$，有 $\boldsymbol{Ax}=\boldsymbol{0}$，证明：$\boldsymbol{A}=\boldsymbol{O}$.

9. 设 $\boldsymbol{B}$ 和 $\boldsymbol{C}$ 为 n 阶方阵，且对于所有的 n 维列向量 $\boldsymbol{x}$，有 $\boldsymbol{Bx}=\boldsymbol{Cx}$，证明：$\boldsymbol{B}=\boldsymbol{C}$.

第二章 行列式

行列式是线性代数中最基本的概念之一.它不仅是研究线性代数的重要工具,在其他数学分支及一些实际问题中也常常需要用到.

§2.1 行列式的定义

每个方阵可以和一个称为矩阵的行列式的数值相对应. 利用这个数值可以判别方阵是否为奇异的.

对于每个 n 阶方阵 $\boldsymbol{A}$,赋予一个特定的数值,称为 $\boldsymbol{A}$ 的**行列式**,记为 $\det(\boldsymbol{A})$或$|\boldsymbol{A}|$.

例如,若矩阵 $\boldsymbol{A}=\begin{pmatrix}1&2\\3&4\end{pmatrix}$,则 $\det(\boldsymbol{A})$或$\begin{vmatrix}1&2\\3&4\end{vmatrix}$表示 $\boldsymbol{A}$ 的行列式.

为了理解行列式的用途,我们来讨论含有 n 个方程和 n 个未知量的线性方程组($n\times n$ 线性方程组)的求解问题. 为了叙述方便,我们只看 $n=2,3$ 的情形.

当 $n=2$ 时,用消元法解含有未知量 x_1,x_2 的 2×2 线性方程组

$$\begin{cases}a_{11}x_1+a_{12}x_2=b_1,\\a_{21}x_1+a_{22}x_2=b_2.\end{cases}$$

分别消去 x_1,x_2,可得

$$\begin{cases}(a_{11}a_{22}-a_{12}a_{21})x_1=b_1a_{22}-a_{12}b_2,\\(a_{11}a_{22}-a_{12}a_{21})x_2=a_{11}b_2-a_{21}b_1.\end{cases}$$

于是,当 $a_{11}a_{22}-a_{12}a_{21}\neq0$ 时,该线性方程组有唯一解

$$x_1=\frac{b_1a_{22}-a_{12}b_2}{a_{11}a_{22}-a_{12}a_{21}},\quad x_2=\frac{a_{11}b_2-b_1a_{21}}{a_{11}a_{22}-a_{12}a_{21}}.$$

这就是 2×2 线性方程组的求解公式.

但上述公式不易记忆. 为了便于记忆和使用这个公式,我们引入记号 $D=\begin{vmatrix}a_{11}&a_{12}\\a_{21}&a_{22}\end{vmatrix}$,规定

$$D=\begin{vmatrix}a_{11}&a_{12}\\a_{21}&a_{22}\end{vmatrix}=a_{11}a_{22}-a_{12}a_{21},$$

并称 D 为 **2 阶行列式**. 这个计算 2 阶行列式的规则可按图 2.1 来记忆:2 阶行列式的值是连线上元素乘积的代数和,其中实线上的元素相乘取"+",虚线上的元素相乘取"−".

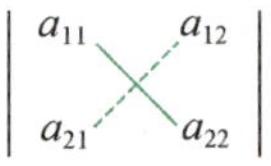

图 2.1

类似地,记

$$D_1=\begin{vmatrix}b_1&a_{12}\\b_2&a_{22}\end{vmatrix}=b_1a_{22}-a_{12}b_2,$$

$$D_2=\begin{vmatrix}a_{11}&b_1\\a_{21}&b_2\end{vmatrix}=a_{11}b_2-b_1a_{21},$$

则当 $D\neq 0$ 时，上述 2×2 线性方程组的求解公式可简单明了地表示为

$$x_1=\frac{D_1}{D},\quad x_2=\frac{D_2}{D}.$$

例 2.1 解线性方程组

$$\begin{cases}3x_1-2x_2=12,\\ 2x_1+\ x_2=1.\end{cases}$$

解 这是 2×2 线性方程组. 因为

$$D=\begin{vmatrix}3 & -2\\ 2 & 1\end{vmatrix}=3-(-4)=7\neq 0,$$

$$D_1=\begin{vmatrix}12 & -2\\ 1 & 1\end{vmatrix}=14,\quad D_2=\begin{vmatrix}3 & 12\\ 2 & 1\end{vmatrix}=-21,$$

所以该线性方程组的解为

$$x_1=\frac{D_1}{D}=\frac{14}{7}=2,\quad x_2=\frac{D_2}{D}=-\frac{21}{7}=-3.$$

当 $n=3$ 时，用消元法求解含有未知量 x_1,x_2,x_3 的 3×3 线性方程组

$$\begin{cases}a_{11}x_1+a_{12}x_2+a_{13}x_3=b_1,\\ a_{21}x_1+a_{22}x_2+a_{23}x_3=b_2,\\ a_{31}x_1+a_{32}x_2+a_{33}x_3=b_3.\end{cases}$$

经过消元可知，当 $D=a_{11}a_{22}a_{33}+a_{12}a_{23}a_{31}+a_{13}a_{21}a_{32}-a_{13}a_{22}a_{31}-a_{12}a_{21}a_{33}-a_{11}a_{23}a_{32}\neq 0$ 时，该线性方程组有唯一解

$$x_1=\frac{1}{D}(b_1a_{22}a_{33}+a_{12}a_{23}b_3+a_{13}b_2a_{32}-b_1a_{23}a_{32}-a_{12}b_2a_{33}-a_{13}a_{22}b_3),$$

$$x_2=\frac{1}{D}(a_{11}b_2a_{33}+b_1a_{23}a_{31}+a_{13}a_{21}b_3-a_{11}a_{23}b_3-b_1a_{21}a_{33}-a_{13}b_2a_{31}),$$

$$x_3=\frac{1}{D}(a_{11}a_{22}b_3+a_{12}b_2a_{31}+b_1a_{21}a_{32}-a_{11}b_2a_{32}-a_{12}a_{21}b_3-b_1a_{22}a_{31}).$$

这就是 3×3 线性方程组的求解公式.

为了便于记忆上述公式，引入 **3 阶行列式**

$$D=\begin{vmatrix}a_{11} & a_{12} & a_{13}\\ a_{21} & a_{22} & a_{23}\\ a_{31} & a_{32} & a_{33}\end{vmatrix},$$

并规定

$$D=\begin{vmatrix} a_{11} & a_{12} & a_{13} \\ a_{21} & a_{22} & a_{23} \\ a_{31} & a_{32} & a_{33} \end{vmatrix}$$

$$=a_{11}a_{22}a_{33}+a_{12}a_{23}a_{31}+a_{13}a_{21}a_{32}-a_{13}a_{22}a_{31}-a_{12}a_{21}a_{33}-a_{11}a_{23}a_{32}.$$

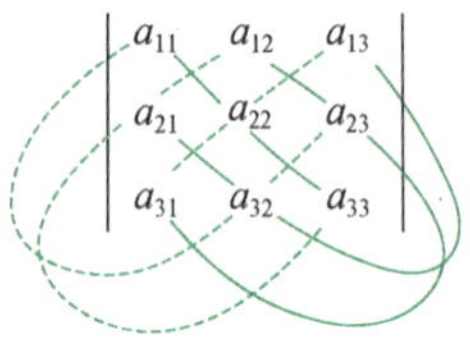

图 2.2

这个计算 3 阶行式的规则可按图 2.2 来记忆：3 阶行列式的值是连线上元素乘积的代数和，其中实线上的元素相乘取“+”，虚线上的元素相乘取“−”.

现用上述 3×3 线性方程组中的右端项 b_1,b_2,b_3 依次替换 D 中的第 1 列（x_1 的系数）、第 2 列（x_2 的系数）、第 3 列（x_3 的系数）元素，并将所得的行列式分别记为 D_1,D_2,D_3，即

$$D_1=\begin{vmatrix} b_1 & a_{12} & a_{13} \\ b_2 & a_{22} & a_{23} \\ b_3 & a_{32} & a_{33} \end{vmatrix},\quad D_2=\begin{vmatrix} a_{11} & b_1 & a_{13} \\ a_{21} & b_2 & a_{23} \\ a_{31} & b_3 & a_{33} \end{vmatrix},\quad D_3=\begin{vmatrix} a_{11} & a_{12} & b_1 \\ a_{21} & a_{22} & b_2 \\ a_{31} & a_{32} & b_3 \end{vmatrix}.$$

按规定计算 D_1,D_2,D_3，发现它们恰为消元法所得 x_1,x_2,x_3 的表达式的分子，而 x_1,x_2,x_3 的表达式的分母为 D，故当 $D\neq 0$ 时，上述 3×3 线性方程组的求解公式为

$$x_1=\frac{D_1}{D},\quad x_2=\frac{D_2}{D},\quad x_3=\frac{D_3}{D}.$$

一般地，对于 $n\times n$ 线性方程组，当其有唯一解时，唯一解的求解公式可以通过行列式给出. 这也是 §2.3 中要介绍的克拉默（Cramer）法则.

例 2.2 计算 3 阶行列式

$$D=\begin{vmatrix} 2 & 0 & 1 \\ 1 & -4 & -1 \\ -1 & 8 & 3 \end{vmatrix}.$$

解 按照 3 阶行列式的计算规则，有

$$\begin{aligned} D &=2\times(-4)\times 3+0\times(-1)\times(-1)+1\times 1\times 8-1\times(-4)\times(-1) \\ &\quad -0\times 1\times 3-2\times(-1)\times 8 \\ &=-24+8-4+16=-4. \end{aligned}$$

为了计算 n 阶方阵 $\boldsymbol{A}$ 的行列式，先引入余子式和代数余子式的概念.

定义 2.1 设 $\boldsymbol{A}=(a_{ij})$ 为 n 阶方阵，并以 M_{ij} 记删除 $\boldsymbol{A}$ 中元素 a_{ij}

所在的行和列而得到的 $n-1$ 阶方阵的行列式，称之为元素 a_{ij} 的**余子式**. 定义 a_{ij} 的**代数余子式**为

$$A_{ij}=(-1)^{i+j}M_{ij}.$$

例如，设 3 阶方阵

$$\boldsymbol{A}=\begin{pmatrix} a_{11} & a_{12} & a_{13} \\ a_{21} & a_{22} & a_{23} \\ a_{31} & a_{32} & a_{33} \end{pmatrix},$$

则

$$M_{23}=\begin{vmatrix} a_{11} & a_{12} \\ a_{31} & a_{32} \end{vmatrix},\quad A_{23}=-M_{23}.$$

下面利用代数余子式给出 n 阶行列式的递归定义.

定义 2.2　一个 n 阶方阵 $\boldsymbol{A}$ 的行列式 $\det(\boldsymbol{A})$ 称为 **n 阶行列式**，它是一个与矩阵 $\boldsymbol{A}$ 对应的数值，可如下递归定义：

$$\det(\boldsymbol{A})=\begin{cases} a_{11}, & n=1, \\ a_{11}A_{11}+a_{12}A_{12}+\cdots+a_{1n}A_{1n}, & n>1, \end{cases}$$

其中

$$A_{1j}=(-1)^{1+j}M_{1j}\quad (j=1,2,\cdots,n)$$

为 $\boldsymbol{A}$ 的第 1 行元素对应的代数余子式.

行列式的几何意义

当 $\boldsymbol{A}=(a_{ij})$ 为 2 阶方阵时，由定义 2.2 有

$$\begin{aligned}\det(\boldsymbol{A})=\begin{vmatrix} a_{11} & a_{12} \\ a_{21} & a_{22} \end{vmatrix}&=a_{11}A_{11}+a_{12}A_{12} \\ &=a_{11}(-1)^{1+1}a_{22}+a_{12}(-1)^{1+2}a_{21} \\ &=a_{11}a_{22}-a_{12}a_{21}, \end{aligned}\tag{2.1}$$

而这就是 2 阶行列式的计算公式.

当 $\boldsymbol{A}=(a_{ij})$ 为 3 阶方阵时，由定义 2.2 得

$$\begin{aligned}\det(\boldsymbol{A})&=\begin{vmatrix} a_{11} & a_{12} & a_{13} \\ a_{21} & a_{22} & a_{23} \\ a_{31} & a_{32} & a_{33} \end{vmatrix} \\ &=a_{11}A_{11}+a_{12}A_{12}+a_{13}A_{13} \\ &=a_{11}\begin{vmatrix} a_{22} & a_{23} \\ a_{32} & a_{33} \end{vmatrix}-a_{12}\begin{vmatrix} a_{21} & a_{23} \\ a_{31} & a_{33} \end{vmatrix}+a_{13}\begin{vmatrix} a_{21} & a_{22} \\ a_{31} & a_{32} \end{vmatrix} \\ &=a_{11}a_{22}a_{33}+a_{12}a_{23}a_{31}+a_{13}a_{21}a_{32} \\ &\quad -a_{13}a_{22}a_{31}-a_{12}a_{21}a_{33}-a_{11}a_{23}a_{32}, \end{aligned}\tag{2.2}$$

而这就是3阶行列式的计算公式.

事实上,计算行列式的值时,并不需要限于使用第1行元素的代数余子式展开.我们不加证明地给出如下定理:

定理 2.1 设 $\mathbf{A}$ 为 n 阶方阵,其中 $n\geqslant 2$,则 $\det(\mathbf{A})$ 可表示为 $\mathbf{A}$ 的任何行或列元素的代数余子式展开式,即

$$\det(\mathbf{A})=\sum_{k=1}^{n}a_{ik}A_{ik}\quad(i=1,2,\cdots,n)$$

或

$$\det(\mathbf{A})=\sum_{k=1}^{n}a_{kj}A_{kj}\quad(j=1,2,\cdots,n).$$

通常一个4阶行列式的代数余子式展开式会包含四个3阶行列式,即计算4阶行列式时要计算四个3阶行列式.对于更高阶的行列式,其计算量可想而知.因此,在计算行列式时,我们会选择元素0最多的行或列展开,以减少计算量.例如,计算4阶行列式

$$\begin{vmatrix}1&0&3&0\\-1&2&4&2\\1&0&2&3\\2&0&-1&0\end{vmatrix}$$

时,可以按第2列展开,有三项可以省去,剩下的是

$$2\begin{vmatrix}1&3&0\\1&2&3\\2&-1&0\end{vmatrix}=2\times(-3)\begin{vmatrix}1&3\\2&-1\end{vmatrix}=-6\times(-1-6)=42.$$

如何才能有效地降低行列式的计算量呢?下一节中我们会介绍初等行变换对行列式的值的作用,并将利用初等行变换得到一种计算行列式的更高效的方法.

根据行列式的递归定义,容易得到以下两个定理,其证明作为习题留给读者完成.

定理 2.2 设 $\mathbf{A}=(a_{ij})$ 为 n 阶三角形矩阵,则 $\mathbf{A}$ 的行列式等于 $\mathbf{A}$ 的主对角线元素的乘积,即

$$\det(\mathbf{A})=a_{11}a_{22}\cdots a_{nn}.$$

定理 2.3 设 $\mathbf{A}$ 为 n 阶方阵.

(a) 若 $\mathbf{A}$ 有一行(或列)元素全为0,则 $\det(\mathbf{A})=0$;

(b) 若 $\mathbf{A}$ 有两行(或列)相等,则 $\det(\mathbf{A})=0$.

习题 2.1

1. 给定矩阵

$$A=\begin{pmatrix} 3 & 1 & 2 \\ -1 & 2 & 3 \\ 2 & 3 & -2 \end{pmatrix}.$$

(a) 求 M_{23} 的值；　　(b) 求 A_{22} 的值.

2. 求使得下列行列式等于 0 的所有 λ 值：

$$\begin{vmatrix} 1-\lambda & 5 \\ 1 & 2-\lambda \end{vmatrix}.$$

3. 证明：如果 n 阶方阵 $\boldsymbol{A}$ 有一行(或列)元素全为 0，则 $\det(\boldsymbol{A})=0$.

4. 设 $\boldsymbol{A}$ 和 $\boldsymbol{B}$ 均为 2 阶方阵.

(a) 是否有 $\det(\boldsymbol{A}+\boldsymbol{B})=\det(\boldsymbol{A})+\det(\boldsymbol{B})$？

(b) 是否有 $\det(\boldsymbol{AB})=\det(\boldsymbol{A})\det(\boldsymbol{B})$？

(c) 是否有 $\det(\boldsymbol{AB})=\det(\boldsymbol{BA})$？

证明你的结论.

§2.2 行列式的性质

本节中我们考虑初等行变换对矩阵的行列式的作用，且将利用初等行变换得到计算行列式的方法. 同时，还将讨论关于两个矩阵乘积的行列式的重要定理.

定理 2.4　设 $\boldsymbol{A}$ 为 n 阶方阵，则 $\det(\boldsymbol{A}^{\mathrm{T}})=\det(\boldsymbol{A})$.

证　显然，该结论对 $n=1$ 是成立的. 假设这个结论对所有 k 阶方阵也是成立的.

对 $k+1$ 阶方阵 $\boldsymbol{A}$，将 $\det(\boldsymbol{A})$ 按 $\boldsymbol{A}$ 的第 1 行展开，有

$$\det(\boldsymbol{A})=a_{11}M_{11}-a_{12}M_{12}+\cdots+(-1)^{1+k+1}a_{1,k+1}M_{1,k+1}.$$

由于 M_{ij} 均为 k 阶方阵的行列式，由归纳假设有

$$\det(\boldsymbol{A})=a_{11}M_{11}^{\mathrm{T}}-a_{12}M_{12}^{\mathrm{T}}+\cdots+(-1)^{1+k+1}a_{1,k+1}M_{1,k+1}^{\mathrm{T}},$$

其中 $M_{1j}^{\mathrm{T}}(j=1,2,\cdots,k+1)$ 是由 M_{1j} 的行与列互换得到的行列式，称为 M_{1j} 的**转置行列式**. 上式右端恰是 $\det(\boldsymbol{A}^{\mathrm{T}})$ 按 $\boldsymbol{A}^{\mathrm{T}}$ 的第 1 列展开，因此

$$\det(\boldsymbol{A}^{\mathrm{T}}) = \det(\boldsymbol{A}).$$

引理 设 $\boldsymbol{A}=(a_{ij})$为 n 阶方阵.若用 A_{jk} 记元素 a_{jk} 的代数余子式，其中 $j,k=1,2,\cdots,n$，则

$$a_{i1}A_{j1}+a_{i2}A_{j2}+\cdots+a_{in}A_{jn}=\begin{cases}\det(\boldsymbol{A}), & i=j,\\ 0, & i\neq j\end{cases} \quad (i,j=1,2,\cdots,n). \tag{2.3}$$

证 若 $i=j$，则(2.3)式恰为 $\det(\boldsymbol{A})$按 $\boldsymbol{A}$ 的第 i 行展开得到的式子.当 $i\neq j$ 时，令 $\widetilde{\boldsymbol{A}}$ 是将 $\boldsymbol{A}$ 的第 j 行替换为 $\boldsymbol{A}$ 的第 i 行得到的矩阵，此时 $\det(\widetilde{\boldsymbol{A}})=0$.将 $\widetilde{\boldsymbol{A}}$ 按第 j 行展开，有

$$\begin{aligned}0=\det(\widetilde{\boldsymbol{A}}) &= a_{i1}\widetilde{A}_{j1}+a_{i2}\widetilde{A}_{j2}+\cdots+a_{in}\widetilde{A}_{jn}\\ &= a_{i1}A_{j1}+a_{i2}A_{j2}+\cdots+a_{in}A_{jn}.\end{aligned}$$

设 $\boldsymbol{A}$ 为 n 阶方阵，现在我们考虑矩阵的三种初等行变换中每种变换对 $\boldsymbol{A}$ 的行列式 $\det(\boldsymbol{A})$的作用.

(a) 互换 $\boldsymbol{A}$ 的两行.

设 $\widetilde{\boldsymbol{A}}$ 为将 $\boldsymbol{A}$ 的第 i 行与第 j 行互换得到的矩阵，则 $\widetilde{\boldsymbol{A}}=\boldsymbol{E}_{ij}\boldsymbol{A}$.利用数学归纳法，可以证明

$$\det(\widetilde{\boldsymbol{A}}) = \det(\boldsymbol{E}_{ij}\boldsymbol{A}) = -\det(\boldsymbol{A}).$$

特别地，有

$$\det(\boldsymbol{E}_{ij}) = \det(\boldsymbol{E}_{ij}\boldsymbol{E}) = -\det(\boldsymbol{E}) = -1,$$

于是
$$\det(\boldsymbol{E}_{ij}\boldsymbol{A})=-\det(\boldsymbol{A})=\det(\boldsymbol{E}_{ij})\det(\boldsymbol{A}).$$

(b) $\boldsymbol{A}$ 的某一行各元素乘以一个非零常数 c.

设 $\widetilde{\boldsymbol{A}}$ 为将 $\boldsymbol{A}$ 的第 i 行各元素乘以一个非零常数 c 所得到的矩阵，则 $\widetilde{\boldsymbol{A}}=\boldsymbol{E}_i(c)\boldsymbol{A}$.如果将 $\det(\widetilde{\boldsymbol{A}})$按第 i 行展开，那么有

$$\det(\widetilde{\boldsymbol{A}}) = \det(\boldsymbol{E}_i(c)\boldsymbol{A}) = \sum_{k=1}^{n} ca_{ik}A_{ik} = c\sum_{k=1}^{n} a_{ik}A_{ik} = c\det(\boldsymbol{A})$$

(此式对 $c=0$ 同样成立).特别地，有

$$\det(\boldsymbol{E}_i(c)) = \det(\boldsymbol{E}_i(c)\boldsymbol{E}) = c\det(\boldsymbol{E}) = c.$$

由此得

$$\det(\boldsymbol{E}_i(c)\boldsymbol{A}) = c\det(\boldsymbol{A}) = \det(\boldsymbol{E}_i(c))\det(\boldsymbol{A}).$$

(c) $\boldsymbol{A}$ 的某一行各元素乘以一个常数 c 后加到另一行对应的元素上.

设 $\widetilde{\boldsymbol{A}}$ 为将 $\boldsymbol{A}$ 的第 i 行各元素乘以常数 c 后加到第 j 行对应的元素上所得到的矩阵，则 $\widetilde{\boldsymbol{A}}=\boldsymbol{E}_{ij}(c)\boldsymbol{A}$.如果将 $\det(\widetilde{\boldsymbol{A}})$按第 j 行展开，那么由上述引理有

$$\det(\widetilde{\boldsymbol{A}})=\det(\boldsymbol{E}_{ij}(c)\boldsymbol{A})=(a_{j1}+ca_{i1})A_{j1}+\cdots+(a_{jn}+ca_{in})A_{jn}$$

$$=(a_{j1}A_{j1}+\cdots+a_{jn}A_{jn})+c(a_{i1}A_{j1}+\cdots+a_{in}A_{jn})$$
$$=\det(\boldsymbol{A}).$$

易知 $\det(\boldsymbol{E}_{ij}(c))=1$,因此

$$\det(\boldsymbol{E}_{ij}(c)\boldsymbol{A})=\det(\boldsymbol{A})=\det(\boldsymbol{E}_{ij}(c))\det(\boldsymbol{A}).$$

初等列变换对矩阵行列式的值的作用类似于初等行变换对矩阵行列式的值的作用.

因此,初等行(或列)变换对矩阵行列式的值的作用有以下情形:

(a) 互换矩阵的两行(或列),其行列式的符号改变;

(b) 矩阵的某一行(或列)各元素乘以一个非零常数 c,其行列式的值为原来的 c 倍;

(c) 矩阵某一行(或列)各元素乘以一个常数后加到另一行(或列)对应的元素上,其行列式的值不改变.

由结论(b)易知,若 $\boldsymbol{A}$ 是 n 阶方阵,则 $\det(c\boldsymbol{A})=c^n\det(\boldsymbol{A})$;由结论(c)易知,如果矩阵的某一行(或列)各元素为另一行(或列)对应元素的倍数,则其行列式必为 0.

可以证明,若行列式某一行(或列)各元素是两个数的和,则此行列式就可以按这一行(或列)分解成相应的两个行列式之和,例如

$$\begin{vmatrix} a_{11} & \cdots & a_{1n} \\ \vdots & & \vdots \\ b_{i1}+c_{i1} & \cdots & b_{in}+c_{in} \\ \vdots & & \vdots \\ a_{n1} & \cdots & a_{nn} \end{vmatrix} = \begin{vmatrix} a_{11} & \cdots & a_{1n} \\ \vdots & & \vdots \\ b_{i1} & \cdots & b_{in} \\ \vdots & & \vdots \\ a_{n1} & \cdots & a_{nn} \end{vmatrix} + \begin{vmatrix} a_{11} & \cdots & a_{1n} \\ \vdots & & \vdots \\ c_{i1} & \cdots & c_{in} \\ \vdots & & \vdots \\ a_{n1} & \cdots & a_{nn} \end{vmatrix}.$$

一般地,若 n 阶行列式的每个元素都可表示成两数之和,则它可分解成 2^n 个行列式之和,例如

$$\begin{vmatrix} a+x & b+y \\ c+z & d+w \end{vmatrix} = \begin{vmatrix} a & b+y \\ c & d+w \end{vmatrix} + \begin{vmatrix} x & b+y \\ z & d+w \end{vmatrix}$$
$$= \begin{vmatrix} a & b \\ c & d \end{vmatrix} + \begin{vmatrix} a & y \\ c & w \end{vmatrix} + \begin{vmatrix} x & b \\ z & d \end{vmatrix} + \begin{vmatrix} x & y \\ z & w \end{vmatrix}.$$

另外,对于 n 阶方阵 $\boldsymbol{A}$ 及 k 个 n 阶初等矩阵 $\boldsymbol{E}_1,\boldsymbol{E}_2,\cdots,\boldsymbol{E}_k$,可用数学归纳法证明下式成立:

$$\det(\boldsymbol{E}_k\boldsymbol{E}_{k-1}\cdots\boldsymbol{E}_1\boldsymbol{A})=\det(\boldsymbol{E}_k)\det(\boldsymbol{E}_{k-1})\cdots\det(\boldsymbol{E}_1)\det(\boldsymbol{A}).$$

我们还可以证明矩阵行列式的如下性质:

定理 2.5 n 阶方阵 $\boldsymbol{A}$ 是奇异矩阵的充要条件为

$$\det(\boldsymbol{A})=0.$$

证 设矩阵 $\boldsymbol{A}$ 经过有限次初等行变换化为行阶梯形矩阵 $\boldsymbol{K}$：

$$\boldsymbol{K}=\boldsymbol{E}_k\boldsymbol{E}_{k-1}\cdots\boldsymbol{E}_1\boldsymbol{A},$$

其中 $\boldsymbol{E}_i\,(i=1,2,\cdots,k)$均为初等矩阵，则

$$\det(\boldsymbol{K})=\det(\boldsymbol{E}_k\boldsymbol{E}_{k-1}\cdots\boldsymbol{E}_1\boldsymbol{A})=\det(\boldsymbol{E}_k)\det(\boldsymbol{E}_{k-1})\cdots\det(\boldsymbol{E}_1)\det(\boldsymbol{A}).$$

由于 $\boldsymbol{E}_i(i=1,2,\cdots,k)$的行列式均非零，所以 $\det(\boldsymbol{A})=0$ 的充要条件是 $\det(\boldsymbol{K})=0$. 故只要证明 $\boldsymbol{A}$ 是奇异矩阵的充要条件为 $\det(\boldsymbol{K})=0$ 即可.

如果 $\boldsymbol{A}$ 是奇异矩阵，则与方程组 $\boldsymbol{Ax}=\boldsymbol{0}$ 等价的方程组 $\boldsymbol{Kx}=\boldsymbol{0}$ 必有非平凡解，从而 $\boldsymbol{K}$ 的最后一行元素必全为 0，从而 $\det(\boldsymbol{K})=0$.

反之，设 $\det(\boldsymbol{K})=0$. 如果 $\boldsymbol{A}$ 是非奇异矩阵，则 $\boldsymbol{K}$ 为三角形矩阵，且主对角线元素均非零. 于是 $\det(\boldsymbol{K})\neq 0$，矛盾.

从定理 2.5 的证明过程我们可以获得一种计算 $\det(\boldsymbol{A})$的方法. 通过初等行变换将 $\boldsymbol{A}$ 化简为行阶梯形矩阵 $\boldsymbol{K}$：

$$\boldsymbol{K}=\boldsymbol{E}_k\boldsymbol{E}_{k-1}\cdots\boldsymbol{E}_1\boldsymbol{A}.$$

如果 $\boldsymbol{K}$ 的最后一行元素全为 0，则 $\boldsymbol{A}$ 是奇异矩阵，且 $\det(\boldsymbol{A})=0$；否则，$\boldsymbol{A}$ 是非奇异矩阵，且

$$\det(\boldsymbol{A})=(\det(\boldsymbol{E}_k)\det(\boldsymbol{E}_{k-1})\cdots\det(\boldsymbol{E}_1))^{-1}\det(\boldsymbol{K}).$$

或者，若 $\boldsymbol{A}$ 是非奇异矩阵，可将 $\boldsymbol{A}$ 化为三角形矩阵 $\boldsymbol{T}$：

$$\boldsymbol{T}=\boldsymbol{E}_k\boldsymbol{E}_{k-1}\cdots\boldsymbol{E}_1\boldsymbol{A},$$

且

$$\det(\boldsymbol{A})=\det(\boldsymbol{E}_1^{-1})\cdots\det(\boldsymbol{E}_{k-1}^{-1})\det(\boldsymbol{E}_k^{-1})\det(\boldsymbol{T}),$$

其中 $\det(\boldsymbol{T})=t_{11}t_{22}\cdots t_{nn}$，这里 t_{ii} 为 $\boldsymbol{T}$ 的主对角线元素.

定理 2.6 若 $\boldsymbol{A}$ 和 $\boldsymbol{B}$ 均为 n 阶方阵，则

$$\det(\boldsymbol{AB})=\det(\boldsymbol{A})\det(\boldsymbol{B}).$$

证 若 $\boldsymbol{A}$ 为奇异矩阵，则由定理 1.5，用反证法可以证明 $\boldsymbol{AB}$ 也是奇异矩阵. 因此

$$\det(\boldsymbol{AB})=0=\det(\boldsymbol{A})\det(\boldsymbol{B}).$$

若 $\boldsymbol{A}$ 为非奇异矩阵，则 $\boldsymbol{A}=\boldsymbol{E}_k\boldsymbol{E}_{k-1}\cdots\boldsymbol{E}_1$，其中 $\boldsymbol{E}_k,\boldsymbol{E}_{k-1},\cdots,\boldsymbol{E}_1$ 均为初等矩阵. 因此

$$\begin{aligned}\det(\boldsymbol{AB})&=\det(\boldsymbol{E}_k\boldsymbol{E}_{k-1}\cdots\boldsymbol{E}_1\boldsymbol{B})=\det(\boldsymbol{E}_k)\det(\boldsymbol{E}_{k-1})\cdots\det(\boldsymbol{E}_1)\det(\boldsymbol{B})\\&=\det(\boldsymbol{E}_k\boldsymbol{E}_{k-1}\cdots\boldsymbol{E}_1)\det(\boldsymbol{B})=\det(\boldsymbol{A})\det(\boldsymbol{B}).\end{aligned}$$

推论 若 $\boldsymbol{A}$ 是非奇异矩阵，则 $\det(\boldsymbol{A}^{-1})=\dfrac{1}{\det(\boldsymbol{A})}$.

下面介绍行列式的计算方法. 行列式的计算主要有两种方法：一种是利用初等行（或列）变换，把行列式化为三角形矩阵的行列式（称为三

角形行列式)，从而计算出行列式的值;另一种是利用定理 2.1，将行列式按某一行(或列)展开，同时结合行列式的性质进行计算. 采用后一种方法计算 n 阶行列式时，通常先利用初等行(或列)变换，将 n 阶行列式中 0 较多的某一列(或行)化成只有一个非零元素，再利用定理 2.1 按该列(或行)展开，将 n 阶行列式转化为一个 $n-1$ 阶行列式，之后重复进行前面两步，直至容易计算出该 n 阶行列式的值为止.

下面通过例子来说明这两种方法.

例 2.3 计算 4 阶行列式

$$D=\begin{vmatrix} 3 & 1 & -1 & 2 \\ -5 & 1 & 3 & -4 \\ 2 & 0 & 1 & -1 \\ 1 & -5 & 3 & -3 \end{vmatrix}.$$

解法 1 将行列式 D 化为三角形行列式进行计算：

$$D\xlongequal{c_1\leftrightarrow c_2}-\begin{vmatrix} 1 & 3 & -1 & 2 \\ 1 & -5 & 3 & -4 \\ 0 & 2 & 1 & -1 \\ -5 & 1 & 3 & -3 \end{vmatrix}\xlongequal[r_4+5r_1]{r_2+(-1)r_1}-\begin{vmatrix} 1 & 3 & -1 & 2 \\ 0 & -8 & 4 & -6 \\ 0 & 2 & 1 & -1 \\ 0 & 16 & -2 & 7 \end{vmatrix}$$

$$\xlongequal{r_2\leftrightarrow r_3}\begin{vmatrix} 1 & 3 & -1 & 2 \\ 0 & 2 & 1 & -1 \\ 0 & -8 & 4 & -6 \\ 0 & 16 & -2 & 7 \end{vmatrix}\xlongequal[r_4+(-8)r_2]{r_3+4r_2}\begin{vmatrix} 1 & 3 & -1 & 2 \\ 0 & 2 & 1 & -1 \\ 0 & 0 & 8 & -10 \\ 0 & 0 & -10 & 15 \end{vmatrix}$$

$$\xlongequal[\frac{1}{5}r_4]{\frac{1}{2}r_3}10\begin{vmatrix} 1 & 3 & -1 & 2 \\ 0 & 2 & 1 & -1 \\ 0 & 0 & 4 & -5 \\ 0 & 0 & -2 & 3 \end{vmatrix}\xlongequal{r_4+\frac{1}{2}r_3}10\begin{vmatrix} 1 & 3 & -1 & 2 \\ 0 & 2 & 1 & -1 \\ 0 & 0 & 4 & -5 \\ 0 & 0 & 0 & 1/2 \end{vmatrix}$$

$$=10\times 4=40.$$

解法 2 利用定理 2.1，将行列式 D 按行(或列)展开，同时结合行列式的性质进行计算：

$$D\xlongequal[c_4+c_3]{c_1+(-2)c_3}\begin{vmatrix} 5 & 1 & -1 & 1 \\ -11 & 1 & 3 & -1 \\ 0 & 0 & 1 & 0 \\ -5 & -5 & 3 & 0 \end{vmatrix}=(-1)^{3+3}\begin{vmatrix} 5 & 1 & 1 \\ -11 & 1 & -1 \\ -5 & -5 & 0 \end{vmatrix}$$

$$\xlongequal{r_2+r_1}\begin{vmatrix}5 & 1 & 1\\ -6 & 2 & 0\\ -5 & -5 & 0\end{vmatrix}=(-1)^{1+3}\begin{vmatrix}-6 & 2\\ -5 & -5\end{vmatrix}=30+10=40.$$

在解法 1 中，第一步将第 1 列和第 2 列互换，其目的是将 a_{11} 换成 1，从而其他各行元素加上第 1 行元素的整数倍就可以很方便地将第 1 列的其余元素化为 0. 如果不先将第 1 列和第 2 列互换，那么由于 $a_{11}=3$，此时为了将第 1 列的其他元素化为 0，其他各行元素只能加上第 1 行元素的分数倍. 这样计算起来比较麻烦. 当然，第一步也可以将第 1 行和第 4 行互换，读者可以自己尝试计算.

在解法 2 中，首先选择元素 0 较多的第 3 行. 如果直接利用定理 2.1 进行展开，则 4 阶行列式 D 将转化为三个 3 阶行列式的和，这样计算起来比较麻烦. 因此，保留 a_{33}，利用初等列变换将第 3 行的其余元素变为 0，然后按第 3 行进行展开，这时 4 阶行列式转化为一个 3 阶行列式. 同理，在将 3 阶行列式转化为 2 阶行列式的过程中，也是只保留 a_{13}，利用初等行变换将第 3 列的其余元素变为 0，然后进行展开，这时 3 阶行列式转化为一个 2 阶行列式. 当然，也可以首先选择元素 0 较多的第 2 列进行展开，这时第一步保留 a_{12} 或 a_{22}，利用初等行变换将第 2 列的其余元素变为 0，读者可以自行尝试. 如果行列式中没有元素 0，则一般先选择元素较为简单的行（或列），保留该行（或列）的一个元素，利用初等列（或行）变换将该行（或列）的其余元素变为 0，再进行行（或列）展开.

对比这两种解法可以发现，解法 2 相对来说更简单一些. 另外，行列式化成三角形行列式和矩阵化成行阶梯形矩阵是不一样的，行列式本质上是一个数，因此进行行列式化简时，中间每一步都是用等号“=”连接（矩阵化成阶梯形时用“→”），而且要注意初等行（或列）变换可能改变行列式的值.

例 2.4 计算 4 阶行列式

$$D=\begin{vmatrix}3 & 1 & 1 & 1\\ 1 & 3 & 1 & 1\\ 1 & 1 & 3 & 1\\ 1 & 1 & 1 & 3\end{vmatrix}.$$

解　这个行列式的特点是各行元素之和相等且为 6(称为行等和),因此可先将第 2,3,4 列元素同时加到第 1 列元素上,并提出公因子 6,然后各行元素加上第 1 行元素的(−1)倍:

$$\begin{vmatrix}3&1&1&1\\1&3&1&1\\1&1&3&1\\1&1&1&3\end{vmatrix}\xlongequal[c_1+c_4]{\substack{c_1+c_2\\c_1+c_3}}\begin{vmatrix}6&1&1&1\\6&3&1&1\\6&1&3&1\\6&1&1&3\end{vmatrix}=6\begin{vmatrix}1&1&1&1\\1&3&1&1\\1&1&3&1\\1&1&1&3\end{vmatrix}\xlongequal[r_4+(-1)r_1]{\substack{r_2+(-1)r_1\\r_3+(-1)r_1}}6\begin{vmatrix}1&1&1&1\\0&2&0&0\\0&0&2&0\\0&0&0&2\end{vmatrix}=48.$$

显然,该行列式的各列元素之和也相等且为 6(称为列等和),因此也可以先将第 2,3,4 行元素同时加到第 1 行元素上,再进行化简.

除了行(或列)等和行列式之外,还有一些特殊的行列式,这里我们介绍其中的一个,即**范德蒙德(Vandermonde)行列式**(参见习题 2.2 第 7 题):

$$D_n=\begin{vmatrix}1&1&\cdots&1\\x_1&x_2&\cdots&x_n\\x_1^2&x_2^2&\cdots&x_n^2\\\vdots&\vdots&&\vdots\\x_1^{n-1}&x_2^{n-1}&\cdots&x_n^{n-1}\end{vmatrix}=\prod_{1\leqslant j<i\leqslant n}(x_i-x_j),$$

其中 $\prod$ 是连乘符号,共有 $\frac{n(n-1)}{2}$ 因子相乘.例如,

$$D_3=(x_2-x_1)(x_3-x_1)(x_3-x_2),$$

$$D_4=(x_2-x_1)(x_3-x_1)(x_4-x_1)(x_3-x_2)(x_4-x_2)(x_4-x_3).$$

若一个行列式是范德蒙德行列式,则可以直接利用上述公式进行计算,例如

$$D=\begin{vmatrix}1&1&1&1\\-1&2&-2&3\\1&4&4&9\\-1&8&-8&27\end{vmatrix}$$

$$=[2-(-1)][-2-(-1)][3-(-1)](-2-2)(3-2)[3-(-2)]$$

$$=3\times(-1)\times4\times(-4)\times1\times5=240.$$

例 2.5　设行列式

$$D=\begin{vmatrix}3&-5&2&1\\1&1&0&-5\\-1&3&1&3\\2&-4&-1&-3\end{vmatrix},$$

D 中元素(i,j)的余子式和代数余子式依次记作 M_{ij} 和 $A_{ij}(i,j=1,2,3,4)$，求

$$A_{11}+A_{12}+A_{13}+A_{14} \quad 及 \quad M_{11}+M_{21}+M_{31}+M_{41}.$$

分析 利用

$$a_{11}A_{11}+a_{12}A_{12}+a_{13}A_{13}+a_{14}A_{14}=\begin{vmatrix} a_{11} & a_{12} & a_{13} & a_{14} \\ a_{21} & a_{22} & a_{23} & a_{24} \\ a_{31} & a_{32} & a_{33} & a_{34} \\ a_{41} & a_{42} & a_{43} & a_{44} \end{vmatrix},$$

可知

$$A_{11}+A_{12}+A_{13}+A_{14}=1\cdot A_{11}+1\cdot A_{12}+1\cdot A_{13}+1\cdot A_{14}=\begin{vmatrix} 1 & 1 & 1 & 1 \\ a_{21} & a_{22} & a_{23} & a_{24} \\ a_{31} & a_{32} & a_{33} & a_{34} \\ a_{41} & a_{42} & a_{43} & a_{44} \end{vmatrix}.$$

类似地，有

$$M_{11}+M_{21}+M_{31}+M_{41}=A_{11}-A_{21}+A_{31}-A_{41}=\begin{vmatrix} 1 & a_{12} & a_{13} & a_{14} \\ -1 & a_{22} & a_{23} & a_{24} \\ 1 & a_{32} & a_{33} & a_{34} \\ -1 & a_{42} & a_{43} & a_{44} \end{vmatrix}.$$

解 $$A_{11}+A_{12}+A_{13}+A_{14}=\begin{vmatrix} 1 & 1 & 1 & 1 \\ 1 & 1 & 0 & -5 \\ -1 & 3 & 1 & 3 \\ 2 & -4 & -1 & -3 \end{vmatrix} \xlongequal[r_3+(-1)r_1]{r_4+r_3} \begin{vmatrix} 1 & 1 & 1 & 1 \\ 1 & 1 & 0 & -5 \\ -2 & 2 & 0 & 2 \\ 1 & -1 & 0 & 0 \end{vmatrix}$$

$$=\begin{vmatrix} 1 & 1 & -5 \\ -2 & 2 & 2 \\ 1 & -1 & 0 \end{vmatrix} \xlongequal{c_2+c_1} \begin{vmatrix} 1 & 2 & -5 \\ -2 & 0 & 2 \\ 1 & 0 & 0 \end{vmatrix}=\begin{vmatrix} 2 & -5 \\ 0 & 2 \end{vmatrix}=4,$$

$$M_{11}+M_{21}+M_{34}+M_{41}=A_{11}-A_{21}+A_{31}-A_{41}=\begin{vmatrix} 1 & -5 & 2 & 1 \\ -1 & 1 & 0 & -5 \\ 1 & 3 & 1 & 3 \\ -1 & -4 & -1 & -3 \end{vmatrix}$$

$$\xlongequal{r_4+r_3} \begin{vmatrix} 1 & -5 & 2 & 1 \\ -1 & 1 & 0 & -5 \\ 1 & 3 & 1 & 3 \\ 0 & -1 & 0 & 0 \end{vmatrix}=-\begin{vmatrix} 1 & 2 & 1 \\ -1 & 0 & -5 \\ 1 & 1 & 3 \end{vmatrix}$$

$$\xlongequal{r_1+(-2)r_3} -\begin{vmatrix} -1 & 0 & -5 \\ -1 & 0 & -5 \\ 1 & 1 & 3 \end{vmatrix} = \begin{vmatrix} -1 & -5 \\ -1 & -5 \end{vmatrix} = 0.$$

例 2.6 设 $\boldsymbol{A}$ 为一个 3 阶方阵,且 $\boldsymbol{A}=(\boldsymbol{a}_1,\boldsymbol{a}_2,\boldsymbol{a}_3)$,$\det(\boldsymbol{A})=5$,又设矩阵

$$\boldsymbol{B}=(\boldsymbol{a}_1+2\boldsymbol{a}_2,3\boldsymbol{a}_1+4\boldsymbol{a}_3,5\boldsymbol{a}_2),$$

求 $\det(\boldsymbol{B})$.

解法 1 利用行列式某一列各元素是两个数之和时此行列式可以分解成两个行列式之和的性质,有

$$\begin{aligned}\det(\boldsymbol{B}) &= \det(\boldsymbol{a}_1,3\boldsymbol{a}_1+4\boldsymbol{a}_3,5\boldsymbol{a}_2)+\det(2\boldsymbol{a}_2,3\boldsymbol{a}_1+4\boldsymbol{a}_3,5\boldsymbol{a}_2)\\ &= \det(\boldsymbol{a}_1,3\boldsymbol{a}_1,5\boldsymbol{a}_2)+\det(\boldsymbol{a}_1,4\boldsymbol{a}_3,5\boldsymbol{a}_2)+\det(2\boldsymbol{a}_2,3\boldsymbol{a}_1,5\boldsymbol{a}_2)+\det(2\boldsymbol{a}_2,4\boldsymbol{a}_3,5\boldsymbol{a}_2)\\ &= 0+20\det(\boldsymbol{a}_1,\boldsymbol{a}_3,\boldsymbol{a}_2)+0+0=-20\det(\boldsymbol{a}_1,\boldsymbol{a}_2,\boldsymbol{a}_3)=-100.\end{aligned}$$

解法 2 利用初等列变换对行列式的值的作用,有

$$\begin{aligned}\det(\boldsymbol{B}) &= 5\det(\boldsymbol{a}_1+2\boldsymbol{a}_2,3\boldsymbol{a}_1+4\boldsymbol{a}_3,\boldsymbol{a}_2)=5\det(\boldsymbol{a}_1,3\boldsymbol{a}_1+4\boldsymbol{a}_3,\boldsymbol{a}_2)=5\det(\boldsymbol{a}_1,4\boldsymbol{a}_3,\boldsymbol{a}_2)\\ &= 20\det(\boldsymbol{a}_1,\boldsymbol{a}_3,\boldsymbol{a}_2)=-20\det(\boldsymbol{A})=-100.\end{aligned}$$

习题 2.2

1. 对下列矩阵计算它们的行列式,并判别它们是奇异还是非奇异的:

(a) $\begin{bmatrix} 2 & 2 \\ 4 & 3 \end{bmatrix}$; (b) $\begin{bmatrix} 2 & 1 & 2 \\ 0 & 2 & 3 \\ 0 & 3 & 4 \end{bmatrix}$.

2. 求使得如下矩阵奇异的所有可能的 k:

$$\begin{bmatrix} k+3 & -1 & 1 \\ 5 & k-3 & 1 \\ 6 & -6 & k+4 \end{bmatrix}.$$

3. 设 $\boldsymbol{A}$ 为 n 阶方阵,k 为常数,证明:

$$\det(k\boldsymbol{A})=k^n\det(\boldsymbol{A}).$$

4. 设 $\boldsymbol{A}$ 为 n 阶非奇异矩阵,证明:

$$\det(\boldsymbol{A}^{-1})=\frac{1}{\det(\boldsymbol{A})}.$$

5. 设 $\boldsymbol{P}$ 为 n 阶非奇异矩阵,$\boldsymbol{A}$ 和 $\boldsymbol{B}$ 均为 n 阶方阵,且 $\boldsymbol{B}=\boldsymbol{P}^{-1}\boldsymbol{A}\boldsymbol{P}$,证明:

$$\det(\boldsymbol{B})=\det(\boldsymbol{A}).$$

6. 设 $\boldsymbol{A}$ 和 $\boldsymbol{B}$ 均为 n 阶方阵,证明:乘积 $\boldsymbol{AB}$ 为非奇异矩阵的充要条件是 $\boldsymbol{A}$ 和 $\boldsymbol{B}$ 均为非奇异矩阵.

7. 证明:

$$\begin{vmatrix} 1 & x_1 & x_1^2 & \cdots & x_1^{n-1} \\ 1 & x_2 & x_2^2 & \cdots & x_2^{n-1} \\ \vdots & \vdots & \vdots & & \vdots \\ 1 & x_n & x_n^2 & \cdots & x_n^{n-1} \end{vmatrix} = \prod_{1 \leqslant j < i \leqslant n} (x_i - x_j).$$

8. 设分块矩阵 $\boldsymbol{M}=\begin{pmatrix} \boldsymbol{A} & \boldsymbol{B} \\ \boldsymbol{O} & \boldsymbol{C} \end{pmatrix}$,其中 $\boldsymbol{A}$ 与 $\boldsymbol{C}$ 均为 n 阶方阵,证明:

$$\det(\boldsymbol{M})=\det(\boldsymbol{A})\det(\boldsymbol{C}).$$

9. 设 $\boldsymbol{A},\boldsymbol{B},\boldsymbol{C},\boldsymbol{D}$ 是乘法可交换的 n 阶方阵,分块矩阵 $\boldsymbol{M}=\begin{pmatrix} \boldsymbol{A} & \boldsymbol{B} \\ \boldsymbol{C} & \boldsymbol{D} \end{pmatrix}$,且 $\boldsymbol{A}$ 非奇异,证明:

$$\det(\boldsymbol{M})=\det(\boldsymbol{AD}-\boldsymbol{BC}).$$

10. 设矩阵 $\boldsymbol{A}$ 满足 $\boldsymbol{A}^{\mathrm{T}}\boldsymbol{A}=\boldsymbol{E}$(这样的矩阵 $\boldsymbol{A}$ 称为**正交矩阵**),证明:$\det(\boldsymbol{A})=\pm 1$.

§2.3 克拉默法则

本节中我们将利用非奇异矩阵 $\boldsymbol{A}$ 的行列式来求 $\boldsymbol{A}$ 的逆矩阵,并利用行列式求解线性方程组 $\boldsymbol{Ax}=\boldsymbol{b}$.

为了介绍如何利用行列式来求矩阵的逆矩阵,先引入伴随矩阵的概念.

设 $\boldsymbol{A}$ 为 n 阶方阵.定义一个新矩阵如下:

$$\boldsymbol{A}^* = \begin{pmatrix} A_{11} & A_{21} & \cdots & A_{n1} \\ A_{12} & A_{22} & \cdots & A_{n2} \\ \vdots & \vdots & & \vdots \\ A_{1n} & A_{2n} & \cdots & A_{nn} \end{pmatrix},$$

其中 A_{ij} 为元素 a_{ij} 的代数余子式.我们称 $\boldsymbol{A}^*$ 为矩阵 $\boldsymbol{A}$ 的**伴随矩阵**.

利用§2.2的引理,有

$$\sum_{k=1}^{n} a_{ik}A_{jk} = \begin{cases} \det(\boldsymbol{A}), & i=j, \\ 0, & i \neq j \end{cases} \quad (i,j=1,2,\cdots,n),$$

于是有

$$AA^{*}=\det(A)E.$$

若 A 为非奇异矩阵，则 $\det(A)\neq 0$. 于是有

$$A\left(\frac{1}{\det(A)}A^{*}\right)=E.$$

因此

$$A^{-1}=\frac{1}{\det(A)}A^{*}.$$

伴随矩阵具有如下性质(假设 A,B 均为 n 阶方阵)：

(a) $\det(A^{*})=(\det(A))^{n-1}$；

(b) $A^{**}=(\det(A))^{n-2}A$；

(c) $(kA)^{*}=k^{n-1}A^{*}$；

(d) $(AB)^{*}=B^{*}A^{*}$；

(e) $(A^{\mathrm{T}})^{*}=(A^{*})^{\mathrm{T}}$；

(f) 若矩阵 A 非奇异，则 $(A^{-1})^{*}=(A^{*})^{-1}$.

例 2.7　求 2 阶方阵 $A=\begin{pmatrix}a & b\\ c & d\end{pmatrix}$ $(\det(A)\neq 0)$ 的逆矩阵.

解　因为

$$A^{*}=\begin{pmatrix}d & -b\\ -c & a\end{pmatrix},\quad \det(A)=\begin{vmatrix}a & b\\ c & d\end{vmatrix}=ad-bc,$$

所以

$$A^{-1}=\frac{A^{*}}{\det(A)}=\frac{1}{ad-bc}\begin{pmatrix}d & -b\\ -c & a\end{pmatrix}.$$

例 2.8　设矩阵 $A=\begin{pmatrix}1 & 1 & 2\\ 2 & 1 & 1\\ 1 & 2 & 1\end{pmatrix}$，求 A^{*} 和 A^{-1}.

解　因为

$$A^{*}=\begin{pmatrix}A_{11} & A_{21} & A_{31}\\ A_{12} & A_{22} & A_{32}\\ A_{13} & A_{23} & A_{33}\end{pmatrix}=\begin{pmatrix}-1 & 3 & -1\\ -1 & -1 & 3\\ 3 & -1 & -1\end{pmatrix},$$

$$\det(A)=\begin{vmatrix}1 & 1 & 2\\ 2 & 1 & 1\\ 1 & 2 & 1\end{vmatrix}=4,$$

所以

$$A^{-1}=\frac{1}{\det(A)}A^*=\frac{1}{4}\begin{pmatrix}-1 & 3 & -1\\ -1 & -1 & 3\\ 3 & -1 & -1\end{pmatrix}.$$

求矩阵的逆矩阵有两种常用方法：一种是利用伴随矩阵来求逆矩阵，通常用于矩阵阶数 n 不太大的情形($n\leqslant 3$)；另一种是利用初等行变换来求逆矩阵，通常用于矩阵阶数 n 较大的情形($n\geqslant 3$).

例 2.9 设 $\boldsymbol{A}$ 为 3 阶方阵，$\det(\boldsymbol{A})=\frac{1}{8}$，计算 $\det\left(\left(\frac{1}{3}\boldsymbol{A}\right)^{-1}-8\boldsymbol{A}^*\right)$.

解 $\boldsymbol{A}^*=\det(\boldsymbol{A})\boldsymbol{A}^{-1}=\frac{1}{8}\boldsymbol{A}^{-1}$，于是

$$\det\left(\left(\frac{1}{3}\boldsymbol{A}\right)^{-1}-8\boldsymbol{A}^*\right)=\det(3\boldsymbol{A}^{-1}-\boldsymbol{A}^{-1})=2^3\det(\boldsymbol{A}^{-1})=2^3\,\frac{1}{\det(\boldsymbol{A})}=64.$$

利用公式 $\boldsymbol{A}^{-1}=\frac{1}{\det(\boldsymbol{A})}\boldsymbol{A}^*$，可以获得用行列式表示线性方程组 $\boldsymbol{Ax}=\boldsymbol{b}$ 的解的表达式.

定理 2.7（克拉默法则） 设线性方程组 $\boldsymbol{Ax}=\boldsymbol{b}$ 的系数矩阵 $\boldsymbol{A}$ 为 n 阶非奇异矩阵，令 $\boldsymbol{A}_j$ 为将矩阵 $\boldsymbol{A}$ 中的第 j 列用 $\boldsymbol{b}$ 替换所得到的矩阵，则线性方程组 $\boldsymbol{Ax}=\boldsymbol{b}$ 存在唯一解，且

$$x_j=\frac{\det(\boldsymbol{A}_j)}{\det(\boldsymbol{A})}\quad (j=1,2,\cdots,n).$$

证 因为 $\boldsymbol{A}$ 为非奇异矩阵，所以存在 $\boldsymbol{A}^{-1}$，且

$$\boldsymbol{A}^{-1}=\frac{1}{\det(\boldsymbol{A})}\boldsymbol{A}^*.$$

因此，线性方程组 $\boldsymbol{Ax}=\boldsymbol{b}$ 的解为

$$\boldsymbol{x}=\boldsymbol{A}^{-1}\boldsymbol{b}=\frac{1}{\det(\boldsymbol{A})}\boldsymbol{A}^*\boldsymbol{b},$$

其第 j 个元素为

$$x_j=\frac{b_1A_{1j}+b_2A_{2j}+\cdots+b_nA_{nj}}{\det(\boldsymbol{A})}=\frac{\det(\boldsymbol{A}_j)}{\det(\boldsymbol{A})}\quad (j=1,2,\cdots,n).$$

下面证明解的唯一性. 设 $\boldsymbol{x}_0,\boldsymbol{x}_1$ 都是线性方程组 $\boldsymbol{Ax}=\boldsymbol{b}$ 的解，则

$$\boldsymbol{Ax}_0=\boldsymbol{b},\quad \boldsymbol{Ax}_1=\boldsymbol{b}.$$

两式相减，得 $\boldsymbol{Ax}_0-\boldsymbol{Ax}_1=\boldsymbol{0}$，即

$$\boldsymbol{A}(\boldsymbol{x}_0-\boldsymbol{x}_1)=\boldsymbol{0}.$$

因为 $\boldsymbol{A}$ 为非奇异矩阵,所以 $\boldsymbol{A}^{-1}\boldsymbol{A}(\boldsymbol{x}_0-\boldsymbol{x}_1)=\boldsymbol{A}^{-1}\boldsymbol{0}$,即

$$\boldsymbol{x}_0-\boldsymbol{x}_1=\boldsymbol{0},\quad 从而\quad \boldsymbol{x}_0=\boldsymbol{x}_1.$$

这说明,线性方程组 $\boldsymbol{Ax}=\boldsymbol{b}$ 的解唯一.

例 2.10 用克拉默法则解线性方程组

$$\begin{cases}2x_1+3x_2-x_3=1,\\3x_1+5x_2+2x_3=8,\\-x_1+2x_2+3x_3=1.\end{cases}$$

解 该线性方程组的系数矩阵 $\boldsymbol{A}$ 及相应的 $\boldsymbol{A}_j\,(j=1,2,3)$ 如下:

$$\boldsymbol{A}=\begin{bmatrix}2&3&-1\\3&5&2\\-1&2&3\end{bmatrix},\quad \boldsymbol{A}_1=\begin{bmatrix}1&3&-1\\8&5&2\\1&2&3\end{bmatrix},$$

$$\boldsymbol{A}_2=\begin{bmatrix}2&1&-1\\3&8&2\\-1&1&3\end{bmatrix},\quad \boldsymbol{A}_3=\begin{bmatrix}2&3&1\\3&5&8\\-1&2&1\end{bmatrix}.$$

经计算得

$$\det(\boldsymbol{A})=-22,\quad \det(\boldsymbol{A}_1)=-66,\quad \det(\boldsymbol{A}_2)=22,\quad \det(\boldsymbol{A}_3)=-44,$$

因此

$$x_1=\frac{\det(\boldsymbol{A}_1)}{\det(\boldsymbol{A})}=3,\quad x_2=\frac{\det(\boldsymbol{A}_2)}{\det(\boldsymbol{A})}=-1,\quad x_3=\frac{\det(\boldsymbol{A}_3)}{\det(\boldsymbol{A})}=2.$$

克拉默法则虽然给出了 $n\times n$ 线性方程组解的一个简便表达式,但所需的计算量仍然较大.

习题 2.3

1. 对下列矩阵 $\boldsymbol{A}$ 计算 $\det(\boldsymbol{A}),\boldsymbol{A}^*,\boldsymbol{A}^{-1}$:

(a) $\boldsymbol{A}=\begin{bmatrix}-1&-3\\-2&-4\end{bmatrix}$; (b) $\boldsymbol{A}=\begin{bmatrix}1&-2&-4\\0&2&2\\0&0&3\end{bmatrix}$.

2. 确定满足 $\boldsymbol{A}=\boldsymbol{A}^*$ 的 2 阶方阵 $\boldsymbol{A}$ 的一般形式.

3. 设 $\boldsymbol{A}$ 是对角矩阵,$\boldsymbol{B}$ 是三角形矩阵:

$$A=\begin{pmatrix} a_1 & & & \\ & a_2 & & \\ & & \ddots & \\ & & & a_n \end{pmatrix},\quad B=\begin{pmatrix} b_1 & c_{12} & \cdots & c_{1n} \\ & b_2 & \cdots & c_{2n} \\ & & \ddots & \vdots \\ & & & b_n \end{pmatrix}.$$

证明:

(a) $\boldsymbol{A}^*$ 是对角矩阵,而 $\boldsymbol{B}^*$ 是三角形矩阵.

(b) 当且仅当所有 $b_i\neq 0$ 时,$\boldsymbol{B}$ 为非奇异矩阵;当且仅当所有 $a_i\neq 0$ 时,$\boldsymbol{A}$ 为非奇异矩阵.

(c) $\boldsymbol{A}$ 与 $\boldsymbol{B}$ 的逆矩阵(如果存在的话)形如:

$$A^{-1}=\begin{pmatrix} 1/a_1 & & & \\ & 1/a_2 & & \\ & & \ddots & \\ & & & 1/a_n \end{pmatrix},\quad B^{-1}=\begin{pmatrix} 1/b_1 & d_{12} & \cdots & d_{1n} \\ & 1/b_2 & \cdots & d_{2n} \\ & & \ddots & \vdots \\ & & & 1/b_n \end{pmatrix}.$$

4. 设 $\boldsymbol{A}$ 为 n 阶非奇异矩阵,其中 $n>1$,证明:$\det(\boldsymbol{A}^*)=(\det(\boldsymbol{A}))^{n-1}$.

5. 证明:若 $\boldsymbol{A}$ 为非奇异矩阵,则 $\boldsymbol{A}^*$ 也为非奇异矩阵,且

$$(\boldsymbol{A}^*)^{-1}=\det(\boldsymbol{A}^{-1})\,\boldsymbol{A}=(\boldsymbol{A}^{-1})^*.$$

6. 证明:若 $\boldsymbol{A}$ 为奇异矩阵,则 $\boldsymbol{A}^*$ 也为奇异矩阵.

7. 证明:若 $\det(\boldsymbol{A})=1$,则 $(\boldsymbol{A}^*)^*=\boldsymbol{A}$.

8. 设 $\boldsymbol{A}=(a_{ij})$ 为 n 阶方阵,它具有性质 $\boldsymbol{A}^{-1}=\boldsymbol{A}^{\mathrm{T}}$,证明:$a_{ij}=\dfrac{A_{ij}}{\det(\boldsymbol{A})}$.

9. 利用克拉默法则解下列线性方程组:

(a) $\begin{cases} x_1+x_2=1, \\ 2x_1-x_2=2; \end{cases}$　　(b) $\begin{cases} x_1-2x_2-3x_3=1, \\ 2x_1+3x_2+x_3=2, \\ -3x_1-x_2+2x_3=3; \end{cases}$

(c) $\begin{cases} 2x_1-5x_2+2x_3=7, \\ x_1+2x_2-4x_3=3, \\ 3x_1-4x_2-6x_3=5. \end{cases}$

§2.4 矩阵的秩

定义 2.3 在一个 $m\times n$ 矩阵中,任取 k 行、k 列($k\leqslant m,k\leqslant n$),位于这些行和列交叉处的 k^2 个元素按原来的顺序排序构成的 k 阶行列

式，称为这个矩阵的一个**k 阶子式**.

例如，设矩阵

$$\boldsymbol{A}=\begin{pmatrix} a_{11} & a_{12} & a_{13} & a_{14} \\ a_{21} & a_{22} & a_{23} & a_{24} \\ a_{31} & a_{32} & a_{33} & a_{34} \end{pmatrix},$$

若取 $\boldsymbol{A}$ 的第 1,2 行和第 2,3 列，则得到一个 2 阶子式 $\begin{vmatrix} a_{12} & a_{13} \\ a_{22} & a_{23} \end{vmatrix}$. 显然，一个 $m\times n$ 矩阵的 k 阶子式共有 $\mathrm{C}_m^k\mathrm{C}_n^k$ 个.

定义 2.4　矩阵 $\boldsymbol{A}$ 的最高阶非零子式的阶数称为矩阵 $\boldsymbol{A}$ 的**秩**，记为 $\mathrm{r}(\boldsymbol{A})$. 若一个矩阵没有非零的子式(即它是零矩阵)，则规定这个矩阵的秩为 0.

由定义 2.4 可知，$\mathrm{r}(\boldsymbol{A})=r$ 当且仅当 $\boldsymbol{A}$ 有一个 r 阶子式不为 0，所有 $r+1$ 阶子式(如果存在的话)全为 0.

例 2.11　求矩阵 $\boldsymbol{A}=\begin{pmatrix} 1 & 1 & -2 & 1 & 4 \\ 0 & 2 & -1 & 1 & 0 \\ 0 & 0 & 0 & 5 & -3 \\ 0 & 0 & 0 & 0 & 0 \end{pmatrix}$ 的秩.

解　易知 $\boldsymbol{A}$ 的 4 阶子式都为 0，又取 $\boldsymbol{A}$ 的第 1,2,3 行和第 1,2,4 列，得到的 3 阶子式为

$$\begin{vmatrix} 1 & 1 & 1 \\ 0 & 2 & 1 \\ 0 & 0 & 5 \end{vmatrix}=1\times 2\times 5=10\neq 0,$$

所以 $\mathrm{r}(\boldsymbol{A})=3$.

事实上，由秩的定义容易验证，行阶梯形矩阵的秩就等于其非零行的行数. 所以，在例 2.11 中有 $\mathrm{r}(\boldsymbol{A})=3$.

若 $\boldsymbol{A}$ 是 n 阶方阵，则由秩的定义可知：

(a) $\mathrm{r}(\boldsymbol{A})=n$ 当且仅当 $\det(\boldsymbol{A})\neq 0$；

(b) $\mathrm{r}(\boldsymbol{A})<n$ 当且仅当 $\det(\boldsymbol{A})=0$.

称 $\mathrm{r}(\boldsymbol{A})=n$ 的 n 阶方阵为**满秩矩阵**.

要确定矩阵的秩的大小时，利用下面的定理 2.8 是简便的.

定理 2.8　设 $\boldsymbol{A}$ 是 $m\times n$ 矩阵，则

(1) 如果 $\boldsymbol{A}$ 有一个 r 阶子式不为 0，那么 $\mathrm{r}(\boldsymbol{A})\geqslant r$；

（2）如果 $\boldsymbol{A}$ 的所有 $r+1$ 阶子式均为 0，那么 $\mathrm{r}(\boldsymbol{A})\leqslant r$.

证　（1）显然成立.

（2）设 D 是 $\boldsymbol{A}$ 的任意 $r+2$ 阶子式（如果存在的话），将 D 按某一行（或列）展开，则 D 可以写成 $r+2$ 个 $r+1$ 阶子式与一些数的乘积之和，从而 $D=0$. 所以，$\boldsymbol{A}$ 的任意高于 r 阶的子式全为 0. 因此 $\mathrm{r}(\boldsymbol{A})\leqslant r$.

矩阵的初等变换作为一种运算，其深刻意义在于它不改变矩阵的秩. 也就是说，有如下定理成立：

定理 2.9　若矩阵 $\boldsymbol{A}$ 经过有限次初等行（或列）变换变成矩阵 $\boldsymbol{B}$，则 $\mathrm{r}(\boldsymbol{A})=\mathrm{r}(\boldsymbol{B})$.

证明从略.

定理 2.9 给出了一种求矩阵的秩的常用方法：通过初等行（或列）变换将矩阵化为行阶梯形矩阵，而行阶梯形矩阵的秩就等于其非零行的行数，因而原矩阵的秩即是所得行阶梯形矩阵的非零行的行数.

推论　若存在非奇异矩阵 $\boldsymbol{P},\boldsymbol{Q}$，满足 $\boldsymbol{PAQ}=\boldsymbol{B}$，则 $\mathrm{r}(\boldsymbol{A})=\mathrm{r}(\boldsymbol{B})$. 特别地，有

$$\mathrm{r}(\boldsymbol{PA})=\mathrm{r}(\boldsymbol{A}),\quad \mathrm{r}(\boldsymbol{AQ})=\mathrm{r}(\boldsymbol{A}).$$

证　由矩阵的初等变换与初等矩阵之间的关系可知，非奇异矩阵 $\boldsymbol{P}$ 左乘矩阵 $\boldsymbol{A}$ 相当于对 $\boldsymbol{A}$ 施行有限次初等行变换；非奇异矩阵 $\boldsymbol{Q}$ 右乘矩阵 $\boldsymbol{A}$ 相当于对 $\boldsymbol{A}$ 施行有限次初等列变换. 由于初等变换不改变矩阵的秩，因此 $\mathrm{r}(\boldsymbol{A})=\mathrm{r}(\boldsymbol{B})$.

例 2.12　设矩阵

$$\boldsymbol{A}=\begin{pmatrix}2 & k & -1\\ k & -1 & 1\\ 4 & 5 & -5\end{pmatrix},$$

求 $\mathrm{r}(\boldsymbol{A})$.

解　对 $\boldsymbol{A}$ 施行初等变换：

$$\boldsymbol{A}\xrightarrow[r_3-5r_1]{r_2+r_1}\begin{pmatrix}2 & k & -1\\ k+2 & k-1 & 0\\ -6 & -5k+5 & 0\end{pmatrix}\xrightarrow{r_3+5r_2}\begin{pmatrix}2 & k & -1\\ k+2 & k-1 & 0\\ 5k+4 & 0 & 0\end{pmatrix}$$

$$\xrightarrow{c_1\leftrightarrow c_3}\begin{pmatrix}-1 & k & 2\\ 0 & k-1 & k+2\\ 0 & 0 & 5k+4\end{pmatrix}.$$

所以，当 $k\neq1$ 且 $k\neq-\frac{4}{5}$ 时，$\mathrm{r}(\boldsymbol{A})=3$；当 $k=-\frac{4}{5}$ 时，$\mathrm{r}(\boldsymbol{A})=2$；当 $k=1$ 时，$\mathrm{r}(\boldsymbol{A})=2$.

下面我们不加证明地给出矩阵的秩的一些简单性质：

(a) 若 $\boldsymbol{A}$ 是 $m\times n$ 矩阵，则 $0\leqslant\mathrm{r}(\boldsymbol{A})\leqslant\min\{m,n\}$.

(b) $\mathrm{r}(\boldsymbol{A}^{\mathrm{T}})=\mathrm{r}(\boldsymbol{A})$，$\mathrm{r}(k\boldsymbol{A})=\mathrm{r}(\boldsymbol{A})$（$k$ 为非零常数）.

(c) $\mathrm{r}(\boldsymbol{AB})\leqslant\min\{\mathrm{r}(\boldsymbol{A}),\mathrm{r}(\boldsymbol{B})\}$.

(d) $\mathrm{r}(\boldsymbol{A}+\boldsymbol{B})\leqslant\mathrm{r}(\boldsymbol{A})+\mathrm{r}(\boldsymbol{B})$.

(e) $\max\{\mathrm{r}(\boldsymbol{A}),\mathrm{r}(\boldsymbol{B})\}\leqslant\mathrm{r}(\boldsymbol{A}\,\vdots\,\boldsymbol{B})\leqslant\mathrm{r}(\boldsymbol{A})+\mathrm{r}(\boldsymbol{B})$.

特别地，当 $\boldsymbol{B}=\boldsymbol{b}$ 为非零列向量时，有

$$\mathrm{r}(\boldsymbol{A})\leqslant\mathrm{r}(\boldsymbol{A}\,\vdots\,\boldsymbol{b})\leqslant\mathrm{r}(\boldsymbol{A})+1.$$

(f) 设 $\boldsymbol{A}$ 为 $m\times n$ 矩阵，$\boldsymbol{B}$ 是 $n\times l$ 矩阵，且 $\boldsymbol{AB}=\boldsymbol{O}$，则

$$\mathrm{r}(\boldsymbol{A})+\mathrm{r}(\boldsymbol{B})\leqslant n.$$

例 2.13　设 $\boldsymbol{A}$ 为 n 阶方阵，证明：$\mathrm{r}(\boldsymbol{A}+\boldsymbol{E})+\mathrm{r}(\boldsymbol{A}-\boldsymbol{E})\geqslant n$.

证　因为 $(\boldsymbol{A}+\boldsymbol{E})+(\boldsymbol{E}-\boldsymbol{A})=2\boldsymbol{E}$，所以

$$\mathrm{r}(\boldsymbol{A}+\boldsymbol{E})+\mathrm{r}(\boldsymbol{E}-\boldsymbol{A})\geqslant n.$$

又因为 $\mathrm{r}(\boldsymbol{E}-\boldsymbol{A})=\mathrm{r}(\boldsymbol{A}-\boldsymbol{E})$，所以

$$\mathrm{r}(\boldsymbol{A}+\boldsymbol{E})+\mathrm{r}(\boldsymbol{A}-\boldsymbol{E})\geqslant n.$$

有了矩阵的秩的概念，现在可以讨论一般线性方程组解的情况了.

设有 $m\times n$ 线性方程组

$$\begin{cases}a_{11}x_1+a_{12}x_2+\cdots+a_{1n}x_n=b_1,\\a_{21}x_1+a_{22}x_2+\cdots+a_{2n}x_n=b_2,\\\cdots\cdots\\a_{m1}x_1+a_{m2}x_2+\cdots+a_{mn}x_n=b_m.\end{cases}$$

记

$$\boldsymbol{A}=\begin{pmatrix}a_{11}&a_{12}&\cdots&a_{1n}\\a_{21}&a_{22}&\cdots&a_{2n}\\\vdots&\vdots&&\vdots\\a_{m1}&a_{m2}&\cdots&a_{mn}\end{pmatrix},\quad\boldsymbol{x}=\begin{pmatrix}x_1\\x_2\\\vdots\\x_n\end{pmatrix},\quad\boldsymbol{b}=\begin{pmatrix}b_1\\b_2\\\vdots\\b_m\end{pmatrix},$$

则该线性方程组可以表示为

$$\boldsymbol{Ax}=\boldsymbol{b}.\tag{2.4}$$

若 $\boldsymbol{b}\neq\boldsymbol{0}$，则称线性方程组(2.4)为非齐次线性方程组；若 $\boldsymbol{b}=\boldsymbol{0}$，则称线性方程组(2.4)为齐次线性方程组.

利用系数矩阵 $\boldsymbol{A}$ 的秩和增广矩阵 $(\boldsymbol{A} \mid \boldsymbol{b})$ 的秩，可以很方便地讨论线性方程组(2.4)是否有解以及有解时解是否唯一等问题. 对此，我们可以得到如下结论：

定理 2.10 设 $\boldsymbol{A}$ 是 $m\times n$ 矩阵，则对于线性方程组 $\boldsymbol{Ax}=\boldsymbol{b}$，有

(a) $\boldsymbol{Ax}=\boldsymbol{b}$ 无解的充要条件是 $\mathrm{r}(\boldsymbol{A})<\mathrm{r}(\boldsymbol{A} \mid \boldsymbol{b})$（或 $\mathrm{r}(\boldsymbol{A} \mid \boldsymbol{b})=\mathrm{r}(\boldsymbol{A})+1$）；

(b) $\boldsymbol{Ax}=\boldsymbol{b}$ 有唯一解的充要条件是 $\mathrm{r}(\boldsymbol{A})=\mathrm{r}(\boldsymbol{A} \mid \boldsymbol{b})=n$；

(c) $\boldsymbol{Ax}=\boldsymbol{b}$ 有无穷多个解的充要条件是 $\mathrm{r}(\boldsymbol{A})=\mathrm{r}(\boldsymbol{A} \mid \boldsymbol{b})<n$，且此时 $\boldsymbol{Ax}=\boldsymbol{b}$ 的解中有 $n-\mathrm{r}(\boldsymbol{A})$ 个自由未知量.

证 先证明(a)，(b)，(c)的充分性. 设 $\mathrm{r}(\boldsymbol{A})=r$. 为了叙述方便，不妨设增广矩阵 $(\boldsymbol{A} \mid \boldsymbol{b})$ 的行最简形矩阵为

$$\begin{pmatrix} 1 & 0 & \cdots & 0 & c_{11} & \cdots & c_{1,n-r} & d_1 \\ 0 & 1 & \cdots & 0 & c_{21} & \cdots & c_{2,n-r} & d_2 \\ \vdots & \vdots & & \vdots & \vdots & & \vdots & \vdots \\ 0 & 0 & \cdots & 1 & c_{r1} & \cdots & c_{r,n-r} & d_r \\ 0 & 0 & \cdots & 0 & 0 & \cdots & 0 & d_{r+1} \\ 0 & 0 & \cdots & 0 & 0 & \cdots & 0 & 0 \\ \vdots & \vdots & & \vdots & \vdots & & \vdots & \vdots \\ 0 & 0 & \cdots & 0 & 0 & \cdots & 0 & 0 \end{pmatrix}.$$

(a) 若 $\mathrm{r}(\boldsymbol{A})<\mathrm{r}(\boldsymbol{A} \mid \boldsymbol{b})$，因为 $\mathrm{r}(\boldsymbol{A})\leqslant\mathrm{r}(\boldsymbol{A} \mid \boldsymbol{b})\leqslant\mathrm{r}(\boldsymbol{A})+1$，所以 $\mathrm{r}(\boldsymbol{A} \mid \boldsymbol{b})=\mathrm{r}(\boldsymbol{A})+1$. 此时 $d_{r+1}=1$，于是增广矩阵 $(\boldsymbol{A} \mid \boldsymbol{b})$ 的行最简形矩阵第 $r+1$ 行对应着矛盾方程 $0=1$，从而 $\boldsymbol{Ax}=\boldsymbol{b}$ 无解.

(b) 若 $\mathrm{r}(\boldsymbol{A})=\mathrm{r}(\boldsymbol{A} \mid \boldsymbol{b})=n$，则增广矩阵 $(\boldsymbol{A} \mid \boldsymbol{b})$ 的行最简形矩阵为

$$\begin{pmatrix} 1 & 0 & \cdots & 0 & d_1 \\ 0 & 1 & \cdots & 0 & d_2 \\ \vdots & \vdots & & \vdots & \vdots \\ 0 & 0 & \cdots & 1 & d_n \\ 0 & 0 & \cdots & 0 & 0 \\ \vdots & \vdots & & \vdots & \vdots \\ 0 & 0 & \cdots & 0 & 0 \end{pmatrix},$$

因此 $\boldsymbol{Ax}=\boldsymbol{b}$ 有唯一解

$$\begin{cases} x_1=d_1, \\ x_2=d_2, \\ \cdots\cdots \\ x_n=d_n. \end{cases}$$

(c) 若 $\mathrm{r}(\boldsymbol{A})=\mathrm{r}(\boldsymbol{A}\,\vdots\,\boldsymbol{b})<n$，则增广矩阵 $(\boldsymbol{A}\,\vdots\,\boldsymbol{b})$ 的行最简形矩阵对应的线性方程组为

$$\begin{cases}x_1+c_{11}x_{r+1}+\cdots+c_{1,n-r}x_n=d_1,\\x_2+c_{21}x_{r+1}+\cdots+c_{2,n-r}x_n=d_2,\\\cdots\cdots\\x_r+c_{r1}x_{r+1}+\cdots+c_{r,n-r}x_n=d_r.\end{cases}$$

取 $x_{r+1},\cdots,x_n$ 为自由未知量（$n-r$ 个），移项得一般解

$$\begin{cases}x_1=d_1-c_{11}x_{r+1}-\cdots-c_{1,n-r}x_n,\\x_2=d_2-c_{21}x_{r+1}-\cdots-c_{2,n-r}x_n,\\\cdots\cdots\\x_r=d_r-c_{r1}x_{r+1}-\cdots-c_{r,n-r}x_n.\end{cases}$$

可见，此时 $\boldsymbol{Ax}=\boldsymbol{b}$ 有无穷多个解.

再证明(a)，(b)，(c)的必要性.

(a) 若 $\boldsymbol{Ax}=\boldsymbol{b}$ 无解，则有 $\mathrm{r}(\boldsymbol{A})<\mathrm{r}(\boldsymbol{A}\,\vdots\,\boldsymbol{b})$. 否则，假设 $\mathrm{r}(\boldsymbol{A})\geqslant\mathrm{r}(\boldsymbol{A}\,\vdots\,\boldsymbol{b})$. 由矩阵的秩的性质有 $\mathrm{r}(\boldsymbol{A})\leqslant\mathrm{r}(\boldsymbol{A}\,\vdots\,\boldsymbol{b})$，因此 $\mathrm{r}(\boldsymbol{A})=\mathrm{r}(\boldsymbol{A}\,\vdots\,\boldsymbol{b})$. 由(b)，(c)的充分性可知，此时 $\boldsymbol{Ax}=\boldsymbol{b}$ 有解，矛盾.

类似地，可以证明(b)，(c)的必要性.

注　定理 2.10 说明，$\boldsymbol{Ax}=\boldsymbol{b}$ 有解的充要条件是 $\mathrm{r}(\boldsymbol{A})=\mathrm{r}(\boldsymbol{A}\,\vdots\,\boldsymbol{b})$.

推论　设 $\boldsymbol{A}$ 是 $m\times n$ 矩阵，$\boldsymbol{B}$ 是 $m\times l$ 矩阵，则矩阵方程 $\boldsymbol{AX}=\boldsymbol{B}$ 有解的充要条件是 $\mathrm{r}(\boldsymbol{A})=\mathrm{r}(\boldsymbol{A}\,\vdots\,\boldsymbol{B})$.

例 2.14　若非齐次线性方程组

$$\begin{cases}x_1+2x_2-x_3=1,\\3x_1+2x_2+\lambda x_3=-1,\\5x_1+6x_2+3x_3=\mu\end{cases}$$

有无穷多个解，求 λ 与 μ 的值.

解　对该线性方程组的增广矩阵 $(\boldsymbol{A}\,\vdots\,\boldsymbol{b})$ 施行初等行变换，把它化为行阶梯形矩阵：

$$(\boldsymbol{A}\,\vdots\,\boldsymbol{b})=\begin{pmatrix}1&2&-1&1\\3&2&\lambda&-1\\5&6&3&\mu\end{pmatrix}\xrightarrow[r_3+(-5)r_1]{r_2+(-3)r_1}\begin{pmatrix}1&2&-1&1\\0&-4&\lambda+3&-4\\0&-4&8&\mu-5\end{pmatrix}$$

$$\xrightarrow{r_3+(-1)r_2}\begin{pmatrix}1&2&-1&1\\0&-4&\lambda+3&-4\\0&0&5-\lambda&\mu-1\end{pmatrix}.$$

因为所给的方程组有无穷多个解,所以 $r(\boldsymbol{A} \vdots \boldsymbol{b}) \leqslant 2$. 又因为 $(\boldsymbol{A} \vdots \boldsymbol{b})$ 的行阶梯形矩阵至少有 2 行非零行,因此 $r(\boldsymbol{A} \vdots \boldsymbol{b}) \geqslant 2$,从而 $r(\boldsymbol{A} \vdots \boldsymbol{b}) = 2$,即 $(\boldsymbol{A} \vdots \boldsymbol{b})$ 的行阶梯形矩阵的最后一行为 $\boldsymbol{0}$. 所以 $5-\lambda=0, \mu-1=0$,即 $\lambda=5, \mu=1$.

现在考虑齐次线性方程组 $\boldsymbol{Ax}=\boldsymbol{0}$ 的解的情况. 这时,系数矩阵 $\boldsymbol{A}$ 的秩和增广矩阵 $(\boldsymbol{A} \vdots \boldsymbol{0})$ 的秩必相等,即 $r(\boldsymbol{A}) = r(\boldsymbol{A} \vdots \boldsymbol{0})$,从而齐次线性方程组 $\boldsymbol{Ax}=\boldsymbol{0}$ 必有解,因此有下面的定理:

定理 2.11 设 $\boldsymbol{A}$ 是 $m \times n$ 矩阵,则对于齐次线性方程组 $\boldsymbol{Ax}=\boldsymbol{0}$,有

(a) $\boldsymbol{Ax}=\boldsymbol{0}$ 有唯一解(或只有零解)的充要条件是 $r(\boldsymbol{A})=n$;

(b) $\boldsymbol{Ax}=\boldsymbol{0}$ 有无穷多个解(或有非零解)的充要条件是 $r(\boldsymbol{A})<n$,且此时 $\boldsymbol{Ax}=\boldsymbol{0}$ 的解中有 $n-r(\boldsymbol{A})$ 个自由未知量.

定理 2.12 设 $\boldsymbol{A}$ 是 n 阶方阵,则

(a) $\boldsymbol{Ax}=\boldsymbol{b}$ 有唯一解(或 $\boldsymbol{Ax}=\boldsymbol{0}$ 只有零解)的充要条件是 $\det(\boldsymbol{A}) \neq 0$;

(b) $\boldsymbol{Ax}=\boldsymbol{0}$ 有无穷多个解(或有非零解)的充要条件是 $\det(\boldsymbol{A})=0$.

习题 2.4

1. 在秩是 r 的矩阵中,是否有等于 0 的 $r-1$ 阶子式? 是否有等于 0 的 r 阶子式?
2. 若从矩阵 $\boldsymbol{A}$ 中删去一行得到矩阵 $\boldsymbol{B}$,问: $\boldsymbol{A}, \boldsymbol{B}$ 的秩之间有何关系?
3. 求下列矩阵的秩:

(1) $\begin{pmatrix} 3 & 1 & 0 \\ 1 & -1 & 2 \\ 1 & 3 & -4 \end{pmatrix}$; (2) $\begin{pmatrix} 3 & 2 & -1 \\ 2 & -1 & 3 \\ 7 & 0 & 5 \end{pmatrix}$;

(3) $\begin{pmatrix} 2 & 1 & 8 & 3 & 7 \\ 2 & -3 & 0 & 7 & -5 \\ 3 & -2 & 5 & 8 & 0 \\ 1 & 0 & 3 & 2 & 0 \end{pmatrix}$.

4. 设矩阵

$$\boldsymbol{A}=\begin{pmatrix} 1 & -2 & 3k \\ -1 & 2k & -3 \\ k & -2 & 3 \end{pmatrix},$$

求 k 的值,使得(1) $r(\boldsymbol{A})=1$;(2) $r(\boldsymbol{A})=2$;(3) $r(\boldsymbol{A})=3$.

第三章 向量空间与线性变换

向量空间是线性代数中比较近代的内容，它是包含加法和数量乘法运算的数学系统．在数学、物理、工程技术等领域中，许多问题都需要使用向量的加法和数量乘法运算来解决．

§3.1 向量空间与子空间

我们先介绍重要的欧几里得向量空间 $\mathbf{R}^n$.

设 $\mathbf{R}^n$ 是由所有 n 元有序实数组组成的集合. 在 $\mathbf{R}^n$ 上分别定义**加法**和**数量乘法**:

$$\boldsymbol{x}+\boldsymbol{y}=(x_1+y_1,x_2+y_2,\cdots,x_n+y_n),\quad \alpha\boldsymbol{x}=(\alpha x_1,\alpha x_2,\cdots,\alpha x_n),$$

其中 $\boldsymbol{x}=(x_1,x_2,\cdots,x_n)$,$\boldsymbol{y}=(y_1,y_2,\cdots,y_n)\in\mathbf{R}^n$,且 α 为常数. 定义了如上加法和数量乘法的 $\mathbf{R}^n$ 称为 **n 维欧几里得向量空间**,其中的元素(n 元有序数组)称为 **n 维向量**. n 维向量 $\boldsymbol{x}=(x_1,x_2,\cdots,x_n)$ 的第 i 个数 $x_i(i=1,2,\cdots,n)$ 称为向量 $\boldsymbol{x}$ 的**第 i 个分量**. 原则上,n 维向量 $\boldsymbol{x}\in\mathbf{R}^n$ 既可写成 $n\times1$ 矩阵(列向量)的形式,也可以写成 $1\times n$ 矩阵(行向量)的形式. 通常,若 $\boldsymbol{x}$ 表示行(或列)向量,则用 $\boldsymbol{x}^{\mathrm{T}}$ 表示相应的列(或行)向量. 例如,若 $\boldsymbol{x}=(x_1,x_2,\cdots,x_n)$,则

$$\boldsymbol{x}^{\mathrm{T}}=\begin{pmatrix}x_1\\x_2\\\vdots\\x_n\end{pmatrix}.$$

本书中除特殊说明外均指列向量.

$\mathbf{R}^n$ 上的加法和数量乘法运算遵循着特定的代数运算法则,这些法则构成定义一般向量空间概念的公理.

定义 3.1 设 V 为定义了加法和数量乘法运算的集合,V 中的每对元素 $\boldsymbol{x}$ 和 $\boldsymbol{y}$ 通过加法可唯一对应于 V 中的一个元素 $\boldsymbol{x}+\boldsymbol{y}$,且 V 中的任一元素 $\boldsymbol{x}$ 和每个常数 α 通过数量乘法可唯一对应于 V 中的元素 $\alpha\boldsymbol{x}$. 如果集合 V 连同其上的加法和数量乘法运算满足下面的公理:

(a) 对于任意 $\boldsymbol{x},\boldsymbol{y}\in V$,有 $\boldsymbol{x}+\boldsymbol{y}=\boldsymbol{y}+\boldsymbol{x}$;

(b) 对于任意 $\boldsymbol{x},\boldsymbol{y},\boldsymbol{z}\in V$,有 $(\boldsymbol{x}+\boldsymbol{y})+\boldsymbol{z}=\boldsymbol{x}+(\boldsymbol{y}+\boldsymbol{z})$;

(c) 存在 V 中的一个元素 $\boldsymbol{x}_0$,使得对于任意 $\boldsymbol{x}\in V$,有 $\boldsymbol{x}+\boldsymbol{x}_0=\boldsymbol{x}$,此时称 $\boldsymbol{x}_0$ 为 V 的**零元素**(简称**零元**),记为 $\boldsymbol{0}$;

(d) 对于 V 中的任一元素 $\boldsymbol{x}$,存在 V 中的一个元素 $\boldsymbol{y}$,使得 $\boldsymbol{x}+\boldsymbol{y}=\boldsymbol{0}$,此时称 $\boldsymbol{y}$ 为 $\boldsymbol{x}$ 的**负元素**(简称**负元**),记为 $-\boldsymbol{x}$;

(e) 对于任意常数 α 和任意 $\boldsymbol{x},\boldsymbol{y}\in V$,有 $\alpha(\boldsymbol{x}+\boldsymbol{y})=\alpha\boldsymbol{x}+\alpha\boldsymbol{y}$;

(f) 对于任意常数 α,β 和任意 $\boldsymbol{x}\in V$,有 $(\alpha+\beta)\boldsymbol{x}=\alpha\boldsymbol{x}+\beta\boldsymbol{x}$;

(g) 对于任意常数 α,β 和任意 $\boldsymbol{x}\in V$,有 $(\alpha\beta)\boldsymbol{x}=\alpha(\beta\boldsymbol{x})$;

(h) 对于任意 $\boldsymbol{x}\in V$,有 $1\boldsymbol{x}=\boldsymbol{x}$,

则称 V 为**向量空间**.

我们称定义 3.1 中的集合 V 为向量空间的**全集**,称它的元素为**向量**,并用小写、黑斜体的英文字母或希腊字母来表示向量.

定义 3.1 中含有两个运算的封闭性,即

(a) 若 $\boldsymbol{x}\in V$,且 α 为常数,则 $\alpha\boldsymbol{x}\in V$;

(b) 若 $\boldsymbol{x},\boldsymbol{y}\in V$,则 $\boldsymbol{x}+\boldsymbol{y}\in V$.

除了 $\mathbf{R}^n$ 关于上述定义的加法和数量乘法运算构成向量空间外,还有一些常见的向量空间.

向量空间

例 3.1 以 $C[a,b]$表示定义在闭区间$[a,b]$上的所有实值连续函数组成的集合. 在 $C[a,b]$上定义加法为

$$(f+g)(x)=f(x)+g(x) \quad (f(x),g(x)\in C[a,b]),$$

数量乘法为

$$(\alpha f)(x)=\alpha f(x) \quad (f(x)\in C[a,b],\alpha\in\mathbf{R}),$$

则这两种运算满足定义 3.1 中的 8 条公理,从而 $C[a,b]$连同这两种运算构成一个向量空间.

例 3.2 以 P_n 表示次数低于 n 的所有实系数多项式组成的集合. 在 P_n 上分别定义加法和数量乘法:

$$(p+q)(x)=p(x)+q(x), \quad (\alpha p)(x)=\alpha p(x),$$

其中 $p(x),q(x)\in P_n,\alpha\in\mathbf{R}$,则 P_n 连同所定义的加法和数量乘法运算构成一个向量空间.

例 3.3 以 $\mathbf{R}^{m\times n}$表示所有 $m\times n$ 实矩阵组成的集合,定义 $\mathbf{R}^{m\times n}$上的加法和数量乘法分别为通常的矩阵加法和数量乘法,则 $\mathbf{R}^{m\times n}$连同通常的矩阵加法和数量乘法运算构成一个向量空间.

除了定义 3.1 中的 8 条公理以外,我们还可讨论向量空间的其他性质.

定理 3.1 设 V 为向量空间,且 $\boldsymbol{x}$ 为 V 的任一元素,则

(a) 零元 $\mathbf{0}$ 是唯一的;

(b) $\boldsymbol{x}$ 的负元是唯一的;

(c) $0\boldsymbol{x}=\mathbf{0},(-1)\boldsymbol{x}=-\boldsymbol{x},\lambda\mathbf{0}=\mathbf{0}(\forall\lambda\in\mathbf{R})$;

(d) 对于常数 λ,如果 $\lambda\boldsymbol{x}=\mathbf{0}$,那么 $\lambda=0$ 或 $\boldsymbol{x}=\mathbf{0}$.

定理 3.1 的证明留给读者完成.

对于向量空间 $\mathbf{R}^n$，我们定义两个向量相等的概念如下：

定义 3.2 设 $\boldsymbol{x}=(x_1,x_2,\cdots,x_n)^{\mathrm{T}}$，$\boldsymbol{y}=(y_1,y_2,\cdots,y_n)^{\mathrm{T}}\in\mathbf{R}^n$. 若 $\boldsymbol{x},\boldsymbol{y}$ 的对应分量都相等，即 $x_i=y_i\,(i=1,2,\cdots,n)$，则称这两个向量**相等**，记作 $\boldsymbol{x}=\boldsymbol{y}$.

为了更好地研究向量空间 V，方法之一就是先研究其子系统——子空间.

定义 3.3 若 S 为向量空间 V 的非空子集，且 S 满足：

(a) 对于任意常数 α，如果 $\boldsymbol{x}\in S$，那么 $\alpha\boldsymbol{x}\in S$；

(b) 如果 $\boldsymbol{x},\boldsymbol{y}\in S$，那么 $\boldsymbol{x}+\boldsymbol{y}\in S$，

则称 S 为 V 的**子空间**.

由定理 3.1 知，S 关于 V 上的加法和数量乘法运算满足 8 条公理. 因此，我们可以得到结论：向量空间的任何子空间仍为向量空间.

显然，$\{\mathbf{0}\}$ 和 V 是向量空间 V 的子空间. V 之外的其他子空间称为 V 的**真子空间**，而 $\{\mathbf{0}\}$ 又称为**零子空间**.

例 3.4 设集合 $S=\{(x_1,x_2,x_3)^{\mathrm{T}}\mid x_1=x_2=x_3\in\mathbf{R}\}$，证明：$S$ 为 $\mathbf{R}^3$ 的子空间.

证 因为 $(1,1,1)^{\mathrm{T}}\in S$，所以 S 非空.

(a) 若 $\boldsymbol{x}=(a,a,a)^{\mathrm{T}}\in S$，则 $\alpha\boldsymbol{x}=(\alpha a,\alpha a,\alpha a)^{\mathrm{T}}\in S\ (\forall\,\alpha\in\mathbf{R})$；

(b) 若 $\boldsymbol{x}=(a,a,a)^{\mathrm{T}}\in S$，$\boldsymbol{y}=(b,b,b)^{\mathrm{T}}\in S$，则

$$\boldsymbol{x}+\boldsymbol{y}=(a+b,a+b,a+b)^{\mathrm{T}}\in S.$$

由于 S 非空，且满足定义 3.3 中的两个条件，故 S 为 $\mathbf{R}^3$ 的子空间.

例 3.5 设集合 $S=\{(x,1)^{\mathrm{T}}\mid x\in\mathbf{R}\}$，证明：$S$ 不是 $\mathbf{R}^2$ 的子空间.

证 只要验证定义 3.3 中的两个条件之一不满足即可. 第一个条件不成立，因为当 $\lambda\neq1$ 时，$\lambda(x,1)^{\mathrm{T}}=(\lambda x,\lambda)^{\mathrm{T}}\notin S$. 因此，$S$ 不是 $\mathbf{R}^2$ 的子空间. 事实上，第二个条件也不成立，因为 $(x,1)^{\mathrm{T}}+(y,1)^{\mathrm{T}}=(x+y,2)^{\mathrm{T}}\notin S$.

例 3.6 设 $\boldsymbol{A}$ 为 $m\times n$ 矩阵，并设 $N(\boldsymbol{A})$ 为线性方程组 $\boldsymbol{A}\boldsymbol{x}=\mathbf{0}$ 的所有解（解向量）组成的集合，即

$$N(\boldsymbol{A})=\{\boldsymbol{x}\in\mathbf{R}^n\mid\boldsymbol{A}\boldsymbol{x}=\mathbf{0}\},$$

证明：$N(\mathbf{A})$为$\mathbf{R}^n$的子空间.

证　因为$\mathbf{0}\in N(\mathbf{A})$，所以$N(\mathbf{A})$非空.

若$\boldsymbol{x}\in N(\mathbf{A})$，且$\alpha$为常数，则

$$\mathbf{A}(\alpha\boldsymbol{x})=\alpha(\mathbf{A}\boldsymbol{x})=\alpha\,\mathbf{0}=\mathbf{0}.$$

故$\alpha\boldsymbol{x}\in N(\mathbf{A})$.

若$\boldsymbol{x},\boldsymbol{y}\in N(\mathbf{A})$，则

$$\mathbf{A}(\boldsymbol{x}+\boldsymbol{y})=\mathbf{A}\boldsymbol{x}+\mathbf{A}\boldsymbol{y}=\mathbf{0}+\mathbf{0}=\mathbf{0}.$$

故$\boldsymbol{x}+\boldsymbol{y}\in N(\mathbf{A})$.

综上，$N(\mathbf{A})$是$\mathbf{R}^n$的一个子空间.

我们称子空间$N(\mathbf{A})$为$\mathbf{A}$的**零空间**，也称它为线性方程组$\mathbf{A}\boldsymbol{x}=\mathbf{0}$的**解空间**.

例 3.7　设有线性方程组

$$\begin{cases} x_1-x_2+x_3+x_4+x_5=0,\\ 3x_1-2x_2+x_3-3x_5=0,\\ -x_2+2x_3+3x_4+6x_5=0,\\ 5x_1-4x_2+3x_3+2x_4-x_5=0,\end{cases}$$

记其系数矩阵为$\mathbf{A}$，求零空间$N(\mathbf{A})$.

解　利用初等行变换，将$\mathbf{A}$化为行最简形矩阵：

$$\mathbf{A}=\begin{pmatrix}1&-1&1&1&1\\3&-2&1&0&-3\\0&-1&2&3&6\\5&-4&3&2&-1\end{pmatrix}\longrightarrow\begin{pmatrix}1&0&-1&-2&-5\\0&1&-2&-3&-6\\0&0&0&0&0\\0&0&0&0&0\end{pmatrix}.$$

可取x_3,x_4,x_5为自由未知量，分别设为α,β,γ，则有

$$\boldsymbol{x}=\begin{pmatrix}x_1\\x_2\\x_3\\x_4\\x_5\end{pmatrix}=\begin{pmatrix}\alpha+2\beta+5\gamma\\2\alpha+3\beta+6\gamma\\\alpha\\\beta\\\gamma\end{pmatrix}=\alpha\begin{pmatrix}1\\2\\1\\0\\0\end{pmatrix}+\beta\begin{pmatrix}2\\3\\0\\1\\0\end{pmatrix}+\gamma\begin{pmatrix}5\\6\\0\\0\\1\end{pmatrix}.$$

它为$\mathbf{A}\boldsymbol{x}=\mathbf{0}$(所给的方程组)的解. 因此，零空间$N(\mathbf{A})$包含所有形如

$$\alpha\begin{pmatrix}1\\2\\1\\0\\0\end{pmatrix}+\beta\begin{pmatrix}2\\3\\0\\1\\0\end{pmatrix}+\gamma\begin{pmatrix}5\\6\\0\\0\\1\end{pmatrix}$$

的向量,其中 α,β,γ 均为常数.

在所有子空间中,有一类子空间的地位非常重要,它对研究向量空间的结构起着关键作用.

定义 3.4 设 $\boldsymbol{\alpha}_1,\boldsymbol{\alpha}_2,\cdots,\boldsymbol{\alpha}_n$ 为向量空间 V 中的 n 个向量,则称 $k_1\boldsymbol{\alpha}_1+k_2\boldsymbol{\alpha}_2+\cdots k_n\boldsymbol{\alpha}_n(k_1,k_2,\cdots,k_n$ 为常数)为向量 $\boldsymbol{\alpha}_1,\boldsymbol{\alpha}_2,\cdots,\boldsymbol{\alpha}_n$ 的**线性组合**.向量 $\boldsymbol{\alpha}_1,\boldsymbol{\alpha}_2,\cdots,\boldsymbol{\alpha}_n$ 的所有线性组合组成的集合称为 $\boldsymbol{\alpha}_1,\boldsymbol{\alpha}_2,\cdots,\boldsymbol{\alpha}_n$ 的**有限生成**,记为

$$\text{span}(\boldsymbol{\alpha}_1,\boldsymbol{\alpha}_2,\cdots,\boldsymbol{\alpha}_n).$$

例如,例 3.7 中 $\boldsymbol{A}$ 的零空间 $N(\boldsymbol{A})$ 是 $(1,2,1,0,0)^{\mathrm{T}},(2,3,0,1,0)^{\mathrm{T}},(5,6,0,0,1)^{\mathrm{T}}$ 的有限生成.

设 $\boldsymbol{e}_1=(1,0,0)^{\mathrm{T}},\boldsymbol{e}_2=(0,1,0)^{\mathrm{T}},\boldsymbol{e}_3=(0,0,1)^{\mathrm{T}}$,显然 $\text{span}(\boldsymbol{e}_1,\boldsymbol{e}_2)$ 为 $\mathbf{R}^3$ 的子空间,且有 $\mathbf{R}^3=\text{span}(\boldsymbol{e}_1,\boldsymbol{e}_2,\boldsymbol{e}_3)$.

一般地,我们有下面的结论.

定理 3.2 若 $\boldsymbol{\alpha}_1,\boldsymbol{\alpha}_2,\cdots,\boldsymbol{\alpha}_n$ 为向量空间 V 中的 n 个向量,则 $\text{span}(\boldsymbol{\alpha}_1,\boldsymbol{\alpha}_2,\cdots,\boldsymbol{\alpha}_n)$ 为 V 的子空间.

证 因 $\boldsymbol{\alpha}_1\in\text{span}(\boldsymbol{\alpha}_1,\boldsymbol{\alpha}_2,\cdots,\boldsymbol{\alpha}_n)$,故 $\text{span}(\boldsymbol{\alpha}_1,\boldsymbol{\alpha}_2,\cdots,\boldsymbol{\alpha}_n)$ 非空.设 k 为任意常数,$\boldsymbol{\alpha}=\sum\limits_{i=1}^{n}k_i\boldsymbol{\alpha}_i\in\text{span}(\boldsymbol{\alpha}_1,\boldsymbol{\alpha}_2,\cdots,\boldsymbol{\alpha}_n)$,则

$$k\boldsymbol{\alpha}=\sum_{i=1}^{n}kk_i\boldsymbol{\alpha}_i\in\text{span}(\boldsymbol{\alpha}_1,\boldsymbol{\alpha}_2,\cdots,\boldsymbol{\alpha}_n).$$

再设 $\boldsymbol{\alpha}=\sum\limits_{i=1}^{n}k_i\boldsymbol{\alpha}_i,\boldsymbol{\beta}=\sum\limits_{i=1}^{n}l_i\boldsymbol{\alpha}_i\in\text{span}(\boldsymbol{\alpha}_1,\boldsymbol{\alpha}_2,\cdots,\boldsymbol{\alpha}_n)$,则

$$\boldsymbol{\alpha}+\boldsymbol{\beta}=\sum_{i=1}^{n}(k_i+l_i)\boldsymbol{\alpha}_i\in\text{span}(\boldsymbol{\alpha}_1,\boldsymbol{\alpha}_2,\cdots,\boldsymbol{\alpha}_n).$$

因此,$\text{span}(\boldsymbol{\alpha}_1,\boldsymbol{\alpha}_2,\cdots,\boldsymbol{\alpha}_n)$ 是 V 的子空间.

所以,通常也称 $\text{span}(\boldsymbol{\alpha}_1,\boldsymbol{\alpha}_2,\cdots,\boldsymbol{\alpha}_n)$ 为 V 的由 $\boldsymbol{\alpha}_1,\boldsymbol{\alpha}_2,\cdots,\boldsymbol{\alpha}_n$ 有限生成的子空间.在 §3.4 中,我们将探究在什么情况下有

$$\text{span}(\boldsymbol{\alpha}_1,\boldsymbol{\alpha}_2,\cdots,\boldsymbol{\alpha}_n)=V.$$

习题 3.1

1. 设 $\mathbf{C}$ 为全体复数组成的集合，定义 $\mathbf{C}$ 上的加法和数量乘法分别为

$$(a+b\mathrm{i})+(c+d\mathrm{i})=(a+c)+(b+d)\mathrm{i}, \quad \alpha(a+b\mathrm{i})=\alpha a+\alpha b\mathrm{i},$$

证明：$\mathbf{C}$ 连同这两个运算构成一个向量空间.

2. 证明：$\mathbf{R}^{m\times n}$ 连同通常的矩阵加法和数量乘法运算满足向量空间定义中的 8 条公理.

3. 证明：$C[a,b]$ 连同通常的函数加法和数量乘法运算满足向量空间定义中的 8 条公理.

4. 设 P 为所有多项式组成的集合，证明：P 连同通常的函数加法和数量乘法运算构成一个向量空间.

5. 证明：零元 $\mathbf{0}$ 在向量空间中是唯一的.

6. 设 $\boldsymbol{x},\boldsymbol{y},\boldsymbol{z}$ 为向量空间 V 中的向量，证明：若 $\boldsymbol{x}+\boldsymbol{y}=\boldsymbol{x}+\boldsymbol{z}$，则 $\boldsymbol{y}=\boldsymbol{z}$.

7. 判断下列集合是否构成 $\mathbf{R}^3$ 的子空间：

(a) $\{(x_1,x_2,x_3)^{\mathrm{T}}\mid x_2+x_3=1\}$；　　(b) $\{(x_1,x_2,x_3)^{\mathrm{T}}\mid x_1=x_2=2x_3\}$.

8. 求下列矩阵的零空间：

(a) $\begin{pmatrix}1 & 1 & -1 & 2\\ 2 & 2 & -2 & 3\end{pmatrix}$；　　(b) $\begin{pmatrix}1 & 3 & 3\\ 2 & 2 & 4\\ -1 & 1 & -1\end{pmatrix}$.

9. 设 V 是所有 n 阶实矩阵组成的向量空间，W 是所有 n 阶实对角矩阵组成的集合，证明：W 是 V 的子空间.

10. 设 V 是所有从实数集 $\mathbf{R}$ 到 $\mathbf{R}$ 的函数组成的向量空间，W 是 V 中所有有界函数组成的集合，证明：W 是 V 的子空间.

§ 3.2 向量组的线性相关性

向量空间的结构如何？如何才能清楚地表示出向量空间中的元素？或者说，向量空间中的一个向量是如何依赖于其他向量的？为了解决这些问题，有必要引入线性相关和线性无关的概念. 这些概念在线性代数理论乃至数学中都是极其重要的，而且是本质的.

我们称由一个向量空间中的若干向量组成的集合为**向量组**. 为了简便，通常将向量组 $\{\boldsymbol{\alpha}_1,\boldsymbol{\alpha}_2,\cdots,\boldsymbol{\alpha}_n\}$ 直接写为 $\boldsymbol{\alpha}_1,\boldsymbol{\alpha}_2,\cdots,\boldsymbol{\alpha}_n$. 一个向量组

中可以有有限个向量，也可以有无穷多个向量.

定义 3.5 如果由向量空间 V 中的向量组 $\boldsymbol{\alpha}_1,\boldsymbol{\alpha}_2,\cdots,\boldsymbol{\alpha}_r$ 对于常数 $k_1,k_2,\cdots,k_r$ 满足

$$k_1\boldsymbol{\alpha}_1+k_2\boldsymbol{\alpha}_2+\cdots+k_r\boldsymbol{\alpha}_r=\mathbf{0}$$

可推出必有 $k_1=k_2=\cdots=k_r=0$，那么称向量组 $\boldsymbol{\alpha}_1,\boldsymbol{\alpha}_2,\cdots,\boldsymbol{\alpha}_r$ 是**线性无关**的.

例 3.8 证明：向量组 $\boldsymbol{\alpha}=(5,2,3,4)$，$\boldsymbol{\beta}=(0,3,-3,1)$，$\boldsymbol{\gamma}=(0,0,4,2)$ 是线性无关的.

证 设有 $x\boldsymbol{\alpha}+y\boldsymbol{\beta}+z\boldsymbol{\gamma}=\mathbf{0}$，则得到线性方程组

$$\begin{cases}5x=0,\\2x+3y=0,\\3x-3y+4z=0,\\4x+y+2z=0.\end{cases}$$

于是，解得

$$x=y=z=0.$$

因此，$\boldsymbol{\alpha},\boldsymbol{\beta},\boldsymbol{\gamma}$ 是线性无关的.

注意到例 3.8 中的向量组 $\boldsymbol{\alpha},\boldsymbol{\beta},\boldsymbol{\gamma}$ 构成一个行阶梯形矩阵：

$$\boldsymbol{A}=\begin{pmatrix}5&2&3&4\\0&3&-3&1\\0&0&4&2\end{pmatrix}.$$

我们可以得出结论：行阶梯形矩阵 $\boldsymbol{A}$ 的所有非零行向量是线性无关的. 将此结论加以推广得到下面的定理：

定理 3.3 行阶梯形矩阵的所有非零行向量是线性无关的.

证明从略.

定义 3.6 如果存在不全为 0 的常数 $k_1,k_2,\cdots,k_r$，使得向量空间 V 中的向量组 $\boldsymbol{\alpha}_1,\boldsymbol{\alpha}_2,\cdots,\boldsymbol{\alpha}_r$ 满足

$$k_1\boldsymbol{\alpha}_1+k_2\boldsymbol{\alpha}_2+\cdots+k_r\boldsymbol{\alpha}_r=\mathbf{0},$$

则称向量组 $\boldsymbol{\alpha}_1,\boldsymbol{\alpha}_2,\cdots,\boldsymbol{\alpha}_r$ 是**线性相关**的.

例 3.9 设 $\boldsymbol{e}_1,\boldsymbol{e}_2,\boldsymbol{e}_3$ 分别为 3 阶单位矩阵的三个列向量，$\boldsymbol{x}=(3,2,1)^{\mathrm{T}}$，证明：向量组 $\boldsymbol{e}_1,\boldsymbol{e}_2,\boldsymbol{e}_3,\boldsymbol{x}$ 是线性相关的.

证 因为 $\boldsymbol{x}=3\boldsymbol{e}_1+2\boldsymbol{e}_2+\boldsymbol{e}_3$，即

$$3\boldsymbol{e}_1+2\boldsymbol{e}_2+\boldsymbol{e}_3-\boldsymbol{x}=\boldsymbol{0},$$

所以向量组 $\boldsymbol{e}_1,\boldsymbol{e}_2,\boldsymbol{e}_3,\boldsymbol{x}$ 是线性相关的.

从向量组线性相关和线性无关的定义容易证明下面的定理成立：

定理 3.4 向量组 $\boldsymbol{\alpha}_1,\boldsymbol{\alpha}_2,\cdots,\boldsymbol{\alpha}_r$ 线性相关(或线性无关)的充要条件是方程

$$x_1\boldsymbol{\alpha}_1+x_2\boldsymbol{\alpha}_2+\cdots+x_r\boldsymbol{\alpha}_r=\boldsymbol{0}$$

有非零解(或只有零解). 特别地，当 $\boldsymbol{\alpha}_1,\boldsymbol{\alpha}_2,\cdots,\boldsymbol{\alpha}_r\in\mathbf{R}^n$ 时，向量组 $\boldsymbol{\alpha}_1,\boldsymbol{\alpha}_2,\cdots,\boldsymbol{\alpha}_r$ 线性相关(或线性无关)的充要条件是 $\mathrm{r}(\boldsymbol{A})<r$(或 $\mathrm{r}(\boldsymbol{A})=r$)，其中 $\boldsymbol{A}=(\boldsymbol{\alpha}_1,\boldsymbol{\alpha}_2,\cdots,\boldsymbol{\alpha}_r)$.

若 $\boldsymbol{\alpha}_1,\boldsymbol{\alpha}_2,\cdots,\boldsymbol{\alpha}_r\in\mathbf{R}^n$，且 $r>n$，则 $\boldsymbol{A}=(\boldsymbol{\alpha}_1,\boldsymbol{\alpha}_2,\cdots,\boldsymbol{\alpha}_r)$ 是 $n\times r$ 矩阵，因而 $\mathrm{r}(\boldsymbol{A})\leqslant n<r$. 所以，向量组 $\boldsymbol{\alpha}_1,\boldsymbol{\alpha}_2,\cdots,\boldsymbol{\alpha}_r$ 线性相关. 于是，我们得到如下结论：

推论 1 设 $\boldsymbol{\alpha}_1,\boldsymbol{\alpha}_2,\cdots,\boldsymbol{\alpha}_r\in\mathbf{R}^n$，则当 $r>n$ 时，向量组 $\boldsymbol{\alpha}_1,\boldsymbol{\alpha}_2,\cdots,\boldsymbol{\alpha}_r$ 线性相关.

例如，向量组 $\boldsymbol{\alpha}_1=(1,2,0)^{\mathrm{T}},\boldsymbol{\alpha}_2=(2,6,-3)^{\mathrm{T}},\boldsymbol{\alpha}_3=(3,10,-6)^{\mathrm{T}},\boldsymbol{\alpha}_4=(3,10,-6)^{\mathrm{T}}$ 必线性相关，这里 $r=4,n=3$.

推论 2 设 $\boldsymbol{\alpha}_1,\boldsymbol{\alpha}_2,\cdots,\boldsymbol{\alpha}_n\in\mathbf{R}^n,\boldsymbol{A}=(\boldsymbol{\alpha}_1,\boldsymbol{\alpha}_2,\cdots,\boldsymbol{\alpha}_n)$，则

向量组 $\boldsymbol{\alpha}_1,\boldsymbol{\alpha}_2,\cdots,\boldsymbol{\alpha}_n$ 线性相关(或线性无关)

$\Longleftrightarrow\det(\boldsymbol{A})=0$(或 $\det(\boldsymbol{A})\neq0$)

$\Longleftrightarrow\boldsymbol{A}$ 是奇异矩阵(或非奇异矩阵).

当 $\boldsymbol{\alpha}_1,\boldsymbol{\alpha}_2,\cdots,\boldsymbol{\alpha}_n\in\mathbf{R}^n$，且它们为行向量时，令

$$\boldsymbol{A}=\begin{pmatrix}\boldsymbol{\alpha}_1\\\boldsymbol{\alpha}_2\\\vdots\\\boldsymbol{\alpha}_n\end{pmatrix},$$

则 $\boldsymbol{A}^{\mathrm{T}}=(\boldsymbol{\alpha}_1^{\mathrm{T}},\boldsymbol{\alpha}_2^{\mathrm{T}},\cdots,\boldsymbol{\alpha}_n^{\mathrm{T}})$. 因为矩阵的秩和其转置的秩相等，所以向量组 $\boldsymbol{\alpha}_1,\boldsymbol{\alpha}_2,\cdots,\boldsymbol{\alpha}_n$ 线性相关(或线性无关)当且仅当 $\boldsymbol{A}^{\mathrm{T}}$ 是奇异矩阵(或非奇异矩阵).

例 3.10 λ 取何值时，向量组 $\boldsymbol{\alpha}_1=(1,-2,\lambda),\boldsymbol{\alpha}_2=(3,0,-2),\boldsymbol{\alpha}_3=(2,-1,-5)$ 线性无关?

解 由于

$$\det\begin{pmatrix}\boldsymbol{\alpha}_1\\ \boldsymbol{\alpha}_2\\ \boldsymbol{\alpha}_3\end{pmatrix}=\begin{vmatrix}1 & -2 & \lambda\\ 3 & 0 & -2\\ 2 & -1 & -5\end{vmatrix}=-3(\lambda+8),$$

所以当 $\lambda\neq-8$ 时,向量组 $\boldsymbol{\alpha}_1,\boldsymbol{\alpha}_2,\boldsymbol{\alpha}_3$ 线性无关.

例 3.11 已知向量组 $\boldsymbol{a}_1,\boldsymbol{a}_2,\boldsymbol{a}_3$ 线性无关,$\boldsymbol{b}_1=\boldsymbol{a}_1+\boldsymbol{a}_2,\boldsymbol{b}_2=\boldsymbol{a}_2+\boldsymbol{a}_3,\boldsymbol{b}_3=\boldsymbol{a}_3+\boldsymbol{a}_1$,证明:向量组 $\boldsymbol{b}_1,\boldsymbol{b}_2,\boldsymbol{b}_3$ 线性无关.

证 设存在 x_1,x_2,x_3,使得

$$x_1\boldsymbol{b}_1+x_2\boldsymbol{b}_2+x_3\boldsymbol{b}_3=\boldsymbol{0},$$

即

$$x_1(\boldsymbol{a}_1+\boldsymbol{a}_2)+x_2(\boldsymbol{a}_2+\boldsymbol{a}_3)+x_3(\boldsymbol{a}_3+\boldsymbol{a}_1)=\boldsymbol{0},$$

亦即

$$(x_1+x_3)\boldsymbol{a}_1+(x_1+x_2)\boldsymbol{a}_2+(x_2+x_3)\boldsymbol{a}_3=\boldsymbol{0}.$$

由于向量组 $\boldsymbol{a}_1,\boldsymbol{a}_2,\boldsymbol{a}_3$ 线性无关,所以有

$$\begin{cases}x_1+x_3=0,\\ x_1+x_2=0,\\ x_2+x_3=0.\end{cases}$$

这是关于 x_1,x_2,x_3 的线性方程组,它的系数矩阵为

$$\boldsymbol{K}=\begin{pmatrix}1 & 0 & 1\\ 1 & 1 & 0\\ 0 & 1 & 1\end{pmatrix}.$$

由于 $\det(\boldsymbol{K})=2\neq0$,故上述线性方程组仅有零解:$x_1=x_2=x_3=0$. 所以,向量组 $\boldsymbol{b}_1,\boldsymbol{b}_2,\boldsymbol{b}_3$ 线性无关.

注 若 $\boldsymbol{a}_1,\boldsymbol{a}_2,\boldsymbol{a}_3\in\mathbf{R}^n$,则例 3.11 也可以如下证明:把已知条件合写成

$$(\boldsymbol{b}_1,\boldsymbol{b}_2,\boldsymbol{b}_3)=(\boldsymbol{a}_1,\boldsymbol{a}_2,\boldsymbol{a}_3)\begin{pmatrix}1 & 0 & 1\\ 1 & 1 & 0\\ 0 & 1 & 1\end{pmatrix}.$$

令

$$\boldsymbol{A}=(\boldsymbol{a}_1,\boldsymbol{a}_2,\boldsymbol{a}_3),\quad \boldsymbol{B}=(\boldsymbol{b}_1,\boldsymbol{b}_2,\boldsymbol{b}_3),\quad \boldsymbol{K}=\begin{pmatrix}1 & 0 & 1\\ 1 & 1 & 0\\ 0 & 1 & 1\end{pmatrix},$$

则有

$$\boldsymbol{B}=\boldsymbol{A}\boldsymbol{K}.$$

由于 $\det(\boldsymbol{K})=2\neq 0$，所以 $\boldsymbol{K}$ 是非奇异矩阵. 由矩阵的秩的性质可知 $r(\boldsymbol{B})=r(\boldsymbol{A})$. 因为向量组 $\boldsymbol{a}_1,\boldsymbol{a}_2,\boldsymbol{a}_3$ 线性无关，所以 $r(\boldsymbol{A})=3=r(\boldsymbol{B})$. 因此，向量组 $\boldsymbol{b}_1,\boldsymbol{b}_2,\boldsymbol{b}_3$ 线性无关.

下面引入一个与向量组线性相关有着密切关系的概念——线性表示.

定义 3.7 设 $\boldsymbol{\alpha}_1,\boldsymbol{\alpha}_2,\cdots,\boldsymbol{\alpha}_r$ 和 $\boldsymbol{b}$ 均是向量空间 V 中的向量. 若 $\boldsymbol{b}$ 可以表示成 $\boldsymbol{\alpha}_1,\boldsymbol{\alpha}_2,\cdots,\boldsymbol{\alpha}_r$ 的线性组合，即存在一组常数 $\lambda_1,\lambda_2,\cdots,\lambda_r$，使得

$$\boldsymbol{b}=\lambda_1\boldsymbol{\alpha}_1+\lambda_2\boldsymbol{\alpha}_2+\cdots+\lambda_r\boldsymbol{\alpha}_r,$$

则称向量 $\boldsymbol{b}$ 可由向量组 $\boldsymbol{\alpha}_1,\boldsymbol{\alpha}_2,\cdots,\boldsymbol{\alpha}_r$ **线性表示**.

由线性表示的定义易知，下面的定理成立：

定理 3.5 向量 $\boldsymbol{b}$ 可由向量组 $\boldsymbol{\alpha}_1,\boldsymbol{\alpha}_2,\cdots,\boldsymbol{\alpha}_r$ 线性表示的充要条件是方程 $x_1\boldsymbol{\alpha}_1+x_2\boldsymbol{\alpha}_2+\cdots+x_r\boldsymbol{\alpha}_r=\boldsymbol{b}$ 有解. 特别地，当 $\boldsymbol{\alpha}_1,\boldsymbol{\alpha}_2,\cdots,\boldsymbol{\alpha}_r,\boldsymbol{b}\in\mathbf{R}^n$ 时，向量 $\boldsymbol{b}$ 可由向量组 $\boldsymbol{\alpha}_1,\boldsymbol{\alpha}_2,\cdots,\boldsymbol{\alpha}_r$ 线性表示的充要条件是

$$r(\boldsymbol{A})=r(\boldsymbol{A}\,\vdots\,\boldsymbol{b}),$$

其中 $\boldsymbol{A}=(\boldsymbol{\alpha}_1,\boldsymbol{\alpha}_2,\cdots,\boldsymbol{\alpha}_r)$.

例 3.12 在 $\mathbf{R}^4$ 中，已知

$$\boldsymbol{\alpha}_1=(1,0,2,1)^{\mathrm{T}},\quad \boldsymbol{\alpha}_2=(1,1,1,1)^{\mathrm{T}},\quad \boldsymbol{\alpha}_3=(2,1,3,2)^{\mathrm{T}},\quad \boldsymbol{\alpha}_4=(2,5,-1,4)^{\mathrm{T}}.$$

(a) $\boldsymbol{\alpha}_4$ 能否由向量组 $\boldsymbol{\alpha}_1,\boldsymbol{\alpha}_2,\boldsymbol{\alpha}_3$ 线性表示？$\boldsymbol{\alpha}_3$ 能否由向量组 $\boldsymbol{\alpha}_1,\boldsymbol{\alpha}_2,\boldsymbol{\alpha}_4$ 线性表示？如果能，请写出表示式；如不能，请说明理由.

(b) 判断下列向量组的线性相关性：

① $\boldsymbol{\alpha}_1,\boldsymbol{\alpha}_2,\boldsymbol{\alpha}_3,\boldsymbol{\alpha}_4$；　② $\boldsymbol{\alpha}_1,\boldsymbol{\alpha}_2,\boldsymbol{\alpha}_3$；　③ $\boldsymbol{\alpha}_1,\boldsymbol{\alpha}_2,\boldsymbol{\alpha}_4$.

解 (a) 由于

$$(\boldsymbol{\alpha}_1,\boldsymbol{\alpha}_2,\boldsymbol{\alpha}_3,\boldsymbol{\alpha}_4)=\begin{pmatrix}1&1&2&2\\0&1&1&5\\2&1&3&-1\\1&1&2&4\end{pmatrix}\xrightarrow{\text{一系列初等行变换}}\begin{pmatrix}1&0&1&-3\\0&1&1&5\\0&0&0&1\\0&0&0&0\end{pmatrix},$$

所以

$$r(\boldsymbol{\alpha}_1,\boldsymbol{\alpha}_2,\boldsymbol{\alpha}_3,\boldsymbol{\alpha}_4)=3,\quad r(\boldsymbol{\alpha}_1,\boldsymbol{\alpha}_2,\boldsymbol{\alpha}_3)=2.$$

因此，线性方程组

$$(\boldsymbol{\alpha}_1,\boldsymbol{\alpha}_2,\boldsymbol{\alpha}_3)\begin{pmatrix}x_1\\x_2\\x_3\end{pmatrix}=\boldsymbol{\alpha}_4$$

无解.故 $\boldsymbol{\alpha}_4$ 不能由 $\boldsymbol{\alpha}_1,\boldsymbol{\alpha}_2,\boldsymbol{\alpha}_3$ 线性表示.

同样,由于

$$(\boldsymbol{\alpha}_1,\boldsymbol{\alpha}_2,\boldsymbol{\alpha}_4,\boldsymbol{\alpha}_3)\xrightarrow{\text{一系列初等行变换}}\begin{pmatrix}1&0&-3&1\\0&1&5&1\\0&0&1&0\\0&0&0&0\end{pmatrix},$$

所以

$$\mathrm{r}(\boldsymbol{\alpha}_1,\boldsymbol{\alpha}_2,\boldsymbol{\alpha}_4,\boldsymbol{\alpha}_3)=3,\quad \mathrm{r}(\boldsymbol{\alpha}_1,\boldsymbol{\alpha}_2,\boldsymbol{\alpha}_4)=3.$$

故线性方程组

$$(\boldsymbol{\alpha}_1,\boldsymbol{\alpha}_2,\boldsymbol{\alpha}_4)\begin{pmatrix}x_1\\x_2\\x_3\end{pmatrix}=\boldsymbol{\alpha}_3$$

有唯一解:$x_1=1,x_2=1,x_3=0$.因此,$\boldsymbol{\alpha}_3$ 可以由 $\boldsymbol{\alpha}_1,\boldsymbol{\alpha}_2,\boldsymbol{\alpha}_4$ 线性表示,且表示式为

$$\boldsymbol{\alpha}_3=\boldsymbol{\alpha}_1+\boldsymbol{\alpha}_2.$$

(b) 由(a)可知

$$\mathrm{r}(\boldsymbol{\alpha}_1,\boldsymbol{\alpha}_2,\boldsymbol{\alpha}_3,\boldsymbol{\alpha}_4)=3,\quad \mathrm{r}(\boldsymbol{\alpha}_1,\boldsymbol{\alpha}_2,\boldsymbol{\alpha}_3)=2,\quad \mathrm{r}(\boldsymbol{\alpha}_1,\boldsymbol{\alpha}_2,\boldsymbol{\alpha}_4)=3,$$

所以向量组①,②是线性相关的,向量组③是线性无关的.

定理 3.6 向量组 $\boldsymbol{\alpha}_1,\boldsymbol{\alpha}_2,\cdots,\boldsymbol{\alpha}_r(r\geqslant 2)$ 线性相关当且仅当 $\boldsymbol{\alpha}_1,\boldsymbol{\alpha}_2,\cdots,\boldsymbol{\alpha}_r$ 中的某个向量可以由其余 $r-1$ 个向量线性表示.

证 不妨设 $\boldsymbol{\alpha}_1,\boldsymbol{\alpha}_2,\cdots,\boldsymbol{\alpha}_r$ 中的 $\boldsymbol{\alpha}_i(1\leqslant i\leqslant r)$ 可以由其余向量线性表示,则存在常数 $k_1,\cdots,k_{i-1},k_{i+1},\cdots,k_r$,使得

$$\boldsymbol{\alpha}_i=k_1\boldsymbol{\alpha}_1+\cdots+k_{i-1}\boldsymbol{\alpha}_{i-1}+k_{i+1}\boldsymbol{\alpha}_{i+1}+\cdots+k_r\boldsymbol{\alpha}_r,$$

从而 $$k_1\boldsymbol{\alpha}_1+\cdots+k_{i-1}\boldsymbol{\alpha}_{i-1}-\boldsymbol{\alpha}_i+k_{i+1}\boldsymbol{\alpha}_{i+1}+\cdots+k_r\boldsymbol{\alpha}_r=\mathbf{0}.$$

所以,$\boldsymbol{\alpha}_1,\boldsymbol{\alpha}_2,\cdots,\boldsymbol{\alpha}_r$ 是线性相关的.

反之,设 $\boldsymbol{\alpha}_1,\boldsymbol{\alpha}_2,\cdots,\boldsymbol{\alpha}_r$ 是线性相关的,则存在不全为 0 的常数 $k_1,k_2,\cdots,k_r$,使得

$$k_1\boldsymbol{\alpha}_1+k_2\boldsymbol{\alpha}_2+\cdots+k_r\boldsymbol{\alpha}_r=\mathbf{0},$$

不妨设 $k_i\neq 0\ (1\leqslant i\leqslant r)$,则有

$$\boldsymbol{\alpha}_i=\left(-\frac{k_1}{k_i}\right)\boldsymbol{\alpha}_1+\cdots+\left(-\frac{k_{i-1}}{k_i}\right)\boldsymbol{\alpha}_{i-1}+\left(-\frac{k_{i+1}}{k_i}\right)\boldsymbol{\alpha}_{i+1}+\cdots+\left(-\frac{k_r}{k_i}\right)\boldsymbol{\alpha}_r.$$

所以，$\boldsymbol{\alpha}_i$ 可以由其余向量线性表示.

由定理 3.6 可以获得许多有用的推论.

推论 1　一个向量 $\boldsymbol{\alpha}$ 线性相关的充要条件是 $\boldsymbol{\alpha}=\mathbf{0}$，两个向量线性相关的充要条件是其中一个是另一个的常数倍.

推论 2　若一个向量组 S 存在线性相关的部分向量组（由 S 的部分向量构成的向量组），则 S 线性相关. 特别地，若 $\mathbf{0}\in S$，或者 S 中有一个向量是另外一个向量的常数倍，则 S 线性相关.

推论 3　如果向量组 S 线性无关，则 S 的任何一个部分向量组也线性无关.

定理 3.7　若向量组 $\boldsymbol{\alpha}_1,\boldsymbol{\alpha}_2,\cdots,\boldsymbol{\alpha}_n$ 线性无关，则同时对该向量组中的每个向量在相同位置上添加若干分量，所得到的向量组 $\boldsymbol{\beta}_1,\boldsymbol{\beta}_2,\cdots,\boldsymbol{\beta}_n$ 线性无关.

按照线性无关的定义，容易得到定理 3.7 成立. 定理 3.7 说明，若低维向量组线性无关，则将其变成高维向量组时，也线性无关. 例如，向量组

$$\boldsymbol{\alpha}_1=(1,0,0)^{\mathrm{T}},\quad \boldsymbol{\alpha}_2=(0,1,0)^{\mathrm{T}},\quad \boldsymbol{\alpha}_3=(0,0,1)^{\mathrm{T}}$$

是线性无关的，现将其每个向量在相同位置上添加两个分量，变为向量组

$$\boldsymbol{\beta}_1=(1,2,0,3,0)^{\mathrm{T}},\quad \boldsymbol{\beta}_2=(0,4,1,7,0)^{\mathrm{T}},\quad \boldsymbol{\beta}_3=(0,3,0,5,1)^{\mathrm{T}},$$

则 $\boldsymbol{\beta}_1,\boldsymbol{\beta}_2,\boldsymbol{\beta}_3$ 线性无关. 定理 3.7 的逆否命题是：

推论　设向量组 $\boldsymbol{\beta}_1,\boldsymbol{\beta}_2,\cdots,\boldsymbol{\beta}_n$ 是由向量组 $\boldsymbol{\alpha}_1,\boldsymbol{\alpha}_2,\cdots,\boldsymbol{\alpha}_n$ 在相同位置上添加若干分量得到的向量组. 若 $\boldsymbol{\beta}_1,\boldsymbol{\beta}_2,\cdots,\boldsymbol{\beta}_n$ 线性相关，则 $\boldsymbol{\alpha}_1,\boldsymbol{\alpha}_2,\cdots,\boldsymbol{\alpha}_n$ 线性相关.

对于有限生成子空间 $\mathrm{span}(\boldsymbol{\alpha}_1,\boldsymbol{\alpha}_2,\cdots,\boldsymbol{\alpha}_n)$ 而言，向量组 $\boldsymbol{\alpha}_1,\boldsymbol{\alpha}_2,\cdots,\boldsymbol{\alpha}_n$ 的线性相关性起着决定性作用.

定理 3.8　设 $\boldsymbol{\alpha}_1,\boldsymbol{\alpha}_2,\cdots,\boldsymbol{\alpha}_n$ 是向量空间 V 中的 n 个向量，向量 $\boldsymbol{\alpha}$ 可由向量组 $\boldsymbol{\alpha}_1,\boldsymbol{\alpha}_2,\cdots,\boldsymbol{\alpha}_n$ 线性表示，即

$$\boldsymbol{\alpha}=k_1\boldsymbol{\alpha}_1+k_2\boldsymbol{\alpha}_2+\cdots+k_n\boldsymbol{\alpha}_n,$$

则线性表示的表达式唯一当且仅当 $\boldsymbol{\alpha}_1,\boldsymbol{\alpha}_2,\cdots,\boldsymbol{\alpha}_n$ 线性无关.

证　设 $\boldsymbol{\alpha}_1,\boldsymbol{\alpha}_2,\cdots,\boldsymbol{\alpha}_n$ 线性无关，且

$$\boldsymbol{\alpha}=k_1\boldsymbol{\alpha}_1+k_2\boldsymbol{\alpha}_2+\cdots+k_n\boldsymbol{\alpha}_n,\quad \boldsymbol{\alpha}=l_1\boldsymbol{\alpha}_1+l_2\boldsymbol{\alpha}_2+\cdots+l_n\boldsymbol{\alpha}_n,$$

其中 $k_1,k_2,\cdots,k_n,l_1,l_2,\cdots,l_n$ 均为常数. 两式相减，可得

$$\sum_{i=1}^{n}(k_i-l_i)\boldsymbol{\alpha}_i=\mathbf{0}.$$

因为 $\boldsymbol{\alpha}_1,\boldsymbol{\alpha}_2,\cdots,\boldsymbol{\alpha}_n$ 线性无关，所以 $k_i-l_i(i=1,2,\cdots,n)$ 必全为 0. 因此

$$k_i=l_i \quad (i=1,2,\cdots,n),$$

即表达式唯一.

反之，设 $\boldsymbol{\alpha}=k_1\boldsymbol{\alpha}_1+k_2\boldsymbol{\alpha}_2+\cdots+k_n\boldsymbol{\alpha}_n$，且此表达式唯一. 下面证明 $\boldsymbol{\alpha}_1,\boldsymbol{\alpha}_2,\cdots,\boldsymbol{\alpha}_n$ 线性无关. 用反证法. 设 $\boldsymbol{\alpha}_1,\boldsymbol{\alpha}_2,\cdots,\boldsymbol{\alpha}_n$ 线性相关，则存在不全为 0 的常数 $l_1,l_2,\cdots,l_n$，使得

$$\mathbf{0}=l_1\boldsymbol{\alpha}_1+l_2\boldsymbol{\alpha}_2+\cdots+l_n\boldsymbol{\alpha}_n.$$

此式与 $\boldsymbol{\alpha}$ 的表达式相加，得

$$\boldsymbol{\alpha}=\sum_{i=1}^{n}(k_i+l_i)\boldsymbol{\alpha}_i.$$

由于 $l_i(i=1,2,\cdots,n)$ 不全为 0，从而至少存在一个 i，有 $l_i+k_i\neq k_i$. 这与 $\boldsymbol{\alpha}$ 的表达式唯一相矛盾，故 $\boldsymbol{\alpha}_1,\boldsymbol{\alpha}_2,\cdots,\boldsymbol{\alpha}_n$ 必线性无关.

定理 3.8 的深层含义是：当向量组 $\boldsymbol{\alpha}_1,\boldsymbol{\alpha}_2,\cdots,\boldsymbol{\alpha}_n$ 线性无关时，对于 $\mathrm{span}(\boldsymbol{\alpha}_1,\boldsymbol{\alpha}_2,\cdots,\boldsymbol{\alpha}_n)$ 而言，集合 $\{\boldsymbol{\alpha}_1,\boldsymbol{\alpha}_2,\cdots,\boldsymbol{\alpha}_n\}$ 是最小的（该集合中所有的元素均是有限生成子空间所必需的）.

推论 设 $\boldsymbol{\alpha},\boldsymbol{\alpha}_1,\boldsymbol{\alpha}_2,\cdots,\boldsymbol{\alpha}_n$ 均是向量空间 V 中的向量，且向量组 $\boldsymbol{\alpha}_1,\boldsymbol{\alpha}_2,\cdots,\boldsymbol{\alpha}_n$ 线性无关，则向量组 $\boldsymbol{\alpha},\boldsymbol{\alpha}_1,\boldsymbol{\alpha}_2,\cdots,\boldsymbol{\alpha}_n$ 线性相关当且仅当 $\boldsymbol{\alpha}$ 可由 $\boldsymbol{\alpha}_1,\boldsymbol{\alpha}_2,\cdots,\boldsymbol{\alpha}_n$ 唯一线性表示.

习题 3.2

1. 判断 $\mathbf{R}^3$ 中下列向量组是否线性相关：

(a) $(0,1,0)^{\mathrm{T}},(0,1,1)^{\mathrm{T}},(1,0,1)^{\mathrm{T}}$；

(b) $(0,0,1)^{\mathrm{T}},(0,2,0)^{\mathrm{T}},(3,0,0)^{\mathrm{T}},(3,4,5)^{\mathrm{T}}$.

2. 判断 $\mathbf{R}^{2\times2}$ 中下列向量组是否线性无关：

(a) $\begin{pmatrix}0&1\\1&0\end{pmatrix},\begin{pmatrix}1&0\\0&1\end{pmatrix}$； (b) $\begin{pmatrix}0&1\\1&0\end{pmatrix},\begin{pmatrix}1&0\\0&0\end{pmatrix},\begin{pmatrix}0&0\\1&0\end{pmatrix}$；

(c) $\begin{pmatrix}0&1\\1&0\end{pmatrix},\begin{pmatrix}1&0\\0&0\end{pmatrix},\begin{pmatrix}-2&2\\2&0\end{pmatrix}$.

3. 设 $\boldsymbol{x}_1,\boldsymbol{x}_2,\cdots,\boldsymbol{x}_k$ 为 $\mathbf{R}^n$ 中线性无关的向量组.

(a) 若在向量组 $\boldsymbol{x}_1,\boldsymbol{x}_2,\cdots,\boldsymbol{x}_k$ 中添加一个向量，记为 $\boldsymbol{x}_{k+1}$，是否一定得到一个线性无关的向量组？试说明你的结论.

(b) 若在向量组 $\boldsymbol{x}_1,\boldsymbol{x}_2,\cdots,\boldsymbol{x}_k$ 中删除某个向量，如 $\boldsymbol{x}_1$，是否仍然得到一个线性无关的向量组？试说明你的结论.

4. 设向量组 $\boldsymbol{\alpha},\boldsymbol{\beta},\boldsymbol{\gamma}$ 线性无关，证明：向量组 $\boldsymbol{\alpha}+\boldsymbol{\beta},\boldsymbol{\alpha}-\boldsymbol{\beta},\boldsymbol{\alpha}-2\boldsymbol{\beta}+\boldsymbol{\gamma}$ 也线性无关.

5. 证明：含有零向量的有限个向量组成的向量组一定是线性相关的.

6. 证明：向量组 $\boldsymbol{\alpha},\boldsymbol{\beta}$ 是线性相关的当且仅当 $\boldsymbol{\alpha},\boldsymbol{\beta}$ 中的一个向量是另一个向量的常数倍.

7. 设 $\boldsymbol{A}$ 为 $m\times n$ 矩阵，且 $\boldsymbol{A}$ 的列向量组线性无关，证明：$N(\boldsymbol{A})=\{\boldsymbol{0}\}$.

8. 设 $\boldsymbol{x}_1,\boldsymbol{x}_2,\cdots,\boldsymbol{x}_k$ 为 $\mathbf{R}^n$ 中线性无关的向量组，$\boldsymbol{A}$ 为 n 阶非奇异矩阵. 若 $\boldsymbol{y}_i=\boldsymbol{A}\boldsymbol{x}_i$ $(i=1,2,\cdots,k)$，证明：向量组 $\boldsymbol{y}_1,\boldsymbol{y}_2,\cdots,\boldsymbol{y}_k$ 线性无关.

§3.3 向量组的极大无关组

在上一章中，我们引入了矩阵的秩，它在向量组的线性相关性讨论中起到十分重要的作用. 矩阵可以看成有限多个行向量或列向量构成的向量组. 在本节中，我们将在向量组中引入秩的概念. 为此，先讨论不同向量组之间的关系.

定义 3.8 若向量组 $\boldsymbol{\alpha}_1,\boldsymbol{\alpha}_2,\cdots,\boldsymbol{\alpha}_r$ 中每个向量都可以由向量组 $\boldsymbol{\beta}_1,\boldsymbol{\beta}_2,\cdots,\boldsymbol{\beta}_s$ 线性表示，则称向量组 $\boldsymbol{\alpha}_1,\boldsymbol{\alpha}_2,\cdots,\boldsymbol{\alpha}_r$ 可由向量组 $\boldsymbol{\beta}_1,\boldsymbol{\beta}_2,\cdots,\boldsymbol{\beta}_s$ **线性表示**. 若两个向量组可以互相线性表示，则称这两个**向量组等价**.

由定义 3.8 容易推出等价向量组具有以下性质：

(1) **自反性**：每个向量组都与自身等价；

(2) **对称性**：若向量组Ⅰ与向量组Ⅱ等价，则向量组Ⅱ与向量组Ⅰ等价；

(3) **传递性**：若向量组Ⅰ与向量组Ⅱ等价，向量组Ⅱ与向量组Ⅲ等价，则向量组Ⅰ与向量组Ⅲ等价.

与定理 3.5 类似，我们可以证明下面的定理：

定理 3.9 设 $\boldsymbol{\alpha}_1,\boldsymbol{\alpha}_2,\cdots,\boldsymbol{\alpha}_r,\boldsymbol{\beta}_1,\boldsymbol{\beta}_2,\cdots,\boldsymbol{\beta}_s$ 均是 $\mathbf{R}^n$ 中的向量，记

$$\boldsymbol{A}=(\boldsymbol{\alpha}_1,\boldsymbol{\alpha}_2,\cdots,\boldsymbol{\alpha}_r),\quad \boldsymbol{B}=(\boldsymbol{\beta}_1,\boldsymbol{\beta}_2,\cdots,\boldsymbol{\beta}_s),$$

则向量组 $\boldsymbol{\beta}_1,\boldsymbol{\beta}_2,\cdots,\boldsymbol{\beta}_s$ 可由向量组 $\boldsymbol{\alpha}_1,\boldsymbol{\alpha}_2,\cdots,\boldsymbol{\alpha}_r$ 线性表示的充要条件是 $\mathrm{r}(\boldsymbol{A})=\mathrm{r}(\boldsymbol{A}\,\vdots\,\boldsymbol{B})$；向量组 $\boldsymbol{\alpha}_1,\boldsymbol{\alpha}_2,\cdots,\boldsymbol{\alpha}_r$ 与向量组 $\boldsymbol{\beta}_1,\boldsymbol{\beta}_2,\cdots,\boldsymbol{\beta}_s$ 等价的充要条件是 $\mathrm{r}(\boldsymbol{A})=\mathrm{r}(\boldsymbol{B})=\mathrm{r}(\boldsymbol{A}\,\vdots\,\boldsymbol{B})$.

例 3.13 设向量

$$\boldsymbol{\alpha}_1=\begin{pmatrix}1\\-1\\1\\-1\end{pmatrix},\quad \boldsymbol{\alpha}_2=\begin{pmatrix}3\\1\\1\\3\end{pmatrix},\quad \boldsymbol{\beta}_1=\begin{pmatrix}2\\0\\1\\1\end{pmatrix},\quad \boldsymbol{\beta}_2=\begin{pmatrix}1\\1\\0\\2\end{pmatrix},\quad \boldsymbol{\beta}_3=\begin{pmatrix}3\\-1\\2\\0\end{pmatrix},$$

证明：向量组 $\boldsymbol{\alpha}_1,\boldsymbol{\alpha}_2$ 与向量组 $\boldsymbol{\beta}_1,\boldsymbol{\beta}_2,\boldsymbol{\beta}_3$ 等价.

证 记 $\boldsymbol{A}=(\boldsymbol{\alpha}_1,\boldsymbol{\alpha}_2)$，$\boldsymbol{B}=(\boldsymbol{\beta}_1,\boldsymbol{\beta}_2,\boldsymbol{\beta}_3)$. 根据定理 3.9，只需证明

$$\mathrm{r}(\boldsymbol{A})=\mathrm{r}(\boldsymbol{B})=\mathrm{r}(\boldsymbol{A}\,\vdots\,\boldsymbol{B}).$$

为此，把矩阵 $(\boldsymbol{A}\,\vdots\,\boldsymbol{B})$ 化为行阶梯形矩阵：

$$(\boldsymbol{A}\,\vdots\,\boldsymbol{B})=\left(\begin{array}{cc:ccc}1&3&2&1&3\\-1&1&0&1&-1\\1&1&1&0&2\\-1&3&1&2&0\end{array}\right)\xrightarrow{\text{一系列初等行变换}}\left(\begin{array}{cc:ccc}1&3&2&1&3\\0&2&1&1&1\\0&0&0&0&0\\0&0&0&0&0\end{array}\right).$$

可见 $\mathrm{r}(\boldsymbol{A})=\mathrm{r}(\boldsymbol{B})=\mathrm{r}(\boldsymbol{A}\,\vdots\,\boldsymbol{B})=2$.

定理 3.10 设向量组 $\boldsymbol{\beta}_1,\boldsymbol{\beta}_2,\cdots,\boldsymbol{\beta}_s$ 中每个向量都可由向量组 $\boldsymbol{\alpha}_1,\boldsymbol{\alpha}_2,\cdots,\boldsymbol{\alpha}_r$ 线性表示. 若 $s>r$，则 $\boldsymbol{\beta}_1,\boldsymbol{\beta}_2,\cdots,\boldsymbol{\beta}_s$ 线性相关.

证 由题设有

$$\boldsymbol{\beta}_j=\sum_{i=1}^{r}a_{ij}\boldsymbol{\alpha}_i\quad(j=1,2,\cdots,s).$$

下面证明存在一组不全为 0 的常数 $k_j(j=1,2,\cdots,s)$，使得

$$\sum_{j=1}^{s}k_j\boldsymbol{\beta}_j=\boldsymbol{0}.$$

上式可以改写为

$$\sum_{i=1}^{r}\Big(\sum_{j=1}^{s}a_{ij}k_j\Big)\boldsymbol{\alpha}_i=\boldsymbol{0}.$$

考虑关于 $k_1,k_2,\cdots,k_s$ 的齐次线性方程组

$$\sum_{j=1}^{s}a_{ij}k_j=0\quad(i=1,2,\cdots,r).$$

令 $\boldsymbol{A}=(a_{ij})_{r\times s}$，则 $\mathrm{r}(\boldsymbol{A})\leqslant r<s$. 故上述齐次线性方程组必有非零解 $(c_1,c_2,\cdots,c_s)^{\mathrm{T}}$. 于是有

$$\sum_{j=1}^{s}c_j\boldsymbol{\beta}_j=\sum_{i=1}^{r}0\boldsymbol{\alpha}_i=\boldsymbol{0},$$

从而 $\boldsymbol{\beta}_1,\boldsymbol{\beta}_2,\cdots,\boldsymbol{\beta}_s$ 线性相关.

经常要用到的是定理 3.10 的如下逆否命题：

定理 3.11 设向量组 $\boldsymbol{\beta}_1,\boldsymbol{\beta}_2,\cdots,\boldsymbol{\beta}_s$ 中每个向量都可由向量组 $\boldsymbol{\alpha}_1,\boldsymbol{\alpha}_2,\cdots,\boldsymbol{\alpha}_r$ 线性表示. 若 $\boldsymbol{\beta}_1,\boldsymbol{\beta}_2,\cdots,\boldsymbol{\beta}_s$ 线性无关,则 $s\leqslant r$.

定理 3.12 任意两个等价的线性无关向量组所含的向量个数相等.

证 设两个线性无关的向量组 Ⅰ,Ⅱ 是等价的,记它们的向量个数分别是 r,s. 因为向量组 Ⅰ 可由向量组 Ⅱ 线性表示,所以由定理 3.11 可得 $r\leqslant s$. 同理,有 $r\geqslant s$. 所以 $r=s$.

现设 $\boldsymbol{\alpha}_1,\boldsymbol{\alpha}_2,\cdots,\boldsymbol{\alpha}_s$ 是向量空间 V 中一组不全为 $\mathbf{0}$ 的向量,我们总可以从中选取出一个含有尽可能多向量的线性无关部分向量组 $\boldsymbol{\alpha}_{i_1},\boldsymbol{\alpha}_{i_2},\cdots,\boldsymbol{\alpha}_{i_r}$. 也就是说,$\boldsymbol{\alpha}_{i_1},\boldsymbol{\alpha}_{i_2},\cdots,\boldsymbol{\alpha}_{i_r}$ 是线性无关的,且再添加原向量组中的任意一个向量 $\boldsymbol{\alpha}_k$ 进去所得到的向量组 $\boldsymbol{\alpha}_{i_1},\boldsymbol{\alpha}_{i_2},\cdots,\boldsymbol{\alpha}_{i_r},\boldsymbol{\alpha}_k$ 是线性相关的. 具体做法如下:由于 $\boldsymbol{\alpha}_1,\boldsymbol{\alpha}_2,\cdots,\boldsymbol{\alpha}_s$ 是不全为 $\mathbf{0}$ 的向量,不妨令 $\boldsymbol{\alpha}_{i_1}\neq\mathbf{0}$,则 $\boldsymbol{\alpha}_{i_1}$ 是线性无关的. 考察 $\boldsymbol{\alpha}_{i_1},\boldsymbol{\alpha}_k$. 让 k 取遍 $1,2,\cdots,s$,若 $\boldsymbol{\alpha}_{i_1},\boldsymbol{\alpha}_k$ 均线性相关,则 $\boldsymbol{\alpha}_{i_1}$ 就是所求的部分向量组. 否则,就有 $\boldsymbol{\alpha}_{i_1},\boldsymbol{\alpha}_{i_2}$ 线性无关. 对 $\boldsymbol{\alpha}_{i_1},\boldsymbol{\alpha}_{i_2}$ 重复上述过程,如此继续,我们就可从 $\boldsymbol{\alpha}_1,\boldsymbol{\alpha}_2,\cdots,\boldsymbol{\alpha}_s$ 中选取出一个含有尽可能多向量的线性无关部分向量组.

定义 3.9 设有向量组 Ⅰ(Ⅰ 可以含有无穷多个向量). 如果从 Ⅰ 中可以选出 r 个向量,使得它们所构成的向量组 $\boldsymbol{\alpha}_1,\boldsymbol{\alpha}_2,\cdots,\boldsymbol{\alpha}_r$ 满足:

(a) 向量组 $\boldsymbol{\alpha}_1,\boldsymbol{\alpha}_2,\cdots,\boldsymbol{\alpha}_r$ 线性无关;

(b) 对于 Ⅰ 中的任意向量 $\boldsymbol{\alpha}$,向量组 $\boldsymbol{\alpha}_1,\boldsymbol{\alpha}_2,\cdots,\boldsymbol{\alpha}_r,\boldsymbol{\alpha}$ 线性相关,

那么称 $\boldsymbol{\alpha}_1,\boldsymbol{\alpha}_2,\cdots,\boldsymbol{\alpha}_r$ 是 Ⅰ 的一个**极大线性无关向量组**(简称**极大无关组**).

根据定理 3.8 可知,在条件(a)下,条件(b)和下述条件等价:

(b)′ Ⅰ 中的任意 $\boldsymbol{\alpha}$ 可由向量组 $\boldsymbol{\alpha}_1,\boldsymbol{\alpha}_2,\cdots,\boldsymbol{\alpha}_r$ 唯一线性表示.

由极大无关组的定义可知,向量组和它的极大无关组是等价的. 等价的向量组具有传递性,因而向量组的任意两个极大无关组必等价. 由定理 3.12 可知,向量组的任意两个极大无关组含有相同个数的向量. 称向量组的极大无关组中所含向量的个数为**向量组的秩**. 向量组 $\boldsymbol{\alpha}_1,\boldsymbol{\alpha}_2,\cdots,\boldsymbol{\alpha}_n$ 的秩记为 $\mathrm{r}(\boldsymbol{\alpha}_1,\boldsymbol{\alpha}_2,\cdots,\boldsymbol{\alpha}_n)$.

若向量组 Ⅰ 是线性无关的,则 Ⅰ 自身就是它的极大无关组,而其秩就等于它所含向量的个数. 一般向量组的极大无关组是不唯一的(甚至有无穷多个). 例如,设向量组 Ⅰ $=\{(k,k)^{\mathrm{T}}\mid k\in\mathbf{R}\}$,则任一非零向量 $(k,k)^{\mathrm{T}}(k\neq 0)$ 均为 Ⅰ 的极大无关组,从而 Ⅰ 的秩为 1.

由向量组的秩的定义可知下面的定理成立：

定理 3.13 若向量组Ⅰ的秩是 r，则

(a) Ⅰ中任意 s 个向量必线性相关，其中 $s>r$；

(b) Ⅰ中任意 r 个线性无关的向量都是Ⅰ的极大无关组.

该定理说明，在已知向量组Ⅰ的秩为 r 的前提下，只要找到Ⅰ中 r 个线性无关的向量，它们就是Ⅰ的一个极大无关组.

下面我们讨论如何求由 $\mathbf{R}^n$ 中有限多个向量构成的向量组的极大无关组.

定义 3.10 设 $\boldsymbol{A}$ 是 $m\times n$ 的矩阵，其列向量为 $\boldsymbol{\alpha}_1,\boldsymbol{\alpha}_2,\cdots,\boldsymbol{\alpha}_n$，行向量为 $\boldsymbol{\beta}_1,\boldsymbol{\beta}_2,\cdots,\boldsymbol{\beta}_m$. 列向量组 $\boldsymbol{\alpha}_1,\boldsymbol{\alpha}_2,\cdots,\boldsymbol{\alpha}_n$ 的秩称为矩阵 $\boldsymbol{A}$ 的**列秩**，行向量组 $\boldsymbol{\beta}_1,\boldsymbol{\beta}_2,\cdots,\boldsymbol{\beta}_m$ 的秩称为矩阵 $\boldsymbol{A}$ 的**行秩**.

矩阵 $\boldsymbol{A}$ 的列秩、行秩分别反映 $\boldsymbol{A}$ 的列向量组和行向量组的线性相关性，它们和矩阵的秩之间有着密切的联系.

定理 3.14 矩阵的秩等于它的列秩，也等于它的行秩.

证 设 $\boldsymbol{A}$ 是 $m\times n$ 矩阵，$\boldsymbol{A}=(\boldsymbol{\alpha}_1,\boldsymbol{\alpha}_2,\cdots,\boldsymbol{\alpha}_n)$，$\mathrm{r}(\boldsymbol{A})=r$，并设 $\boldsymbol{A}$ 的 r 阶子式 $D_r\neq 0$. 由 $D_r\neq 0$ 知，D_r 所在的 r 列构成的 $m\times r$ 矩阵的秩为 r，故这 r 个列向量线性无关；又由 $\boldsymbol{A}$ 的所有 $r+1$ 阶子式全为 0 知，$\boldsymbol{A}$ 中任意 $r+1$ 列构成的 $m\times(r+1)$ 矩阵的秩小于 $r+1$，故这 $r+1$ 个列向量线性相关. 因此，D_r 所在的 r 列是 $\boldsymbol{A}$ 的列向量组的一个极大无关组，从而矩阵 $\boldsymbol{A}$ 的列秩等于 r.

类似可证矩阵 $\boldsymbol{A}$ 的行秩也等于 r.

为了具体求出给定向量组的一个极大无关组，我们给出如下定理：

定理 3.15 设矩阵 $\boldsymbol{A}$ 经过初等行变换变成矩阵 $\boldsymbol{B}$，则 $\boldsymbol{A}$ 的列向量组 $\boldsymbol{\alpha}_1,\boldsymbol{\alpha}_2,\cdots,\boldsymbol{\alpha}_n$ 与 $\boldsymbol{B}$ 的列向量组 $\boldsymbol{\beta}_1,\boldsymbol{\beta}_2,\cdots,\boldsymbol{\beta}_n$ 满足相同的线性关系，即若存在常数 $k_1,k_2,\cdots,k_n$，使得

$$k_1\boldsymbol{\alpha}_1+k_2\boldsymbol{\alpha}_2+\cdots+k_n\boldsymbol{\alpha}_n=\boldsymbol{0},$$

则

$$k_1\boldsymbol{\beta}_1+k_2\boldsymbol{\beta}_2+\cdots+k_n\boldsymbol{\beta}_n=\boldsymbol{0}.$$

证 考虑线性方程组 $\boldsymbol{Ax}=\boldsymbol{0}$ 与 $\boldsymbol{Bx}=\boldsymbol{0}$. 因为 $\boldsymbol{B}$ 是由 $\boldsymbol{A}$ 经过初等行变换得到的，所以 $\boldsymbol{Ax}=\boldsymbol{0}$ 与 $\boldsymbol{Bx}=\boldsymbol{0}$ 同解. 设 $k_1,k_2,\cdots,k_n$ 是 $\boldsymbol{Ax}=\boldsymbol{0}$ 的解，则

$$k_1\boldsymbol{\alpha}_1+k_2\boldsymbol{\alpha}_2+\cdots+k_n\boldsymbol{\alpha}_n=\boldsymbol{0},\quad k_1\boldsymbol{\beta}_1+k_2\boldsymbol{\beta}_2+\cdots+k_n\boldsymbol{\beta}_n=\boldsymbol{0}$$

同时成立. 这就完成了证明.

利用定理 3.14 和定理 3.15，可以得到求向量组 $\boldsymbol{\alpha}_1,\boldsymbol{\alpha}_2,\cdots,\boldsymbol{\alpha}_n$ 的秩和极大无关组的方法：将向量组 $\boldsymbol{\alpha}_1,\boldsymbol{\alpha}_2,\cdots,\boldsymbol{\alpha}_n$ 排成一个矩阵 $\boldsymbol{A}$，使 $\boldsymbol{\alpha}_j(j=1,2,\cdots,n)$ 为 $\boldsymbol{A}$ 的第 j 列，即令 $\boldsymbol{A}=(\boldsymbol{\alpha}_1,\boldsymbol{\alpha}_2,\cdots,\boldsymbol{\alpha}_n)$. 用初等行变换把矩阵 $\boldsymbol{A}$ 化为行阶梯形矩阵 $\boldsymbol{B}$，则 $\boldsymbol{B}$ 中非零行的行数就是向量组 $\boldsymbol{\alpha}_1,\boldsymbol{\alpha}_2,\cdots,\boldsymbol{\alpha}_n$ 的秩，行阶梯形矩阵 $\boldsymbol{B}$ 中非零行的第一个非零元素所在列对应的 $\boldsymbol{A}$ 的相应列构成向量组 $\boldsymbol{\alpha}_1,\boldsymbol{\alpha}_2,\cdots,\boldsymbol{\alpha}_n$ 的一个极大无关组. 如果还想知道其他向量如何用此极大无关组线性表示，那么需进一步把 $\boldsymbol{B}$ 化成行最简形矩阵 $\boldsymbol{C}$，将 $\boldsymbol{C}$ 的列向量之间的线性关系对应到 $\boldsymbol{A}$ 的列向量之间的线性关系. 若 $\boldsymbol{\alpha}_1,\boldsymbol{\alpha}_2,\cdots,\boldsymbol{\alpha}_n$ 是行向量组，可令 $\boldsymbol{A}=(\boldsymbol{\alpha}_1^{\mathrm{T}},\boldsymbol{\alpha}_2^{\mathrm{T}},\cdots,\boldsymbol{\alpha}_n^{\mathrm{T}})$，利用初等行变换求出向量组 $\boldsymbol{\alpha}_1^{\mathrm{T}},\boldsymbol{\alpha}_2^{\mathrm{T}},\cdots,\boldsymbol{\alpha}_n^{\mathrm{T}}$ 的秩和极大无关组，进而得到向量组 $\boldsymbol{\alpha}_1,\boldsymbol{\alpha}_2,\cdots,\boldsymbol{\alpha}_n$ 的秩和极大无关组.

例 3.14 求向量组

$$\boldsymbol{\alpha}_1=\begin{pmatrix}1\\0\\2\\1\end{pmatrix},\quad \boldsymbol{\alpha}_2=\begin{pmatrix}1\\2\\0\\1\end{pmatrix},\quad \boldsymbol{\alpha}_3=\begin{pmatrix}2\\1\\3\\0\end{pmatrix},\quad \boldsymbol{\alpha}_4=\begin{pmatrix}2\\5\\-1\\4\end{pmatrix},\quad \boldsymbol{\alpha}_5=\begin{pmatrix}1\\-2\\4\\5\end{pmatrix}$$

的秩与极大无关组，并用极大无关组表示其他向量.

解 记

$$\boldsymbol{A}=(\boldsymbol{\alpha}_1,\boldsymbol{\alpha}_2,\boldsymbol{\alpha}_3,\boldsymbol{\alpha}_4,\boldsymbol{\alpha}_5)=\begin{pmatrix}1&1&2&2&1\\0&2&1&5&-2\\2&0&3&-1&4\\1&1&0&4&5\end{pmatrix}.$$

对 $\boldsymbol{A}$ 进行初等行变换，将 $\boldsymbol{A}$ 化为行最简形矩阵：

$$\boldsymbol{A}\longrightarrow\begin{pmatrix}1&0&0&1&5\\0&1&0&3&0\\0&0&1&-1&-2\\0&0&0&0&0\end{pmatrix}\xlongequal{\text{记为}}\boldsymbol{B}\xlongequal{\text{记为}}(\boldsymbol{\beta}_1,\boldsymbol{\beta}_2,\boldsymbol{\beta}_3,\boldsymbol{\beta}_4,\boldsymbol{\beta}_5).$$

由于 $\boldsymbol{B}$ 有 3 行非零行，所以 $\mathrm{r}(\boldsymbol{\alpha}_1,\boldsymbol{\alpha}_2,\boldsymbol{\alpha}_3,\boldsymbol{\alpha}_4,\boldsymbol{\alpha}_5)=3$. 又 $\boldsymbol{B}$ 中非零行的第一个非零元素分别在第 1,2,3 列，所以对应于 $\boldsymbol{A}$ 的第 1,2,3 列，得到 $\boldsymbol{\alpha}_1,\boldsymbol{\alpha}_2,\boldsymbol{\alpha}_3$ 是向量组 $\boldsymbol{\alpha}_1,\boldsymbol{\alpha}_2,\boldsymbol{\alpha}_3,\boldsymbol{\alpha}_4,\boldsymbol{\alpha}_5$ 的一个极大无关组.

事实上，在矩阵 $\boldsymbol{B}$ 的列向量组中，$\boldsymbol{\beta}_1,\boldsymbol{\beta}_2,\boldsymbol{\beta}_3$ 线性无关. 根据定理 3.15，$\boldsymbol{\alpha}_1,\boldsymbol{\alpha}_2,\boldsymbol{\alpha}_3$ 线性无关. 又知 $\mathrm{r}(\boldsymbol{\alpha}_1,\boldsymbol{\alpha}_2,\boldsymbol{\alpha}_3,\boldsymbol{\alpha}_4,\boldsymbol{\alpha}_5)=3$，故 $\boldsymbol{\alpha}_1,\boldsymbol{\alpha}_2,\boldsymbol{\alpha}_3$ 是向量组 $\boldsymbol{\alpha}_1,\boldsymbol{\alpha}_2,\boldsymbol{\alpha}_3,\boldsymbol{\alpha}_4,\boldsymbol{\alpha}_5$ 的一个极大无关组.

矩阵 $\boldsymbol{B}$ 的列向量组显然满足关系式

$$\boldsymbol{\beta}_4=\boldsymbol{\beta}_1+3\boldsymbol{\beta}_2-\boldsymbol{\beta}_3,\quad \boldsymbol{\beta}_5=5\boldsymbol{\beta}_1-2\boldsymbol{\beta}_3.$$

根据定理 3.15，矩阵 $\boldsymbol{A}$ 的列向量组同样有下面的关系式：

$$\boldsymbol{\alpha}_4=\boldsymbol{\alpha}_1+3\boldsymbol{\alpha}_2-\boldsymbol{\alpha}_3,\quad \boldsymbol{\alpha}_5=5\boldsymbol{\alpha}_1-2\boldsymbol{\alpha}_3.$$

习题 3.3

1. 已知两个向量组

$$\text{Ⅰ}:\boldsymbol{\alpha}_1=\begin{pmatrix}0\\1\\2\\3\end{pmatrix},\boldsymbol{\alpha}_2=\begin{pmatrix}3\\0\\1\\2\end{pmatrix},\boldsymbol{\alpha}_3=\begin{pmatrix}2\\3\\0\\1\end{pmatrix};\quad \text{Ⅱ}:\boldsymbol{\beta}_1=\begin{pmatrix}2\\1\\1\\2\end{pmatrix},\boldsymbol{\beta}_2=\begin{pmatrix}0\\-2\\1\\1\end{pmatrix},\boldsymbol{\beta}_3=\begin{pmatrix}4\\4\\1\\3\end{pmatrix}.$$

证明：向量组Ⅱ可由向量组Ⅰ线性表示，但向量组Ⅰ不能由向量组Ⅱ线性表示.

2. 已知两个向量组

$$\text{Ⅰ}:\boldsymbol{\alpha}_1=\begin{pmatrix}0\\1\\1\end{pmatrix},\boldsymbol{\alpha}_2=\begin{pmatrix}1\\1\\0\end{pmatrix};\quad \text{Ⅱ}:\boldsymbol{\beta}_1=\begin{pmatrix}-1\\0\\1\end{pmatrix},\boldsymbol{\beta}_2=\begin{pmatrix}1\\2\\1\end{pmatrix},\boldsymbol{\beta}_3=\begin{pmatrix}3\\2\\-1\end{pmatrix}.$$

证明：向量组Ⅱ与向量组Ⅰ等价.

3. 利用初等行变换求下列矩阵列向量组的极大无关组，并把其余列向量用极大无关组线性表示：

$$\text{(a)}\begin{pmatrix}25&31&17&43\\75&94&53&132\\75&94&54&134\\25&32&20&48\end{pmatrix};\qquad \text{(b)}\begin{pmatrix}1&1&2&2&1\\0&2&1&5&-1\\2&0&3&-1&3\\1&1&0&4&-1\end{pmatrix}.$$

4. 设向量组

$$(a,3,1)^{\mathrm{T}},\quad (2,b,3)^{\mathrm{T}},\quad (1,2,1)^{\mathrm{T}},\quad (2,3,1)^{\mathrm{T}}$$

的秩是 2，求 a,b.

5. 设向量组Ⅰ：$\boldsymbol{\alpha}_1,\boldsymbol{\alpha}_2$，向量组Ⅱ：$\boldsymbol{\alpha}_1,\boldsymbol{\alpha}_2,\boldsymbol{\alpha}_3$，向量组Ⅲ：$\boldsymbol{\alpha}_1,\boldsymbol{\alpha}_2,\boldsymbol{\alpha}_4$ 的秩分别为

$$\mathrm{r}(\text{Ⅰ})=\mathrm{r}(\text{Ⅱ})=2,\quad \mathrm{r}(\text{Ⅲ})=3,$$

求向量组Ⅳ：$\boldsymbol{\alpha}_1,\boldsymbol{\alpha}_2,2\boldsymbol{\alpha}_3-3\boldsymbol{\alpha}_4$ 的秩.

6. 设向量组 $\boldsymbol{\alpha}_1,\boldsymbol{\alpha}_2,\cdots,\boldsymbol{\alpha}_n$ 与向量组 $\boldsymbol{\beta}_1,\boldsymbol{\beta}_2,\cdots,\boldsymbol{\beta}_n$ 满足关系

$$\begin{cases}\boldsymbol{\beta}_1=\boldsymbol{\alpha}_2+\boldsymbol{\alpha}_3+\cdots+\boldsymbol{\alpha}_n,\\ \boldsymbol{\beta}_2=\boldsymbol{\alpha}_1+\boldsymbol{\alpha}_3+\cdots+\boldsymbol{\alpha}_n,\\ \cdots\cdots\\ \boldsymbol{\beta}_n=\boldsymbol{\alpha}_1+\boldsymbol{\alpha}_2+\cdots+\boldsymbol{\alpha}_{n-1},\end{cases}$$

证明：向量组 $\boldsymbol{\alpha}_1,\boldsymbol{\alpha}_2,\cdots,\boldsymbol{\alpha}_n$ 与向量组 $\boldsymbol{\beta}_1,\boldsymbol{\beta}_2,\cdots,\boldsymbol{\beta}_n$ 等价.

§3.4 基和维数

类似于向量组的极大无关组和秩，我们在向量空间中定义基与维数的概念.

定义 3.11 如果向量空间 V 中的向量组 $\boldsymbol{\alpha}_1,\boldsymbol{\alpha}_2,\cdots,\boldsymbol{\alpha}_n$ 满足：

(a) 向量组 $\boldsymbol{\alpha}_1,\boldsymbol{\alpha}_2,\cdots,\boldsymbol{\alpha}_n$ 线性无关，

(b) 对于任意 $\boldsymbol{\alpha}\in V$，向量组 $\boldsymbol{\alpha}_1,\boldsymbol{\alpha}_2,\cdots,\boldsymbol{\alpha}_n,\boldsymbol{\alpha}$ 线性相关，

则称向量组 $\boldsymbol{\alpha}_1,\boldsymbol{\alpha}_2,\cdots,\boldsymbol{\alpha}_n$ 是向量空间 V 的一组基.

根据定理 3.8 的推论可知，在条件(a)下，条件(b)和下述条件等价：

(b)′ 对于任意 $\boldsymbol{\alpha}\in V$，$\boldsymbol{\alpha}$ 可由向量组 $\boldsymbol{\alpha}_1,\boldsymbol{\alpha}_2,\cdots,\boldsymbol{\alpha}_n$ 唯一线性表示.

容易看出，如果 $\boldsymbol{\alpha}_1,\boldsymbol{\alpha}_2,\cdots,\boldsymbol{\alpha}_n$ 是向量空间 V 的一组基，那么 $V=\mathrm{span}(\boldsymbol{\alpha}_1,\boldsymbol{\alpha}_2,\cdots,\boldsymbol{\alpha}_n)$，即 V 可以看成是由基 $\boldsymbol{\alpha}_1,\boldsymbol{\alpha}_2,\cdots,\boldsymbol{\alpha}_n$ 有限生成的；反之，如果 $V=\mathrm{span}(\boldsymbol{\alpha}_1,\boldsymbol{\alpha}_2,\cdots,\boldsymbol{\alpha}_n)$，且 $\boldsymbol{\alpha}_1,\boldsymbol{\alpha}_2,\cdots,\boldsymbol{\alpha}_n$ 线性无关，那么 $\boldsymbol{\alpha}_1,\boldsymbol{\alpha}_2,\cdots,\boldsymbol{\alpha}_n$ 是 V 的一组基.

若把向量空间 V 看作向量组，则由极大无关组的定义可知，V 的基就是它的极大无关组. V 的两组不同的基是两个等价的极大无关组，故二者由相同个数的向量构成. 下面我们给这个唯一确定的向量个数下一个定义.

定义 3.12 向量空间 V 的一组基中所含向量的个数，称为 V 的**维数**，记为 $\dim(V)$.

如果把向量空间 V 看作向量组，那么由向量组的秩的定义可知，V 的维数就是向量组 V 的秩. 我们规定向量空间 $\{\mathbf{0}\}$ 是 0 维的. 若一个向量空间不是有限维的，则把它称为无限维的.

以下是几个常见的向量空间，它们均是有限维的.

例 3.15 证明：向量空间 $\mathbf{R}^n$ 是 n 维的，向量空间 $\mathbf{R}^{m\times n}$ 是 $m\times n$ 维的.

证 设 $\boldsymbol{e}_i$ 为 $\mathbf{R}^n$ 中第 i 个分量为 1，其余分量均为 0 的向量，则向量组 $\boldsymbol{e}_1,\boldsymbol{e}_2,\cdots,\boldsymbol{e}_n$ 为 $\mathbf{R}^n$ 的一组基(称为**标准基**)，从而 $\dim(\mathbf{R}^n)=n$.

设 $\boldsymbol{E}_{ij}$ 为 $\mathbf{R}^{m\times n}$ 中元素 (i,j) 为 1，其余元素均为 0 的矩阵，则向量组

$$\boldsymbol{E}_{ij}\quad(i=1,2,\cdots,m;j=1,2,\cdots,n)$$

为 $\mathbf{R}^{m\times n}$ 的一组基，从而

$$\dim(\mathbf{R}^{m\times n})=m\times n.$$

由向量组的极大无关组的性质容易得到下面的定理：

定理 3.16 设 V 为 n 维向量空间，则

(a) V 中任意 m 个向量必线性相关，其中 $m>n$；

(b) V 中任意 n 个线性无关的向量均是 V 的一组基.

定理 3.16 给我们提供了一种求向量空间的基的有效方法，即在已知向量空间维数 n 的前提下，只要找到 n 个线性无关的向量，它们就是一组基.

已知 $\mathbf{R}^3$ 的一组基是 $\boldsymbol{e}_1,\boldsymbol{e}_2,\boldsymbol{e}_3$，向量组 $\boldsymbol{\alpha}_1=(1,0,1)^{\mathrm{T}},\boldsymbol{\alpha}_2=(0,1,1)^{\mathrm{T}},\boldsymbol{\alpha}_3=(1,0,0)^{\mathrm{T}}$ 也是 $\mathbf{R}^3$ 的一组基，因为 $\boldsymbol{\alpha}_1,\boldsymbol{\alpha}_2,\boldsymbol{\alpha}_3$ 线性无关.

设 $\boldsymbol{\alpha}_1,\boldsymbol{\alpha}_2,\cdots,\boldsymbol{\alpha}_n$ 是向量空间 V 中的向量组，接下来讨论 $\boldsymbol{\alpha}_1,\boldsymbol{\alpha}_2,\cdots,\boldsymbol{\alpha}_n$ 的有限生成 $\mathrm{span}(\boldsymbol{\alpha}_1,\boldsymbol{\alpha}_2,\cdots,\boldsymbol{\alpha}_n)$ 的一些性质.

定理 3.17 设 $\boldsymbol{\alpha}_1,\boldsymbol{\alpha}_2,\cdots,\boldsymbol{\alpha}_r$ 与 $\boldsymbol{\beta}_1,\boldsymbol{\beta}_2,\cdots,\boldsymbol{\beta}_s$ 是向量空间 V 中的两个向量组，则

(a) $\mathrm{span}(\boldsymbol{\alpha}_1,\boldsymbol{\alpha}_2,\cdots,\boldsymbol{\alpha}_r)\subseteq\mathrm{span}(\boldsymbol{\beta}_1,\boldsymbol{\beta}_2,\cdots,\boldsymbol{\beta}_s)$ 当且仅当向量组 $\boldsymbol{\alpha}_1,\boldsymbol{\alpha}_2,\cdots,\boldsymbol{\alpha}_r$ 可由向量组 $\boldsymbol{\beta}_1,\boldsymbol{\beta}_2,\cdots,\boldsymbol{\beta}_s$ 线性表示，$\mathrm{span}(\boldsymbol{\alpha}_1,\boldsymbol{\alpha}_2,\cdots,\boldsymbol{\alpha}_r)=\mathrm{span}(\boldsymbol{\beta}_1,\boldsymbol{\beta}_2,\cdots,\boldsymbol{\beta}_s)$ 当且仅当向量组 $\boldsymbol{\alpha}_1,\boldsymbol{\alpha}_2,\cdots,\boldsymbol{\alpha}_r$ 与向量组 $\boldsymbol{\beta}_1,\boldsymbol{\beta}_2,\cdots,\boldsymbol{\beta}_s$ 等价；

(b) $\dim(\mathrm{span}(\boldsymbol{\alpha}_1,\boldsymbol{\alpha}_2,\cdots,\boldsymbol{\alpha}_r))=\mathrm{r}(\boldsymbol{\alpha}_1,\boldsymbol{\alpha}_2,\cdots,\boldsymbol{\alpha}_r)$，且向量组 $\boldsymbol{\alpha}_1,\boldsymbol{\alpha}_2,\cdots,\boldsymbol{\alpha}_r$ 的极大无关组是 $\mathrm{span}(\boldsymbol{\alpha}_1,\boldsymbol{\alpha}_2,\cdots,\boldsymbol{\alpha}_r)$ 的一组基.

证 (a) 若 $\mathrm{span}(\boldsymbol{\alpha}_1,\boldsymbol{\alpha}_2,\cdots,\boldsymbol{\alpha}_r)\subseteq\mathrm{span}(\boldsymbol{\beta}_1,\boldsymbol{\beta}_2,\cdots,\boldsymbol{\beta}_s)$，则每个向量 $\boldsymbol{\alpha}_i(i=1,2,\cdots,r)$ 都是 $\mathrm{span}(\boldsymbol{\beta}_1,\boldsymbol{\beta}_2,\cdots,\boldsymbol{\beta}_s)$ 中的向量，从而都可由 $\boldsymbol{\beta}_1,\boldsymbol{\beta}_2,\cdots,\boldsymbol{\beta}_s$ 线性表示. 反之，若 $\boldsymbol{\alpha}_1,\boldsymbol{\alpha}_2,\cdots,\boldsymbol{\alpha}_r$ 可由向量组 $\boldsymbol{\beta}_1,\boldsymbol{\beta}_2,\cdots,\boldsymbol{\beta}_s$ 线性表示，则 $\boldsymbol{\alpha}_1,\boldsymbol{\alpha}_2,\cdots,\boldsymbol{\alpha}_r\in\mathrm{span}(\boldsymbol{\beta}_1,\boldsymbol{\beta}_2,\cdots,\boldsymbol{\beta}_s)$，因而

$$\mathrm{span}(\boldsymbol{\alpha}_1,\boldsymbol{\alpha}_2,\cdots,\boldsymbol{\alpha}_r)\subseteq\mathrm{span}(\boldsymbol{\beta}_1,\boldsymbol{\beta}_2,\cdots,\boldsymbol{\beta}_s).$$

这就证明了第一部分结论.

由第一部分结论的证明容易看出第二部分结论成立.

(b) 不妨设 $\boldsymbol{\alpha}_1,\boldsymbol{\alpha}_2,\cdots,\boldsymbol{\alpha}_r$ 的极大无关组为 $\boldsymbol{\alpha}_1,\boldsymbol{\alpha}_2,\cdots,\boldsymbol{\alpha}_s$，则两者等价，因而

$$\mathrm{span}(\boldsymbol{\alpha}_1,\boldsymbol{\alpha}_2,\cdots,\boldsymbol{\alpha}_r)=\mathrm{span}(\boldsymbol{\alpha}_1,\boldsymbol{\alpha}_2,\cdots,\boldsymbol{\alpha}_s).$$

由于 $\boldsymbol{\alpha}_1,\boldsymbol{\alpha}_2,\cdots,\boldsymbol{\alpha}_s$ 线性无关，故 $\boldsymbol{\alpha}_1,\boldsymbol{\alpha}_2,\cdots,\boldsymbol{\alpha}_s$ 是 $\mathrm{span}(\boldsymbol{\alpha}_1,\boldsymbol{\alpha}_2,\cdots,\boldsymbol{\alpha}_s)$ 的一组基，从而也是 $\mathrm{span}(\boldsymbol{\alpha}_1,\boldsymbol{\alpha}_2,\cdots,\boldsymbol{\alpha}_r)$ 的一组基.

设 $\boldsymbol{A}$ 为 $m\times n$ 矩阵，由 $\boldsymbol{A}$ 的行向量组有限生成的 $\mathbf{R}^n$ 的子空间，称为 $\boldsymbol{A}$ 的**行空间**；由 $\boldsymbol{A}$ 的列向量组有限生成的 $\mathbf{R}^m$ 的子空间，称为 $\boldsymbol{A}$ 的**列空间**，记为 $R(\boldsymbol{A})$. 由定理 3.17 可知，$\boldsymbol{A}$ 的行空间维数即是 $\boldsymbol{A}$ 的行秩，$\boldsymbol{A}$ 的列空间维数即是 $\boldsymbol{A}$ 的列秩，它们都等于矩阵的秩. 同样，列空间的基即是列向量组的极大无关组，行空间的基即是行向量组的极大无关组，因此可以应用上一节中求向量组极大无关组的方法来求行空间与列空间的基. 这里我们给出求行空间的基的另一种方法.

定理 3.18　若矩阵 $\boldsymbol{A}$ 经过一系列初等行变换变为矩阵 $\boldsymbol{B}$，则 $\boldsymbol{A}$ 和 $\boldsymbol{B}$ 有相同的行空间.

证　根据初等行变换与初等矩阵之间的关系，存在一个非奇异矩阵 $\boldsymbol{P}$，使得 $\boldsymbol{B}=\boldsymbol{PA}$，因此 $\boldsymbol{B}$ 的行向量组可以由 $\boldsymbol{A}$ 的行向量组线性表示. 又因为 $\boldsymbol{P}$ 是非奇异矩阵，有 $\boldsymbol{A}=\boldsymbol{P}^{-1}\boldsymbol{B}$，所以 $\boldsymbol{A}$ 的行向量组可以由 $\boldsymbol{B}$ 的行向量组线性表示. 由定理 3.17 可知，$\boldsymbol{A}$ 和 $\boldsymbol{B}$ 的行空间相同.

若矩阵 $\boldsymbol{A}$ 经过一系列初等行变换变为矩阵 $\boldsymbol{B}$，这时 $\boldsymbol{A}$ 和 $\boldsymbol{B}$ 的列空间不一定相同. 例如，

$$\boldsymbol{A}=\begin{pmatrix}1&1\\0&0\end{pmatrix}\xrightarrow{r_1+r_2}\begin{pmatrix}1&1\\1&1\end{pmatrix}\xlongequal{\text{记为}}\boldsymbol{B},$$

显然 $\boldsymbol{A}$ 和 $\boldsymbol{B}$ 的列空间不同.

由上述讨论可知，若矩阵 $\boldsymbol{A}$ 的秩为 r，则其行阶梯形矩阵的 r 个非零行向量构成 $\boldsymbol{A}$ 的行空间的一组基；而矩阵 $\boldsymbol{A}$ 的列空间的一组基，可通过其行阶梯形矩阵的 r 行非零行第一个非零元素所在列对应到 $\boldsymbol{A}$ 的相应列求得.

例 3.16　求矩阵

$$\boldsymbol{A}=\begin{pmatrix}1&2&0&-1\\2&6&-3&-3\\3&10&-6&-5\end{pmatrix}$$

的行空间和列空间的基.

解 可求得 $\boldsymbol{A}$ 的行最简形矩阵为

$$\begin{pmatrix} 1 & 0 & 3 & 0 \\ 0 & 1 & -\frac{3}{2} & -\frac{1}{2} \\ 0 & 0 & 0 & 0 \end{pmatrix},$$

其非零行的第一个非零元素在第 1 列和第 2 列，对应于 $\boldsymbol{A}$ 的第 1 列和第 2 列，得到

$$\boldsymbol{\alpha}_1=(1,2,3)^{\mathrm{T}}, \quad \boldsymbol{\alpha}_2=(2,6,10)^{\mathrm{T}}$$

为 $\boldsymbol{A}$ 的列空间的一组基，且 $\boldsymbol{A}$ 的行空间的一组基为

$$\boldsymbol{\beta}_1=(1,0,3,0), \quad \boldsymbol{\beta}_2=\left(0,1,-\frac{3}{2},-\frac{1}{2}\right).$$

习题 3.4

1. 下列向量组是否构成 $\mathbf{R}^3$ 的一组基？

(a) $\boldsymbol{x}_1=(3,-6,-9)^{\mathrm{T}}, \boldsymbol{x}_2=(-1,-2,3)^{\mathrm{T}}, \boldsymbol{x}_3=(2,4,-6)^{\mathrm{T}}$；

(b) $\boldsymbol{x}_1=(1,1,2)^{\mathrm{T}}, \boldsymbol{x}_2=(1,2,4)^{\mathrm{T}}, \boldsymbol{x}_3=(4,3,7)^{\mathrm{T}}$.

2. 设向量 $\boldsymbol{x}_1=(1,1,1)^{\mathrm{T}}$ 和 $\boldsymbol{x}_2=(2,3,4)^{\mathrm{T}}$.

(a) 若向量 $\boldsymbol{x}_3\in\mathbf{R}^3$，且 $\boldsymbol{X}=(\boldsymbol{x}_1,\boldsymbol{x}_2,\boldsymbol{x}_3)$，当 $\boldsymbol{X}$ 满足什么条件时，向量 $\boldsymbol{x}_1,\boldsymbol{x}_2,\boldsymbol{x}_3$ 构成 $\mathbf{R}^3$ 的一组基？

(b) 找到一个向量 $\boldsymbol{x}_3\in\mathbf{R}^3$，使得 $\boldsymbol{x}_1,\boldsymbol{x}_2,\boldsymbol{x}_3$ 为 $\mathbf{R}^3$ 的一组基.

3. 已知向量组

$$\boldsymbol{x}_1=(1,1,1)^{\mathrm{T}}, \quad \boldsymbol{x}_2=(1,3,4)^{\mathrm{T}}, \quad \boldsymbol{x}_3=(1,2,3)^{\mathrm{T}}, \quad \boldsymbol{x}_4=(3,4,5)^{\mathrm{T}}, \quad \boldsymbol{x}_5=(3,5,6)^{\mathrm{T}}$$

有限生成 $\mathbf{R}^3$，试着消去其中的向量来构造 $\mathbf{R}^3$ 的一组基.

4. 是否可以找到 $\mathbf{R}^3$ 中的两个二维子空间 U 和 V，使得 $U\cap V=\{\mathbf{0}\}$？证明你的结论.

5. 证明：若 U 是向量空间 V 的子空间，则 $\dim(U)\leqslant\dim(V)$.

§ 3.5 基变换和坐标变换

从上一节中我们已经知道，一个非零有限维向量空间有无数组基. 但在许多实际应用中，可以有针对性地选择一组基，以使得问题得到简化. 这相当于在一个向量空间中转换坐标系. 从动态的观点来看，这些基之间存在某种联系或转换关系.

我们先定义坐标的概念.

定义 3.13　设 V 为 n 维向量空间,$\boldsymbol{\alpha}_1,\boldsymbol{\alpha}_2,\cdots,\boldsymbol{\alpha}_n$ 为 V 的一组基,则对于任意 $\boldsymbol{\alpha}\in V$,$\boldsymbol{\alpha}$ 可唯一表示为

$$\boldsymbol{\alpha}=x_1\boldsymbol{\alpha}_1+x_2\boldsymbol{\alpha}_2+\cdots+x_n\boldsymbol{\alpha}_n,$$

其中 $x_1,x_2,\cdots,x_n$ 是唯一确定的常数. 称向量 $(x_1,x_2,\cdots,x_n)^{\mathrm{T}}$ 为 $\boldsymbol{\alpha}$ 在基 $\boldsymbol{\alpha}_1,\boldsymbol{\alpha}_2,\cdots,\boldsymbol{\alpha}_n$ 下的**坐标**.

例如,在 $\mathbf{R}^2$ 中,在基 $\boldsymbol{e}_1=(1,0)^{\mathrm{T}},\boldsymbol{e}_2=(0,1)^{\mathrm{T}}$ 和基 $\boldsymbol{\alpha}_1=(1,1)^{\mathrm{T}}$,$\boldsymbol{\alpha}_2=(-1,2)^{\mathrm{T}}$ 下,$\boldsymbol{\alpha}=(2,3)^{\mathrm{T}}$ 的坐标分别是 $(2,3)^{\mathrm{T}}$ 和 $\left(\frac{7}{3},\frac{1}{3}\right)^{\mathrm{T}}$. 由此可见,向量在不同基下的坐标一般是不同的. 那么,由两组不同基之间的联系能否得到向量在这两组基下坐标之间的关系呢?

设 V 为任一 n 维向量空间,令 $\boldsymbol{\alpha}_1,\boldsymbol{\alpha}_2,\cdots,\boldsymbol{\alpha}_n$ 及 $\boldsymbol{\beta}_1,\boldsymbol{\beta}_2,\cdots,\boldsymbol{\beta}_n$ 为 V 的两组不同的基,则 $\boldsymbol{\beta}_1,\boldsymbol{\beta}_2,\cdots,\boldsymbol{\beta}_n$ 可以由 $\boldsymbol{\alpha}_1,\boldsymbol{\alpha}_2,\cdots,\boldsymbol{\alpha}_n$ 唯一线性表示:

$$\begin{cases}\boldsymbol{\beta}_1=p_{11}\boldsymbol{\alpha}_1+p_{21}\boldsymbol{\alpha}_2+\cdots+p_{n1}\boldsymbol{\alpha}_n,\\ \boldsymbol{\beta}_2=p_{12}\boldsymbol{\alpha}_1+p_{22}\boldsymbol{\alpha}_2+\cdots+p_{n2}\boldsymbol{\alpha}_n,\\ \cdots\cdots\\ \boldsymbol{\beta}_n=p_{1n}\boldsymbol{\alpha}_1+p_{2n}\boldsymbol{\alpha}_2+\cdots+p_{nn}\boldsymbol{\alpha}_n,\end{cases}$$

上式可用矩阵的形式表示为

$$(\boldsymbol{\beta}_1,\boldsymbol{\beta}_2,\cdots,\boldsymbol{\beta}_n)=(\boldsymbol{\alpha}_1,\boldsymbol{\alpha}_2,\cdots,\boldsymbol{\alpha}_n)\begin{pmatrix}p_{11}&p_{12}&\cdots&p_{1n}\\p_{21}&p_{22}&\cdots&p_{2n}\\\vdots&\vdots&&\vdots\\p_{n1}&p_{n2}&\cdots&p_{nn}\end{pmatrix}.$$

令

$$\boldsymbol{P}=\begin{pmatrix}p_{11}&p_{12}&\cdots&p_{1n}\\p_{21}&p_{22}&\cdots&p_{2n}\\\vdots&\vdots&&\vdots\\p_{n1}&p_{n2}&\cdots&p_{nn}\end{pmatrix},$$

则

$$(\boldsymbol{\beta}_1,\boldsymbol{\beta}_2,\cdots,\boldsymbol{\beta}_n)=(\boldsymbol{\alpha}_1,\boldsymbol{\alpha}_2,\cdots,\boldsymbol{\alpha}_n)\boldsymbol{P}.$$

上式称为**基变换公式**,其中矩阵 $\boldsymbol{P}$ 称为从基 $\boldsymbol{\alpha}_1,\boldsymbol{\alpha}_2,\cdots,\boldsymbol{\alpha}_n$ 到基 $\boldsymbol{\beta}_1,\boldsymbol{\beta}_2,\cdots,\boldsymbol{\beta}_n$ 的**过渡矩阵**.

令 $\boldsymbol{x}=(x_1,x_2,\cdots,x_n)^{\mathrm{T}}$. 由于 $\boldsymbol{\beta}_1,\boldsymbol{\beta}_2,\cdots,\boldsymbol{\beta}_n$ 是线性无关的,因此 $(\boldsymbol{\beta}_1,\boldsymbol{\beta}_2,\cdots,\boldsymbol{\beta}_n)\boldsymbol{x}=\boldsymbol{0}$ 只有零解,即 $(\boldsymbol{\alpha}_1,\boldsymbol{\alpha}_2,\cdots,\boldsymbol{\alpha}_n)\boldsymbol{P}\boldsymbol{x}=\boldsymbol{0}$ 只有零解. 又因为 $\boldsymbol{\alpha}_1,\boldsymbol{\alpha}_2,\cdots,\boldsymbol{\alpha}_n$ 是线性无关的,因此 $\boldsymbol{P}\boldsymbol{x}=\boldsymbol{0}$ 只有零解,即 $\mathrm{r}(\boldsymbol{P})=n$,因而

过渡矩阵 $\boldsymbol{P}$ 是非奇异的.

换一种角度看,设 $\boldsymbol{\alpha}_1,\boldsymbol{\alpha}_2,\cdots,\boldsymbol{\alpha}_n$ 为向量空间 V 的一组基,$\boldsymbol{P}$ 为任一 n 阶非奇异矩阵,令

$$(\boldsymbol{\beta}_1,\boldsymbol{\beta}_2,\cdots,\boldsymbol{\beta}_n)=(\boldsymbol{\alpha}_1,\boldsymbol{\alpha}_2,\cdots,\boldsymbol{\alpha}_n)\boldsymbol{P},$$

则有 $\boldsymbol{\beta}_1,\boldsymbol{\beta}_2,\cdots,\boldsymbol{\beta}_n$ 也线性无关,因而也是 V 的一组基. 上述事实告诉我们,初选 V 的一组基,然后选择不同的过渡矩阵,即可获得满意的基.

定理 3.19 设 V 为 n 维向量空间,V 中的一个向量 $\boldsymbol{\alpha}$ 在基 $\boldsymbol{\alpha}_1,\boldsymbol{\alpha}_2,\cdots,\boldsymbol{\alpha}_n$ 下的坐标为 $(x_1,x_2,\cdots,x_n)^{\mathrm{T}}$,在基 $\boldsymbol{\beta}_1,\boldsymbol{\beta}_2,\cdots,\boldsymbol{\beta}_n$ 下的坐标为 $(y_1,y_2,\cdots,y_n)^{\mathrm{T}}$,从基 $\boldsymbol{\alpha}_1,\boldsymbol{\alpha}_2,\cdots,\boldsymbol{\alpha}_n$ 到基 $\boldsymbol{\beta}_1,\boldsymbol{\beta}_2,\cdots,\boldsymbol{\beta}_n$ 的过渡矩阵为 $\boldsymbol{P}$,则有**坐标变换公式**

$$\begin{pmatrix} y_1 \\ y_2 \\ \vdots \\ y_n \end{pmatrix}=\boldsymbol{P}^{-1}\begin{pmatrix} x_1 \\ x_2 \\ \vdots \\ x_n \end{pmatrix}.$$

证 因为

$$\boldsymbol{\alpha}=(\boldsymbol{\alpha}_1,\boldsymbol{\alpha}_2,\cdots,\boldsymbol{\alpha}_n)\begin{pmatrix} x_1 \\ x_2 \\ \vdots \\ x_n \end{pmatrix}=(\boldsymbol{\beta}_1,\boldsymbol{\beta}_2,\cdots,\boldsymbol{\beta}_n)\begin{pmatrix} y_1 \\ y_2 \\ \vdots \\ y_n \end{pmatrix},$$

$$(\boldsymbol{\beta}_1,\boldsymbol{\beta}_2,\cdots,\boldsymbol{\beta}_n)=(\boldsymbol{\alpha}_1,\boldsymbol{\alpha}_2,\cdots,\boldsymbol{\alpha}_n)\boldsymbol{P},$$

所以

$$(\boldsymbol{\alpha}_1,\boldsymbol{\alpha}_2,\cdots,\boldsymbol{\alpha}_n)\begin{pmatrix} x_1 \\ x_2 \\ \vdots \\ x_n \end{pmatrix}=(\boldsymbol{\alpha}_1,\boldsymbol{\alpha}_2,\cdots,\boldsymbol{\alpha}_n)\boldsymbol{P}\begin{pmatrix} y_1 \\ y_2 \\ \vdots \\ y_n \end{pmatrix},$$

即

$$\begin{pmatrix} y_1 \\ y_2 \\ \vdots \\ y_n \end{pmatrix}=\boldsymbol{P}^{-1}\begin{pmatrix} x_1 \\ x_2 \\ \vdots \\ x_n \end{pmatrix}.$$

例 3.17 设 $\mathbf{R}^2$ 的两组基分别为 $\boldsymbol{\alpha}_1,\boldsymbol{\alpha}_2$ 与 $\boldsymbol{\beta}_1,\boldsymbol{\beta}_2$,其中

$$\boldsymbol{\alpha}_1=(-3,4)^{\mathrm{T}},\quad \boldsymbol{\alpha}_2=(1,-1)^{\mathrm{T}},\quad \boldsymbol{\beta}_1=(2,3)^{\mathrm{T}},\quad \boldsymbol{\beta}_2=(-1,2)^{\mathrm{T}}.$$

(a) 求从基 $\boldsymbol{\alpha}_1,\boldsymbol{\alpha}_2$ 到基 $\boldsymbol{\beta}_1,\boldsymbol{\beta}_2$ 的过渡矩阵；

(b) 若向量 $\boldsymbol{\alpha}\in\mathbf{R}^2$ 在基 $\boldsymbol{\alpha}_1,\boldsymbol{\alpha}_2$ 下的坐标为 $(4,1)^{\mathrm{T}}$，求 $\boldsymbol{\alpha}$ 在基 $\boldsymbol{\beta}_1,\boldsymbol{\beta}_2$ 下的坐标.

解　(a) 从基 $\boldsymbol{\alpha}_1,\boldsymbol{\alpha}_2$ 到基 $\boldsymbol{\beta}_1,\boldsymbol{\beta}_2$ 的过渡矩阵 $\boldsymbol{P}$ 满足 $(\boldsymbol{\beta}_1,\boldsymbol{\beta}_2)=(\boldsymbol{\alpha}_1,\boldsymbol{\alpha}_2)\boldsymbol{P}$，从而

$$\boldsymbol{P}=(\boldsymbol{\alpha}_1,\boldsymbol{\alpha}_2)^{-1}(\boldsymbol{\beta}_1,\boldsymbol{\beta}_2)=\begin{pmatrix}-3 & 1\\ 4 & -1\end{pmatrix}^{-1}\begin{pmatrix}2 & -1\\ 3 & 2\end{pmatrix}$$
$$=\begin{pmatrix}1 & 1\\ 4 & 3\end{pmatrix}\begin{pmatrix}2 & -1\\ 3 & 2\end{pmatrix}=\begin{pmatrix}5 & 1\\ 17 & 2\end{pmatrix}.$$

(b) 由坐标变换公式知，$\boldsymbol{\alpha}$ 在基 $\boldsymbol{\beta}_1,\boldsymbol{\beta}_2$ 下的坐标为

$$\boldsymbol{P}^{-1}\begin{pmatrix}4\\1\end{pmatrix}=\begin{pmatrix}5 & 1\\ 17 & 2\end{pmatrix}^{-1}\begin{pmatrix}4\\1\end{pmatrix}=\frac{1}{7}\begin{pmatrix}-2 & 1\\ 17 & -5\end{pmatrix}\begin{pmatrix}4\\1\end{pmatrix}=\begin{pmatrix}-1\\9\end{pmatrix}.$$

也可以先计算出 $\boldsymbol{\alpha}$，再按照坐标的定义求出 $\boldsymbol{\alpha}$ 在基 $\boldsymbol{\beta}_1,\boldsymbol{\beta}_2$ 下的坐标. 由 $\boldsymbol{\alpha}$ 在基 $\boldsymbol{\alpha}_1,\boldsymbol{\alpha}_2$ 下的坐标为 $(4,1)^{\mathrm{T}}$ 得

$$\boldsymbol{\alpha}=4\boldsymbol{\alpha}_1+\boldsymbol{\alpha}_2=(-11,15)^{\mathrm{T}}.$$

设 $\boldsymbol{\alpha}$ 在基 $\boldsymbol{\beta}_1,\boldsymbol{\beta}_2$ 下的坐标为 $(y_1,y_2)^{\mathrm{T}}$，则 $\boldsymbol{\alpha}=y_1\boldsymbol{\beta}_1+y_2\boldsymbol{\beta}_2$，即

$$\begin{cases}-11=2y_1-y_2,\\ 15=3y_1+2y_2,\end{cases}$$

解得

$$(y_1,y_2)^{\mathrm{T}}=(-1,9)^{\mathrm{T}}.$$

习题 3.5

1. 求从 $\mathbf{R}^2$ 的基 $\boldsymbol{\alpha}_1,\boldsymbol{\alpha}_2$ 到基 $\boldsymbol{e}_1,\boldsymbol{e}_2$ 的过渡矩阵，其中 $\boldsymbol{\alpha}_1,\boldsymbol{\alpha}_2$ 如下：

(a) $\boldsymbol{\alpha}_1=(1,1)^{\mathrm{T}},\boldsymbol{\alpha}_2=(2,3)^{\mathrm{T}}$；　　(b) $\boldsymbol{\alpha}_1=(-1,2)^{\mathrm{T}},\boldsymbol{\alpha}_2=(3,5)^{\mathrm{T}}$.

2. 设 $\boldsymbol{\alpha}_1=(1,1,1)^{\mathrm{T}},\boldsymbol{\alpha}_2=(1,2,3)^{\mathrm{T}},\boldsymbol{\alpha}_3=(2,3,2)^{\mathrm{T}}$ 构成 $\mathbf{R}^3$ 的一组基.

(a) 求从基 $\boldsymbol{\alpha}_1,\boldsymbol{\alpha}_2,\boldsymbol{\alpha}_3$ 到基 $\boldsymbol{e}_1,\boldsymbol{e}_2,\boldsymbol{e}_3$ 的过渡矩阵；

(b) 求 $(-1,-2,0)^{\mathrm{T}}$ 在基 $\boldsymbol{\alpha}_1,\boldsymbol{\alpha}_2,\boldsymbol{\alpha}_3$ 下的坐标；

(c) 若向量 $\boldsymbol{\beta}_1=(4,3,2)^{\mathrm{T}},\boldsymbol{\beta}_2=(0,1,0)^{\mathrm{T}},\boldsymbol{\beta}_3=(0,1,1)^{\mathrm{T}},\boldsymbol{\alpha}=2\boldsymbol{\beta}_1+\boldsymbol{\beta}_2-\boldsymbol{\beta}_3$，求 $\boldsymbol{\alpha}$ 在基 $\boldsymbol{\alpha}_1,\boldsymbol{\alpha}_2,\boldsymbol{\alpha}_3$ 下的坐标.

3. 设 $\boldsymbol{\alpha}_1=(1,1)^{\mathrm{T}},\boldsymbol{\alpha}_2=(2,3)^{\mathrm{T}}$ 构成 $\mathbf{R}^2$ 的一组基，矩阵 $\boldsymbol{S}=\begin{pmatrix}3 & 5\\ 1 & 2\end{pmatrix}$，求 $\mathbf{R}^2$ 的一组基 $\boldsymbol{\beta}_1,\boldsymbol{\beta}_2$，使得 $\boldsymbol{S}$ 为从基 $\boldsymbol{\alpha}_1,\boldsymbol{\alpha}_2$ 到基 $\boldsymbol{\beta}_1,\boldsymbol{\beta}_2$ 的过渡矩阵.

4. 设 $\boldsymbol{e}_1,\boldsymbol{e}_2;\boldsymbol{\alpha}_1,\boldsymbol{\alpha}_2;\boldsymbol{\beta}_1,\boldsymbol{\beta}_2$ 为 $\mathbf{R}^2$ 的三组基，$\boldsymbol{P},\boldsymbol{Q}$ 分别是从基 $\boldsymbol{\alpha}_1,\boldsymbol{\alpha}_2$ 到基 $\boldsymbol{e}_1,\boldsymbol{e}_2$，从基 $\boldsymbol{\beta}_1,\boldsymbol{\beta}_2$ 到基 $\boldsymbol{\alpha}_1,\boldsymbol{\alpha}_2$ 的过渡矩阵，证明：$\boldsymbol{QP}$ 是从基 $\boldsymbol{\beta}_1,\boldsymbol{\beta}_2$ 到基 $\boldsymbol{e}_1,\boldsymbol{e}_2$ 的过渡矩阵.

§3.6 线性变换

进一步学习和研究向量空间时，一类重要的变换就是线性变换.

定义 3.14 设 V 和 U 均是向量空间. 若映射 $L:V\to U$ 满足：

(a) 对于任意 $\boldsymbol{\alpha},\boldsymbol{\beta}\in V$，有 $L(\boldsymbol{\alpha}+\boldsymbol{\beta})=L(\boldsymbol{\alpha})+L(\boldsymbol{\beta})$；

(b) 对于任意 $\boldsymbol{\alpha}\in V$ 及任意常数 k，有 $L(k\boldsymbol{\alpha})=kL(\boldsymbol{\alpha})$，

则称 L 为**线性变换**或**线性映射**.

换句话说，如果映射 $L:V\to U$“保持”向量空间上的两个基本运算——向量的加法与数量乘法，那么它是线性变换.

线性变换的几何意义

如果向量空间 V 和 U 是相同的，那么我们称线性变换 $L:V\to U$ 为 V 上的**线性算子**.

将 $k=0$ 代入定义 3.14 中的条件(b)，可得 $L(\mathbf{0})=\mathbf{0}$，即每个线性变换将零向量映射到零向量. 另外，对于任意 $\boldsymbol{\alpha},\boldsymbol{\beta}\in V$ 及任意常数 k,l，运用定义 3.14 中的两个条件，可得到

$$L(k\boldsymbol{\alpha}+l\boldsymbol{\beta})=L(k\boldsymbol{\alpha})+L(l\boldsymbol{\beta})=kL(\boldsymbol{\alpha})+lL(\boldsymbol{\beta}).$$

显然，上式等价于定义 3.14 中的两个条件.

例 3.18 设 $L:V\to V$ 是使每个 $\boldsymbol{\alpha}\in V$ 对应于 $\mathbf{0}\in V$ 的映射，则对于任意 $\boldsymbol{\alpha},\boldsymbol{\beta}\in V$ 及任意常数 k，有

$$L(\boldsymbol{\alpha}+\boldsymbol{\beta})=\mathbf{0}=\mathbf{0}+\mathbf{0}=L(\boldsymbol{\alpha})+L(\boldsymbol{\beta}) \quad 与 \quad L(k\boldsymbol{\alpha})=\mathbf{0}=k\mathbf{0}=kL(\boldsymbol{\alpha}).$$

因此，L 为线性变换（这时称 L 为**零变换**，通常用 0 来表示）.

例 3.19 设 $L:V\to V$ 为恒等映射，则对于任意 $\boldsymbol{\alpha},\boldsymbol{\beta}\in V$ 及任意常数 k,l，有

$$L(k\boldsymbol{\alpha}+l\boldsymbol{\beta})=k\boldsymbol{\alpha}+l\boldsymbol{\beta}=kL(\boldsymbol{\alpha})+lL(\boldsymbol{\beta}),$$

从而 L 是线性算子（这时称 L 为**恒等变换**，通常用 I 来表示）.

性质 3.1 若 L 为从向量空间 V 到向量空间 U 的线性变换，则

(a) $L(\mathbf{0}_V)=\mathbf{0}_U$，其中 $\mathbf{0}_V$ 和 $\mathbf{0}_U$ 分别为 V 和 U 中的零向量.

(b) 对于任意 $\boldsymbol{\alpha}_1,\cdots,\boldsymbol{\alpha}_n\in V$ 及任意常数 $k_1,\cdots,k_n$，有

$$L(k_1\boldsymbol{\alpha}_1+\cdots+k_n\boldsymbol{\alpha}_n)=k_1L(\boldsymbol{\alpha}_1)+\cdots+k_nL(\boldsymbol{\alpha}_n).$$

(c) 对于任意 $\boldsymbol{\alpha}\in V$，有 $L(-\boldsymbol{\alpha})=-L(\boldsymbol{\alpha})$.

(d) 如果 $\boldsymbol{\alpha}_1,\boldsymbol{\alpha}_2,\cdots,\boldsymbol{\alpha}_n$ 线性相关，那么 $L(\boldsymbol{\alpha}_1),L(\boldsymbol{\alpha}_2),\cdots,L(\boldsymbol{\alpha}_n)$线性相关；如果 $L(\boldsymbol{\alpha}_1)$，$L(\boldsymbol{\alpha}_2),\cdots,L(\boldsymbol{\alpha}_n)$线性无关，那么 $\boldsymbol{\alpha}_1,\boldsymbol{\alpha}_2,\cdots,\boldsymbol{\alpha}_n$ 线性无关.

证　只证明(c)，其余留给读者自己完成.

利用(a)，有

$$\mathbf{0}_U=L(\mathbf{0}_V)=L(\boldsymbol{\alpha}+(-\boldsymbol{\alpha}))=L(\boldsymbol{\alpha})+L(-\boldsymbol{\alpha}),$$

因此 $L(-\boldsymbol{\alpha})$为 $L(\boldsymbol{\alpha})$的加法逆元(负元)，即

$$L(-\boldsymbol{\alpha})=-L(\boldsymbol{\alpha}).$$

例 3.20　设 $L:\mathbf{R}^2\to\mathbf{R}^3$ 为一个映射，定义为

$$L(\boldsymbol{x})=(x_1,x_2,x_1+x_2)^{\mathrm{T}}\quad(\forall\,\boldsymbol{x}=(x_1,x_2)^{\mathrm{T}}\in\mathbf{R}^2).$$

由于对于任意 $\boldsymbol{x}=(x_1,x_2)^{\mathrm{T}},\boldsymbol{y}=(y_1,y_2)^{\mathrm{T}}\in\mathbf{R}^2$ 及任意常数 k，有

$$L(k\boldsymbol{x})=(kx_1,kx_2,kx_1+kx_2)^{\mathrm{T}}=kL(\boldsymbol{x}),$$

$$L(\boldsymbol{x}+\boldsymbol{y})=(x_1+y_1,x_2+y_2,x_1+y_1+x_2+y_2)^{\mathrm{T}}=L(\boldsymbol{x})+L(\boldsymbol{y}),$$

所以 L 为线性变换.

注意到在例 3.20 中，如果我们给定矩阵 $\boldsymbol{A}$ 为

$$\boldsymbol{A}=\begin{pmatrix}1&0\\0&1\\1&1\end{pmatrix},$$

则对于任意 $\boldsymbol{x}=(x_1,x_2)^{\mathrm{T}}\in\mathbf{R}^2$，有

$$L(\boldsymbol{x})=\begin{pmatrix}x_1\\x_2\\x_1+x_2\end{pmatrix}=\boldsymbol{Ax}.$$

一般地，如果 $\boldsymbol{A}$ 为任一 $m\times n$ 矩阵，我们可定义一个从 $\mathbf{R}^n$ 到 $\mathbf{R}^m$ 的变换 $L_{\boldsymbol{A}}$，使得对于任意 $\boldsymbol{x}\in\mathbf{R}^n$，有

$$L_{\boldsymbol{A}}(\boldsymbol{x})=\boldsymbol{Ax}.$$

变换 $L_{\boldsymbol{A}}$ 为线性变换，因为对于任意 $\boldsymbol{\alpha},\boldsymbol{\beta}\in\mathbf{R}^n$ 及任意常数 k,l，有

$$L_{\boldsymbol{A}}(k\boldsymbol{\alpha}+l\boldsymbol{\beta})=\boldsymbol{A}(k\boldsymbol{\alpha}+l\boldsymbol{\beta})=k\boldsymbol{A\alpha}+l\boldsymbol{A\beta}=kL_{\boldsymbol{A}}(\boldsymbol{\alpha})+lL_{\boldsymbol{A}}(\boldsymbol{\beta}).$$

因此，我们可认为每个 $m\times n$ 矩阵 $\boldsymbol{A}$ 定义了一个从 $\mathbf{R}^n$ 到 $\mathbf{R}^m$ 的线性变换. 下面我们将讨论它的逆问题：对于任一线性变换 $L_{\boldsymbol{A}}:\mathbf{R}^n\to\mathbf{R}^m$，是否存在一个 $m\times n$ 矩阵 $\boldsymbol{A}$，使得 $L_{\boldsymbol{A}}(\boldsymbol{x})=\boldsymbol{Ax}$? 同时，我们还将研究如何把任意有限维向量空间上的一个线性变换表示为一个矩阵.

定理 3.20 设 $L:\mathbf{R}^n\to\mathbf{R}^m$ 为线性变换，则存在一个 $m\times n$ 矩阵 $\boldsymbol{A}$，使得

$$L(\boldsymbol{x})=\boldsymbol{A}\boldsymbol{x}\quad(\forall\,\boldsymbol{x}\in\mathbf{R}^n),$$

且 $\boldsymbol{A}$ 的列向量为

$$\boldsymbol{a}_j=L(\boldsymbol{e}_j)\quad(j=1,2,\cdots,n).$$

证 设 $\boldsymbol{x}=(x_1,x_2,\cdots,x_n)^{\mathrm{T}}\in\mathbf{R}^n$，则 $\boldsymbol{x}=x_1\boldsymbol{e}_1+x_2\boldsymbol{e}_2+\cdots+x_n\boldsymbol{e}_n$. 于是有

$$L(\boldsymbol{x})=x_1L(\boldsymbol{e}_1)+x_2L(\boldsymbol{e}_2)+\cdots+x_nL(\boldsymbol{e}_n).$$

记 $\boldsymbol{a}_j=L(\boldsymbol{e}_j)\ (j=1,2,\cdots,n)$，$\boldsymbol{A}=(\boldsymbol{a}_1,\boldsymbol{a}_2,\cdots,\boldsymbol{a}_n)$，则

$$\begin{aligned}L(\boldsymbol{x})&=x_1\boldsymbol{a}_1+x_2\boldsymbol{a}_2+\cdots+x_n\boldsymbol{a}_n\\&=(\boldsymbol{a}_1,\boldsymbol{a}_2,\cdots,\boldsymbol{a}_n)\begin{pmatrix}x_1\\x_2\\\vdots\\x_n\end{pmatrix}=\boldsymbol{A}\boldsymbol{x}.\end{aligned}$$

从上述证明过程中我们发现，任意给定的线性变换 $L:\mathbf{R}^n\to\mathbf{R}^m$ 均可表示为一个 $m\times n$ 矩阵 $\boldsymbol{A}$，其中 $\boldsymbol{A}$ 的各列向量 $\boldsymbol{a}_j\,(j=1,2,\cdots,n)$ 依次为 $\mathbf{R}^n$ 的标准基向量 $\boldsymbol{e}_j$ 在 L 下的像，即 $\boldsymbol{a}_j=L(\boldsymbol{e}_j)$. 通常称 $\boldsymbol{A}$ 为 L 的**标准表示矩阵**.

例 3.21 设 $L:\mathbf{R}^3\to\mathbf{R}^2$ 为线性变换，且

$$L(\boldsymbol{x})=(x_1+x_2,x_2-x_3)^{\mathrm{T}}\quad(\forall\,\boldsymbol{x}=(x_1,x_2,x_3)^{\mathrm{T}}\in\mathbf{R}^3),$$

求矩阵 $\boldsymbol{A}$，使得 $L(\boldsymbol{x})=\boldsymbol{A}\boldsymbol{x}$.

解 先求 $\mathbf{R}^3$ 的标准基 $\boldsymbol{e}_1,\boldsymbol{e}_2,\boldsymbol{e}_3$ 在 L 下的像：

$$L(\boldsymbol{e}_1)=L((1,0,0)^{\mathrm{T}})=\begin{pmatrix}1\\0\end{pmatrix},\quad L(\boldsymbol{e}_2)=L((0,1,0)^{\mathrm{T}})=\begin{pmatrix}1\\1\end{pmatrix},$$

$$L(\boldsymbol{e}_3)=L((0,0,1)^{\mathrm{T}})=\begin{pmatrix}0\\-1\end{pmatrix};$$

再以此作为所求矩阵 $\boldsymbol{A}$ 的三个列向量，得

$$\boldsymbol{A}=(L(\boldsymbol{e}_1),L(\boldsymbol{e}_2),L(\boldsymbol{e}_3))=\begin{pmatrix}1&1&0\\0&1&-1\end{pmatrix}.$$

一般地，设 Ⅰ：$\boldsymbol{\alpha}_1,\boldsymbol{\alpha}_2,\cdots,\boldsymbol{\alpha}_n$ 和 Ⅱ：$\boldsymbol{\beta}_1,\boldsymbol{\beta}_2,\cdots,\boldsymbol{\beta}_m$ 分别是向量空间 $\mathbf{R}^n$ 和 $\mathbf{R}^m$ 的基，$L:\mathbf{R}^n\to\mathbf{R}^m$ 是线性变换. 若存在 $m\times n$ 矩阵 $\boldsymbol{A}$，使得

$$(L(\boldsymbol{\alpha}_1),L(\boldsymbol{\alpha}_2),\cdots,L(\boldsymbol{\alpha}_n))=(\boldsymbol{\beta}_1,\boldsymbol{\beta}_2,\cdots,\boldsymbol{\beta}_m)\boldsymbol{A},$$

则称 $\boldsymbol{A}$ 为线性变换 L 相应于 $\mathbf{R}^n$ 的基Ⅰ和 $\mathbf{R}^m$ 的基Ⅱ的**表示矩阵**.

为了求线性变换 $L:\mathbf{R}^n\to\mathbf{R}^m$ 相应于 $\mathbf{R}^n$ 的基Ⅰ: $\boldsymbol{\alpha}_1,\boldsymbol{\alpha}_2,\cdots,\boldsymbol{\alpha}_n$ 和 $\mathbf{R}^m$ 的基Ⅱ: $\boldsymbol{\beta}_1,\boldsymbol{\beta}_2,\cdots,\boldsymbol{\beta}_m$ 的表示矩阵 $\boldsymbol{A}$,我们需要将向量 $L(\boldsymbol{\alpha}_j)(j=1,2,\cdots,n)$ 表示为 $\boldsymbol{\beta}_1,\boldsymbol{\beta}_2,\cdots,\boldsymbol{\beta}_m$ 的线性组合. 这等价于解线性方程组

$$\boldsymbol{B}\boldsymbol{x}=L(\boldsymbol{\alpha}_j),\quad 其中\quad \boldsymbol{B}=(\boldsymbol{\beta}_1,\boldsymbol{\beta}_2,\cdots,\boldsymbol{\beta}_m).$$

定理 3.21 设Ⅰ: $\boldsymbol{\alpha}_1,\boldsymbol{\alpha}_2,\cdots,\boldsymbol{\alpha}_n$ 和Ⅱ: $\boldsymbol{\beta}_1,\boldsymbol{\beta}_2,\cdots,\boldsymbol{\beta}_m$ 分别是向量空间 $\mathbf{R}^n$ 和 $\mathbf{R}^m$ 的基. 若 $L:\mathbf{R}^n\to\mathbf{R}^m$ 为线性变换,且 $\boldsymbol{A}=(\boldsymbol{a}_1,\boldsymbol{a}_2,\cdots,\boldsymbol{a}_n)$ 为 L 相应于 $\mathbf{R}^n$ 的基Ⅰ和 $\mathbf{R}^m$ 的基Ⅱ的表示矩阵,则

$$\boldsymbol{a}_j=\boldsymbol{B}^{-1}L(\boldsymbol{\alpha}_j)\ (j=1,2,\cdots,n),\quad 其中\quad \boldsymbol{B}=(\boldsymbol{\beta}_1,\boldsymbol{\beta}_2,\cdots,\boldsymbol{\beta}_m).$$

证 记 $\boldsymbol{B}=(\boldsymbol{\beta}_1,\boldsymbol{\beta}_2,\cdots,\boldsymbol{\beta}_m)$. 若 $\boldsymbol{A}=(a_{ij})=(\boldsymbol{a}_1,\boldsymbol{a}_2,\cdots,\boldsymbol{a}_n)$ 为 L 相应于 $\mathbf{R}^n$ 的基Ⅰ和 $\mathbf{R}^m$ 的基Ⅱ的表示矩阵,则

$$L(\boldsymbol{\alpha}_j)=a_{1j}\boldsymbol{\beta}_1+a_{2j}\boldsymbol{\beta}_2+\cdots+a_{mj}\boldsymbol{\beta}_m=\boldsymbol{B}\boldsymbol{a}_j\quad(j=1,2,\cdots,n).$$

由于矩阵 $\boldsymbol{B}$ 是非奇异的,因此

$$\boldsymbol{a}_j=\boldsymbol{B}^{-1}L(\boldsymbol{\alpha}_j)\quad(j=1,2,\cdots,n).$$

由于

$$\begin{aligned}\boldsymbol{B}^{-1}(\boldsymbol{B}\,\vdots\,L(\boldsymbol{\alpha}_1),\cdots,L(\boldsymbol{\alpha}_n))&=(\boldsymbol{E}\,\vdots\,\boldsymbol{B}^{-1}L(\boldsymbol{\alpha}_1),\cdots,\boldsymbol{B}^{-1}L(\boldsymbol{\alpha}_n))\\&=(\boldsymbol{E}\,\vdots\,\boldsymbol{a}_1,\cdots,\boldsymbol{a}_n)=(\boldsymbol{E}\,\vdots\,\boldsymbol{A}),\end{aligned}$$

因此实际应用中可通过对矩阵 $(\boldsymbol{B}\,\vdots\,L(\boldsymbol{\alpha}_1),\cdots,L(\boldsymbol{\alpha}_n))$ 施行初等行变换,将其变成行最简形矩阵来获得所求线性变换的表示矩阵 $\boldsymbol{A}$,即

$$(\boldsymbol{B}\,\vdots\,L(\boldsymbol{\alpha}_1),\cdots,L(\boldsymbol{\alpha}_n))\xrightarrow{一系列初等行变换}(\boldsymbol{E}\,\vdots\,\boldsymbol{A}).$$

例 3.22 设 $L:\mathbf{R}^2\to\mathbf{R}^3$ 为线性变换,定义为

$$L(\boldsymbol{x})=(x_2,x_1-x_2,x_1+x_2)^{\mathrm{T}}\quad(\forall\,\boldsymbol{x}=(x_1,x_2)^{\mathrm{T}}\in\mathbf{R}^2).$$

求 L 相应于 $\mathbf{R}^2$ 的基 $\boldsymbol{\alpha}_1,\boldsymbol{\alpha}_2$ 和 $\mathbf{R}^3$ 的基 $\boldsymbol{\beta}_1,\boldsymbol{\beta}_2,\boldsymbol{\beta}_3$ 的表示矩阵,其中

$$\boldsymbol{\alpha}_1=(1,2)^{\mathrm{T}},\quad \boldsymbol{\alpha}_2=(1,1)^{\mathrm{T}},\quad \boldsymbol{\beta}_1=(1,0,0)^{\mathrm{T}},\quad \boldsymbol{\beta}_2=(1,0,1)^{\mathrm{T}},\quad \boldsymbol{\beta}_3=(1,1,1)^{\mathrm{T}}.$$

解 先求 $L(\boldsymbol{\alpha}_1),L(\boldsymbol{\alpha}_2)$:

$$L(\boldsymbol{\alpha}_1)=(2,-1,3)^{\mathrm{T}},\quad L(\boldsymbol{\alpha}_2)=(1,0,2)^{\mathrm{T}}.$$

再利用初等行变换,将矩阵 $(\boldsymbol{\beta}_1,\boldsymbol{\beta}_2,\boldsymbol{\beta}_3\,\vdots\,L(\boldsymbol{\alpha}_1),L(\boldsymbol{\alpha}_2))$ 化为行最简形矩阵:

$$(\boldsymbol{\beta}_1,\boldsymbol{\beta}_2,\boldsymbol{\beta}_3\,\vdots\,L(\boldsymbol{\alpha}_1),L(\boldsymbol{\alpha}_2))=\left(\begin{array}{ccc:cc}1&1&1&2&1\\0&0&1&-1&0\\0&1&1&3&2\end{array}\right)\to\left(\begin{array}{ccc:cc}1&0&0&-1&-1\\0&1&0&4&2\\0&0&1&-1&0\end{array}\right).$$

于是，所求的 L 相应于给定基的表示矩阵为

$$\boldsymbol{A}=\begin{bmatrix}-1 & -1\\ 4 & 2\\ -1 & 0\end{bmatrix}.$$

设 L 是 n 维向量空间 V 上的线性算子. 在 V 中取定一组基 $\boldsymbol{\alpha}_1$，$\boldsymbol{\alpha}_2,\cdots,\boldsymbol{\alpha}_n$. 如果线性算子 L 在这组基下的像可表示为

$$(L(\boldsymbol{\alpha}_1),L(\boldsymbol{\alpha}_2),\cdots,L(\boldsymbol{\alpha}_n))=(\boldsymbol{\alpha}_1,\boldsymbol{\alpha}_2,\cdots,\boldsymbol{\alpha}_n)\boldsymbol{A},$$

那么称 $\boldsymbol{A}$ 为线性算子 L 在基 $\boldsymbol{\alpha}_1,\boldsymbol{\alpha}_2,\cdots,\boldsymbol{\alpha}_n$ 下的表示矩阵.

线性变换的核与像

同一个线性算子在不同的基下有不同的表示矩阵，那么这些矩阵之间有什么关系呢？对此，我们有如下定理：

定理 3.22 设 Ⅰ：$\boldsymbol{\alpha}_1,\boldsymbol{\alpha}_2,\cdots,\boldsymbol{\alpha}_n$ 及 Ⅱ：$\boldsymbol{\beta}_1,\boldsymbol{\beta}_2,\cdots,\boldsymbol{\beta}_n$ 为 n 维向量空间 V 的两组不同的基，并设 L 为 V 上的线性算子，$\boldsymbol{P}$ 为从基 Ⅰ 到基 Ⅱ 的过渡矩阵，记 $\boldsymbol{A}$ 和 $\boldsymbol{B}$ 分别是 L 相应于基 Ⅰ 和 Ⅱ 的表示矩阵，则

$$\boldsymbol{B}=\boldsymbol{P}^{-1}\boldsymbol{A}\boldsymbol{P}.$$

证明从略.

同一个线性算子在不同基下的表示矩阵之间的关系是相似关系. 我们将在最后一章讨论矩阵的相似关系.

习题 3.6

1. 证明下列线性变换为 $\mathbf{R}^2$ 上的线性算子：

(a) $L(\boldsymbol{x})=(-x_1,x_2)^{\mathrm{T}}$ （$\forall\,\boldsymbol{x}=(x_1,x_2)^{\mathrm{T}}\in\mathbf{R}^2$）；

(b) $L(\boldsymbol{x})=\dfrac{1}{2}\boldsymbol{x}$ （$\forall\,\boldsymbol{x}\in\mathbf{R}^2$）；

(c) $L(\boldsymbol{x})=(x_2,x_1)^{\mathrm{T}}$ （$\forall\,\boldsymbol{x}=(x_1,x_2)^{\mathrm{T}}\in\mathbf{R}^2$）；

(d) $L(\boldsymbol{x})=x_2\boldsymbol{e}_2$ （$\forall\,\boldsymbol{x}=(x_1,x_2)^{\mathrm{T}}\in\mathbf{R}^2$）.

2. 设 $\boldsymbol{a}$ 为 $\mathbf{R}^2$ 中固定的非零向量，则称映射

$$L(\boldsymbol{x})=\boldsymbol{x}+\boldsymbol{a}\quad(\forall\,\boldsymbol{x}\in\mathbf{R}^2)$$

为一个平移. 证明：平移不是线性算子.

3. 设 $L:\mathbf{R}^2\to\mathbf{R}^2$ 为线性算子，并且有 $L((1,2)^{\mathrm{T}})=(-2,3)^{\mathrm{T}}$，$L((1,-1)^{\mathrm{T}})=(3,2)^{\mathrm{T}}$，求 $L((7,6)^{\mathrm{T}})$.

4. 判断下列映射是否为从 $\mathbf{R}^3$ 到 $\mathbf{R}^2$ 的线性变换：

(a) $L(\boldsymbol{x})=(x_2,x_3)^{\mathrm{T}}$ $(\forall\,\boldsymbol{x}=(x_1,x_2,x_3)^{\mathrm{T}}\in\mathbf{R}^3)$；

(b) $L(\boldsymbol{x})=(2+x_1,x_2)^{\mathrm{T}}$ $(\forall\,\boldsymbol{x}=(x_1,x_2,x_3)^{\mathrm{T}}\in\mathbf{R}^3)$.

5. 判断下列映射是否为从 $\mathbf{R}^2$ 到 $\mathbf{R}^3$ 的线性变换：

(a) $L(\boldsymbol{x})=(x_1,x_2,0)^{\mathrm{T}}$ $(\forall\,\boldsymbol{x}=(x_1,x_2)^{\mathrm{T}}\in\mathbf{R}^2)$；

(b) $L(\boldsymbol{x})=(x_1,x_2,x_1^2+x_2^2)^{\mathrm{T}}$ $(\forall\,\boldsymbol{x}=(x_1,x_2)^{\mathrm{T}}\in\mathbf{R}^2)$.

6. 设 $\boldsymbol{C}$ 为给定的一个 n 阶方阵，判断下列映射是否为 $\mathbf{R}^{n\times n}$ 上的线性算子：

(a) $L(\boldsymbol{A})=\boldsymbol{AC}+\boldsymbol{CA}$ $(\forall\,\boldsymbol{A}\in\mathbf{R}^{n\times n})$；　　(b) $L(\boldsymbol{A})=\boldsymbol{A}^2\boldsymbol{C}$ $(\forall\,\boldsymbol{A}\in\mathbf{R}^{n\times n})$.

7. 设 L 为从 V 到 U 的线性变换，用数学归纳法证明：对于任意 $\boldsymbol{\alpha}_1,\boldsymbol{\alpha}_2,\cdots,\boldsymbol{\alpha}_n\in V$ 及任意常数 $k_1,k_2,\cdots,k_n$，有

$$L(k_1\boldsymbol{\alpha}_1+k_2\boldsymbol{\alpha}_2+\cdots+k_n\boldsymbol{\alpha}_n)=k_1L(\boldsymbol{\alpha}_1)+k_2L(\boldsymbol{\alpha}_2)+\cdots+k_nL(\boldsymbol{\alpha}_n).$$

8. 设 $\boldsymbol{\alpha}_1,\boldsymbol{\alpha}_2,\cdots,\boldsymbol{\alpha}_n$ 为向量空间 V 的一组基，并设 L_1 和 L_2 为从 V 到 U 的两个线性变换，证明：若 $L_1(\boldsymbol{\alpha}_i)=L_2(\boldsymbol{\alpha}_i)$ $(i=1,2,\cdots,n)$，则 $L_1=L_2$.

9. 对于下列定义的从 $\mathbf{R}^3$ 到 $\mathbf{R}^2$ 的线性变换 L，求矩阵 $\boldsymbol{A}$，使得对于 $\mathbf{R}^3$ 中的每个 $\boldsymbol{x}=(x_1,x_2,x_3)^{\mathrm{T}}$，有 $L(\boldsymbol{x})=\boldsymbol{Ax}$：

(a) $L((x_1,x_2,x_3)^{\mathrm{T}})=(x_1+x_3,0)^{\mathrm{T}}$ $(\forall\,\boldsymbol{x}=(x_1,x_2,x_3)^{\mathrm{T}}\in\mathbf{R}^3)$；

(b) $L((x_1,x_2,x_3)^{\mathrm{T}})=(x_2-x_1,x_3-x_1)^{\mathrm{T}}$ $(\forall\,\boldsymbol{x}=(x_1,x_2,x_3)^{\mathrm{T}}\in\mathbf{R}^3)$.

10. 设 L 为 $\mathbf{R}^3$ 上的线性算子，定义为

$$L(\boldsymbol{x})=(x_1-x_2-x_3,x_2-x_3-x_1,x_3-x_1-x_2)^{\mathrm{T}}\quad(\forall\,\boldsymbol{x}=(x_1,x_2,x_3)^{\mathrm{T}}\in\mathbf{R}^3),$$

求 L 的标准表示矩阵 $\boldsymbol{A}$，并利用 $\boldsymbol{A}$ 求下列向量 $\boldsymbol{x}$ 对应的 $L(\boldsymbol{x})$：

(a) $\boldsymbol{x}=(1,0,1)^{\mathrm{T}}$；　　(b) $\boldsymbol{x}=(1,-1,2)^{\mathrm{T}}$.

11. 设 L：$\mathbf{R}^2\to\mathbf{R}^3$ 为线性变换，定义为

$$L(\boldsymbol{x})=x_1\boldsymbol{b}_1+x_2\boldsymbol{b}_2+(x_1-x_2)\boldsymbol{b}_3\quad(\forall\,\boldsymbol{x}=(x_1,x_2)^{\mathrm{T}}\in\mathbf{R}^2),$$

其中 $\boldsymbol{b}_1=(1,1,0)^{\mathrm{T}},\boldsymbol{b}_2=(1,0,1)^{\mathrm{T}},\boldsymbol{b}_3=(0,1,1)^{\mathrm{T}}$，求 L 相应于 $\mathbf{R}^2$ 的基 $\boldsymbol{e}_1,\boldsymbol{e}_2$ 和 $\mathbf{R}^3$ 的基 $\boldsymbol{b}_1,\boldsymbol{b}_2,\boldsymbol{b}_3$ 的表示矩阵 $\boldsymbol{A}$.

第四章

线性方程组

在本章中，我们重点讨论线性方程组的解的基本理论，包括非齐次线性方程组有解和齐次线性方程组有非零解的充要条件以及它们的解的结构等.第一章中介绍的高斯消元法虽然提供了求解线性方程组的一种方法，但它并没有解决线性方程组有解的充要条件是什么的问题，也未告诉我们自由未知量的个数是否唯一确定，以及有解时对不同自由未知量所求得全部解的集合是否相等.这些皆为本章所要探讨的问题.

§4.1 齐次线性方程组有非零解的条件及其解的结构

学习了矩阵的秩的理论以及向量空间结构的相关概念以后，我们可以解决一个具体的线性模型——$m\times n$ 线性方程组的求解问题. 此类方程组中含有 m 个线性方程和 n 个未知量.

重述一下线性方程组的三种表示. $m\times n$ 线性方程组的一般形式为

$$\begin{cases} a_{11}x_1+a_{12}x_2+\cdots+a_{1n}x_n=b_1, \\ a_{21}x_1+a_{22}x_2+\cdots+a_{2n}x_n=b_2, \\ \cdots\cdots \\ a_{m1}x_1+a_{m2}x_2+\cdots+a_{mn}x_n=b_m. \end{cases} \tag{4.1}$$

记

$$\boldsymbol{x}=(x_1,x_2,\cdots,x_n)^{\mathrm{T}},\quad \boldsymbol{b}=(b_1,b_2,\cdots,b_m)^{\mathrm{T}},\quad \boldsymbol{A}=(\boldsymbol{\alpha}_1,\boldsymbol{\alpha}_2,\cdots,\boldsymbol{\alpha}_n),$$

其中

$$\boldsymbol{\alpha}_j=(a_{1j},a_{2j},\cdots,a_{mj})^{\mathrm{T}},\quad j=1,2,\cdots,n,$$

则有方程组(4.1)的另外两种形式：

$$\boldsymbol{Ax}=\boldsymbol{b}, \tag{4.2}$$

$$x_1\boldsymbol{\alpha}_1+x_2\boldsymbol{\alpha}_2+\cdots+x_n\boldsymbol{\alpha}_n=\boldsymbol{b}. \tag{4.3}$$

若 $\boldsymbol{b}=\boldsymbol{0}$，则方程组(4.1)，(4.2)或(4.3)为齐次线性方程组；若 $\boldsymbol{b}\neq\boldsymbol{0}$，则它们为非齐次线性方程组. 通常称齐次线性方程组 $\boldsymbol{Ax}=\boldsymbol{0}$ 为非齐次线性方程组 $\boldsymbol{Ax}=\boldsymbol{b}$ 的**导出组**.

在第二章中，我们讨论了齐次线性方程组与非齐次线性方程组解的存在性和唯一性问题，得到了如下结果：

(a) 齐次线性方程组 $\boldsymbol{Ax}=\boldsymbol{0}$ 有无穷多个解(非零解)的充要条件是 $\mathrm{r}(\boldsymbol{A})<n$.

(b) 非齐次线性方程组 $\boldsymbol{Ax}=\boldsymbol{b}$ 有解的充要条件是 $\mathrm{r}(\boldsymbol{A})=\mathrm{r}(\boldsymbol{A}\,\vdots\,\boldsymbol{b})$，且当 $\mathrm{r}(\boldsymbol{A})=\mathrm{r}(\boldsymbol{A}\,\vdots\,\boldsymbol{b})=n$ 时，$\boldsymbol{Ax}=\boldsymbol{b}$ 有唯一解；当 $\mathrm{r}(\boldsymbol{A})=\mathrm{r}(\boldsymbol{A}\,\vdots\,\boldsymbol{b})<n$ 时，$\boldsymbol{Ax}=\boldsymbol{b}$ 有无穷多个解.

(c) 若 $\boldsymbol{A}$ 是 n 阶方阵，则线性方程组 $\boldsymbol{Ax}=\boldsymbol{b}$ 有唯一解(或 $\boldsymbol{Ax}=\boldsymbol{0}$ 只有零解)的充要条件是 $\boldsymbol{A}$ 为非奇异矩阵.

下面我们首先从齐次线性方程组的解(向量)集合着手，探讨解集合的性质，然后给出求解齐次线性方程组的方法.

由例 3.6 知，齐次线性方程组 $\boldsymbol{Ax}=\boldsymbol{0}$ 的所有解组成的集合 $N(\boldsymbol{A})$ 构成 $\mathbf{R}^n$ 的子空间. 于是，若 $\boldsymbol{x}_1,\boldsymbol{x}_2$ 是 $\boldsymbol{Ax}=\boldsymbol{0}$ 的解，k_1,k_2 是常数，则 $k_1\boldsymbol{x}_1+k_2\boldsymbol{x}_2$ 也是 $\boldsymbol{Ax}=\boldsymbol{0}$ 的解.

定义 4.1 设 $\boldsymbol{\alpha}_1,\boldsymbol{\alpha}_2,\cdots,\boldsymbol{\alpha}_r$ 是齐次线性方程组 $\boldsymbol{Ax}=\boldsymbol{0}$ 的解.如果 $\boldsymbol{\alpha}_1,\boldsymbol{\alpha}_2,\cdots,\boldsymbol{\alpha}_r$ 为 $N(\boldsymbol{A})$ 的一组基,那么称 $\boldsymbol{\alpha}_1,\boldsymbol{\alpha}_2,\cdots,\boldsymbol{\alpha}_r$ 为该方程组的一组**基础解系**.

定理 4.1 设 $\boldsymbol{A}$ 是 $m\times n$ 矩阵.若 $\mathrm{r}(\boldsymbol{A})=r<n$,则齐次线性方程组 $\boldsymbol{Ax}=\boldsymbol{0}$ 存在基础解系,且基础解系含有 $n-r$ 个解.

证 先证明 $\boldsymbol{Ax}=\boldsymbol{0}$ 存在 $n-r$ 个线性无关的解.

按照高斯消元法的步骤对系数矩阵 $\boldsymbol{A}$ 施行初等行变换,将它化为行最简形矩阵 $\boldsymbol{U}$.不失一般性,可设

$$\boldsymbol{U}=\begin{pmatrix} 1 & 0 & \cdots & 0 & c_{1,r+1} & \cdots & c_{1n} \\ 0 & 1 & \cdots & 0 & c_{2,r+1} & \cdots & c_{2n} \\ \vdots & \vdots & & \vdots & \vdots & & \vdots \\ 0 & 0 & \cdots & 1 & c_{r,r+1} & \cdots & c_{rn} \\ 0 & 0 & \cdots & 0 & 0 & \cdots & 0 \\ \vdots & \vdots & & \vdots & \vdots & & \vdots \\ 0 & 0 & \cdots & 0 & 0 & \cdots & 0 \end{pmatrix},$$

于是 $\boldsymbol{Ux}=\boldsymbol{0}$,即

$$\begin{cases} x_1+c_{1,r+1}x_{r+1}+\cdots+c_{1n}x_n=0, \\ x_2+c_{2,r+1}x_{r+1}+\cdots+c_{2n}x_n=0, \\ \cdots\cdots \\ x_r+c_{r,r+1}x_{r+1}+\cdots+c_{rn}x_n=0 \end{cases} \tag{4.4}$$

是与 $\boldsymbol{Ax}=\boldsymbol{0}$ 同解的线性方程组.取 $x_{r+1},x_{r+2},\cdots,x_n$ 为自由未知量,并取以下各组值:

$(x_{r+1},x_{r+2},\cdots,x_n)^{\mathrm{T}}=(1,0,\cdots,0)^{\mathrm{T}},\ (0,1,\cdots,0)^{\mathrm{T}},\ \cdots,\ (0,0,\cdots,1)^{\mathrm{T}}.$

将它们分别代入方程组(4.4),相应地求出 $x_1,x_2,\cdots,x_r$,并得到 $\boldsymbol{Ax}=\boldsymbol{0}$ 的 $n-r$ 个线性无关的解:

$$\begin{aligned} \boldsymbol{\alpha}_1 &= (d_{11},d_{21},\cdots,d_{r1},1,0,\cdots,0)^{\mathrm{T}}, \\ \boldsymbol{\alpha}_2 &= (d_{12},d_{22},\cdots,d_{r2},0,1,\cdots,0)^{\mathrm{T}}, \\ &\cdots\cdots \\ \boldsymbol{\alpha}_{n-r} &= (d_{1,n-r},d_{2,n-r},\cdots,d_{r,n-r},0,0,\cdots,1)^{\mathrm{T}}. \end{aligned}$$

再证明 $\boldsymbol{Ax}=\boldsymbol{0}$ 的任一解 $\boldsymbol{x}$ 可由 $\boldsymbol{\alpha}_1,\boldsymbol{\alpha}_2,\cdots,\boldsymbol{\alpha}_{n-r}$ 线性表示.任取自由未知量的一组值 $k_1,k_2,\cdots,k_{n-r}$,代入方程组(4.4),得 $\boldsymbol{Ax}=\boldsymbol{0}$ 的一个解

$$\boldsymbol{x}=(d_1,d_2,\cdots,d_r,k_1,k_2,\cdots,k_{n-r})^{\mathrm{T}}.$$

令 $\boldsymbol{x}^*=k_1\boldsymbol{\alpha}_1+k_2\boldsymbol{\alpha}_2+\cdots+k_{n-r}\boldsymbol{\alpha}_{n-r}$,则

$$A(x-x^*)=Ax-k_1A\alpha_1-k_2A\alpha_2-\cdots-k_{n-r}A\alpha_{n-r}=\mathbf{0},$$

即 $x-x^*$ 也是 $Ax=\mathbf{0}$ 的解. 而

$$x-x^*=\begin{pmatrix}d_1\\d_2\\\vdots\\d_r\\k_1\\k_2\\\vdots\\k_{n-r}\end{pmatrix}-k_1\begin{pmatrix}d_{11}\\d_{21}\\\vdots\\d_{r1}\\1\\0\\\vdots\\0\end{pmatrix}-k_2\begin{pmatrix}d_{12}\\d_{22}\\\vdots\\d_{r2}\\0\\1\\\vdots\\0\end{pmatrix}-\cdots-k_{n-r}\begin{pmatrix}d_{1,n-r}\\d_{2,n-r}\\\vdots\\d_{r,n-r}\\0\\0\\\vdots\\1\end{pmatrix}=\begin{pmatrix}d'_1\\d'_2\\\vdots\\d'_r\\0\\0\\\vdots\\0\end{pmatrix},$$

其中 $d'_i=d_i-k_1d_{i1}-k_2d_{i2}-\cdots-k_{n-r}d_{i,n-r}\ (i=1,2,\cdots,r)$，故必有 $d'_i=0\ (i=1,2,\cdots,r)$，即 $x-x^*$ 为零解，亦即

$$x-x^*=\mathbf{0},$$

从而

$$x=x^*=k_1\alpha_1+k_2\alpha_2+\cdots+k_{n-r}\alpha_{n-r}.$$

这说明，$Ax=\mathbf{0}$ 的任一解 x 可由 $\alpha_1,\alpha_2,\cdots,\alpha_{n-r}$ 线性表示. 所以，$\alpha_1,\alpha_2,\cdots,\alpha_{n-r}$ 是一个含有 $n-r$ 个解的基础解系.

注 定理 4.1 的证明过程提供了一种求齐次线性方程组 $Ax=\mathbf{0}$ 的基础解系的方法. 但对于 $n-r$ 个自由未知量，还可取另外一组线性无关的向量而求得 $n-r$ 个线性无关的解，从而得到另一组基础解系，只不过定理 4.1 中的取法是最简单的一种而已.

另外，若 $\alpha_1,\alpha_2,\cdots,\alpha_{n-r}$ 是齐次线性方程组 $Ax=\mathbf{0}$ 的一组基础解系，则此方程组的一般解(通解)可表示为

$$x=k_1\alpha_1+k_2\alpha_2+\cdots+k_{n-r}\alpha_{n-r},$$

其中 $k_1,k_2,\cdots,k_{n-r}$ 为任意常数. 也就是说，$Ax=\mathbf{0}$ 的解空间由它的一组基础解系有限生成.

例 4.1 求齐次线性方程组 $Ax=\mathbf{0}$ 的一般解，其中它的系数矩阵为

$$A=\begin{pmatrix}1&2&1&1&1\\-2&-4&-3&-1&-1\\1&2&-1&-3&3\\0&0&2&4&-2\end{pmatrix}.$$

解　对矩阵 $\boldsymbol{A}$ 施行初等行变换，将其化为行最简形矩阵 $\boldsymbol{U}$：

$$\boldsymbol{U}=\begin{pmatrix}1&2&0&0&2\\0&0&1&0&-1\\0&0&0&1&0\\0&0&0&0&0\end{pmatrix}.$$

于是，得到原方程组的同解方程组

$$\begin{cases}x_1+2x_2\qquad\qquad\qquad+2x_5=0,\\ \qquad\qquad\quad x_3\qquad\quad-\ x_5=0,\\ \qquad\qquad\qquad\quad x_4\qquad\quad=0.\end{cases}\tag{4.5}$$

取 x_2,x_5 为自由未知量，并取 $x_2=1,x_5=0$ 和 $x_2=0,x_5=1$，代入方程组(4.5)，得一组基础解系

$$\boldsymbol{\alpha}_1=(-2,1,0,0,0)^{\mathrm{T}},\quad \boldsymbol{\alpha}_2=(-2,0,1,0,1)^{\mathrm{T}}.$$

于是，$\boldsymbol{Ax}=\boldsymbol{0}$ 的一般解为

$$\boldsymbol{x}=k_1\boldsymbol{\alpha}_1+k_2\boldsymbol{\alpha}_2,$$

即

$$\boldsymbol{x}=\begin{pmatrix}x_1\\x_2\\x_3\\x_4\\x_5\end{pmatrix}=k_1\begin{pmatrix}-2\\1\\0\\0\\0\end{pmatrix}+k_2\begin{pmatrix}-2\\0\\1\\0\\1\end{pmatrix},$$

其中 k_1,k_2 为任意常数.

由定理 4.1 可知

$$\dim(N(\boldsymbol{A}))=n-\mathrm{r}(\boldsymbol{A})=\text{自由未知量个数}$$

或

$$\dim(N(\boldsymbol{A}))+\mathrm{r}(\boldsymbol{A})=n=\text{未知量个数}(\boldsymbol{A}\text{ 的列数}).$$

这个公式在计算矩阵的秩或讨论向量组的线性相关性时很有用.

例 4.2　设 $\boldsymbol{A}$ 是 $m\times n$ 矩阵，$\boldsymbol{B}$ 是 $n\times s$ 矩阵，且 $\boldsymbol{AB}=\boldsymbol{O}$，证明：

$$\mathrm{r}(\boldsymbol{A})+\mathrm{r}(\boldsymbol{B})\leqslant n.$$

证　记 $\boldsymbol{B}=(\boldsymbol{\beta}_1,\boldsymbol{\beta}_2,\cdots,\boldsymbol{\beta}_s)$，则 $\boldsymbol{A}(\boldsymbol{\beta}_1,\boldsymbol{\beta}_2,\cdots,\boldsymbol{\beta}_s)=(\boldsymbol{0},\boldsymbol{0},\cdots,\boldsymbol{0})$，即

$$\boldsymbol{A\beta}_i=\boldsymbol{0}\quad(i=1,2,\cdots,s).$$

这表明,矩阵 $\boldsymbol{B}$ 的 s 个列向量都是齐次线性方程组 $\boldsymbol{Ax}=\boldsymbol{0}$ 的解,从而 $\boldsymbol{B}$ 的列空间由 $\boldsymbol{A}$ 的零空间 $N(\boldsymbol{A})$ 中的元素有限生成,因而 $\boldsymbol{B}$ 的列空间是 $\boldsymbol{A}$ 的零空间 $N(\boldsymbol{A})$ 的子空间. 而 $\boldsymbol{B}$ 的列空间的维数就是矩阵 $\boldsymbol{B}$ 的秩,所以 $\mathrm{r}(\boldsymbol{B})\leqslant\dim(N(\boldsymbol{A}))$. 因此

$$\mathrm{r}(\boldsymbol{A})+\mathrm{r}(\boldsymbol{B})\leqslant\mathrm{r}(\boldsymbol{A})+\dim(N(\boldsymbol{A}))=n.$$

习题 4.1

1. 设 $\boldsymbol{A}$ 是 n 阶方阵,证明:存在 $n\times s$ 矩阵 $\boldsymbol{B}\neq\boldsymbol{O}$,使得 $\boldsymbol{AB}=\boldsymbol{O}$ 的充要条件是

$$\det(\boldsymbol{A})=0.$$

2. 设 $\boldsymbol{x}_1,\boldsymbol{x}_2$ 是齐次线性方程组 $\boldsymbol{Ax}=\boldsymbol{0}$ 的两个解,证明:$k_1\boldsymbol{x}_1+k_2\boldsymbol{x}_2$ (k_1,k_2 为常数)也是该方程组的解.

3. 设 $\boldsymbol{A}$ 是 $m\times n$ 矩阵,证明:$\mathrm{r}(\boldsymbol{A}^{\mathrm{T}}\boldsymbol{A})=\mathrm{r}(\boldsymbol{A})$.

4. 求齐次线性方程组 $\boldsymbol{Ax}=\boldsymbol{0}$ 的一组基础解系,其中

$$\boldsymbol{A}=\begin{pmatrix}1&-2&1&-1&1\\2&1&-1&2&-3\\3&-2&-1&1&-2\\2&-5&1&-2&2\end{pmatrix}.$$

§4.2 非齐次线性方程组解的结构

我们知道,线性方程组 $\boldsymbol{Ax}=\boldsymbol{b}$ 有解的充要条件是

$$\mathrm{r}(\boldsymbol{A}\,\vdots\,\boldsymbol{b})=\mathrm{r}(\boldsymbol{A}).$$

具体来说,对增广矩阵 $(\boldsymbol{A}\,\vdots\,\boldsymbol{b})$ 施行初等行变换,将其化为行最简形矩阵

$$(\boldsymbol{B}\,\vdots\,\boldsymbol{d})=\left(\begin{array}{cccccc:c}1&\cdots&0&b_{1,r+1}&\cdots&b_{1n}&d_1\\\vdots&&\vdots&\vdots&&\vdots&\vdots\\0&\cdots&1&b_{r,r+1}&\cdots&b_{rn}&d_r\\0&\cdots&0&0&\cdots&0&d_{r+1}\\\vdots&&\vdots&\vdots&&\vdots&\vdots\\0&\cdots&0&0&\cdots&0&0\end{array}\right),\qquad(4.6)$$

则 $\boldsymbol{Bx}=\boldsymbol{d}$ 与 $\boldsymbol{Ax}=\boldsymbol{b}$ 为同解方程组. 因此

$$\boldsymbol{Ax}=\boldsymbol{b}\ \text{有解}\iff d_{r+1}=0.$$

下面讨论非齐次线性方程组 $\boldsymbol{A}\boldsymbol{x}=\boldsymbol{b}$ 的解的结构. 注意到 $\boldsymbol{A}\boldsymbol{x}=\boldsymbol{b}$ 的两个解 $\boldsymbol{\alpha}_1,\boldsymbol{\alpha}_2$ 的和一般不再为 $\boldsymbol{A}\boldsymbol{x}=\boldsymbol{b}$ 的解,不过我们有下面的定理:

定理 4.2 若 $\boldsymbol{\alpha}_1,\boldsymbol{\alpha}_2$ 为非齐次线性方程组 $\boldsymbol{A}\boldsymbol{x}=\boldsymbol{b}$ 的解,则 $\boldsymbol{\alpha}_1-\boldsymbol{\alpha}_2$ 是其导出组 $\boldsymbol{A}\boldsymbol{x}=\boldsymbol{0}$ 的解.

定理 4.2 的证明留给读者完成.

由此可以得到非齐次线性方程组 $\boldsymbol{A}\boldsymbol{x}=\boldsymbol{b}$ 的解的结构定理.

定理 4.3 若非齐次线性方程组 $\boldsymbol{A}\boldsymbol{x}=\boldsymbol{b}$ 有解,且 $\boldsymbol{\alpha}_1,\boldsymbol{\alpha}_2,\cdots,\boldsymbol{\alpha}_r$ 为其导出组 $\boldsymbol{A}\boldsymbol{x}=\boldsymbol{0}$ 的一组基础解系,则 $\boldsymbol{A}\boldsymbol{x}=\boldsymbol{b}$ 的一般解(通解)为

$$\boldsymbol{x}=\boldsymbol{\alpha}+\boldsymbol{\eta},$$

其中 $\boldsymbol{\eta}$ 是它的一个特解,而 $\boldsymbol{\alpha}=k_1\boldsymbol{\alpha}_1+k_2\boldsymbol{\alpha}_2+\cdots+k_r\boldsymbol{\alpha}_r$ ($k_1,k_2,\cdots,k_r$ 为任意常数)是其导出组 $\boldsymbol{A}\boldsymbol{x}=\boldsymbol{0}$ 的一般解.

证 因为 $\boldsymbol{A}(\boldsymbol{\alpha}+\boldsymbol{\eta})=\boldsymbol{A}\boldsymbol{\alpha}+\boldsymbol{A}\boldsymbol{\eta}=\boldsymbol{b}$,所以 $\boldsymbol{\alpha}+\boldsymbol{\eta}$ 为 $\boldsymbol{A}\boldsymbol{x}=\boldsymbol{b}$ 的解.

设 $\tilde{\boldsymbol{x}}$ 为 $\boldsymbol{A}\boldsymbol{x}=\boldsymbol{b}$ 的任一解,则 $\tilde{\boldsymbol{x}}-\boldsymbol{\eta}$ 是 $\boldsymbol{A}\boldsymbol{x}=\boldsymbol{0}$ 的解,且

$$\tilde{\boldsymbol{x}}=(\tilde{\boldsymbol{x}}-\boldsymbol{\eta})+\boldsymbol{\eta}.$$

所以 $\tilde{\boldsymbol{x}}$ 可以表示为 $\boldsymbol{\alpha}+\boldsymbol{\eta}$ 的形式. 故 $\boldsymbol{\alpha}+\boldsymbol{\eta}$ 是 $\boldsymbol{A}\boldsymbol{x}=\boldsymbol{b}$ 的一般解.

定理 4.3 说明,要求非齐次线性方程组 $\boldsymbol{A}\boldsymbol{x}=\boldsymbol{b}$ 的一般解,可以通过先求出其导出组的一般解及其本身的一个特解,然后两者相加得到.

例 4.3 解非齐次线性方程组 $\boldsymbol{A}\boldsymbol{x}=\boldsymbol{b}$,其中它的增广矩阵为

$$(\boldsymbol{A}\,\vdots\,\boldsymbol{b})=\left(\begin{array}{ccccc:c}1&1&1&1&1&7\\3&2&1&1&-3&-2\\0&1&2&2&6&23\\5&4&-3&3&-1&12\end{array}\right).$$

解 对增广矩阵 $(\boldsymbol{A}\,\vdots\,\boldsymbol{b})$ 施行初等行变换,将其化为行最简形矩阵:

$$(\boldsymbol{A}\,\vdots\,\boldsymbol{b})=\left(\begin{array}{ccccc:c}1&1&1&1&1&7\\3&2&1&1&-3&-2\\0&1&2&2&6&23\\5&4&-3&3&-1&12\end{array}\right)\longrightarrow\left(\begin{array}{ccccc:c}1&0&0&-1&-5&-16\\0&1&0&2&6&23\\0&0&1&0&0&0\\0&0&0&0&0&0\end{array}\right)\xlongequal{\text{记为}}(\boldsymbol{B}\,\vdots\,\boldsymbol{d}).$$

取 x_4,x_5 为自由未知量,并分别取值 1,0 和 0,1,代入 $\boldsymbol{B}\boldsymbol{x}=\boldsymbol{0}$,求得 $\boldsymbol{A}\boldsymbol{x}=\boldsymbol{0}$ 的一组基础解系

$$\boldsymbol{\alpha}_1=(1,-2,0,1,0)^{\mathrm{T}},\quad \boldsymbol{\alpha}_2=(5,-6,0,0,1)^{\mathrm{T}},$$

于是 $\boldsymbol{A}\boldsymbol{x}=\boldsymbol{0}$ 的一般解为

$$\boldsymbol{\alpha}=k_1\boldsymbol{\alpha}_1+k_2\boldsymbol{\alpha}_2,$$

其中 k_1,k_2 为任意常数.

令 $x_4=x_5=0$，代入 $\boldsymbol{B}\boldsymbol{x}=\boldsymbol{d}$，求得 $\boldsymbol{A}\boldsymbol{x}=\boldsymbol{b}$ 的一个特解

$$\boldsymbol{\eta}=(-16,23,0,0,0)^{\mathrm{T}}.$$

所以，$\boldsymbol{A}\boldsymbol{x}=\boldsymbol{b}$ 的一般解为

$$\boldsymbol{x}=\boldsymbol{\alpha}+\boldsymbol{\eta}=k_1\boldsymbol{\alpha}_1+k_2\boldsymbol{\alpha}_2+\boldsymbol{\eta}$$

$$=k_1\begin{pmatrix}1\\-2\\0\\1\\0\end{pmatrix}+k_2\begin{pmatrix}5\\-6\\0\\0\\1\end{pmatrix}+\begin{pmatrix}-16\\23\\0\\0\\0\end{pmatrix},$$

其中 k_1,k_2 为任意常数.

例 4.4 设非齐次线性方程组 $\boldsymbol{A}\boldsymbol{x}=\boldsymbol{b}$ 有解 $\boldsymbol{c}_1,\boldsymbol{c}_2,\cdots,\boldsymbol{c}_k$，证明：$\boldsymbol{c}_1,\boldsymbol{c}_2,\cdots,\boldsymbol{c}_k$ 的线性组合 $\lambda_1\boldsymbol{c}_1+\lambda_2\boldsymbol{c}_2+\cdots+\lambda_k\boldsymbol{c}_k$ 仍为 $\boldsymbol{A}\boldsymbol{x}=\boldsymbol{b}$ 的解的充要条件是 $\lambda_1+\lambda_2+\cdots+\lambda_k=1$.

证 因为

$$\boldsymbol{A}(\lambda_1\boldsymbol{c}_1+\lambda_2\boldsymbol{c}_2+\cdots+\lambda_k\boldsymbol{c}_k)=\lambda_1\boldsymbol{A}\boldsymbol{c}_1+\lambda_2\boldsymbol{A}\boldsymbol{c}_2+\cdots+\lambda_k\boldsymbol{A}\boldsymbol{c}_k=(\lambda_1+\lambda_2+\cdots+\lambda_k)\boldsymbol{b},$$

所以

$$\begin{aligned}\boldsymbol{A}(\lambda_1\boldsymbol{c}_1+\lambda_2\boldsymbol{c}_2+\cdots+\lambda_k\boldsymbol{c}_k)=\boldsymbol{b}&\Longleftrightarrow(\lambda_1+\lambda_2+\cdots+\lambda_k)\boldsymbol{b}=\boldsymbol{b}\\&\Longleftrightarrow\lambda_1+\lambda_2+\cdots+\lambda_k=1.\end{aligned}$$

例 4.5 设 $\boldsymbol{d}_0,\boldsymbol{d}_1,\cdots,\boldsymbol{d}_{n-r}$ 为非齐次线性方程组 $\boldsymbol{A}\boldsymbol{x}=\boldsymbol{b}$ 的 $n-r+1$ 个线性无关的解，$\mathrm{r}(\boldsymbol{A})=r$，证明：$\boldsymbol{d}_1-\boldsymbol{d}_0,\boldsymbol{d}_2-\boldsymbol{d}_0,\cdots,\boldsymbol{d}_{n-r}-\boldsymbol{d}_0$ 是 $\boldsymbol{A}\boldsymbol{x}=\boldsymbol{b}$ 的导出组 $\boldsymbol{A}\boldsymbol{x}=\boldsymbol{0}$ 的一组基础解系.

证 因为 $\boldsymbol{d}_1-\boldsymbol{d}_0,\boldsymbol{d}_2-\boldsymbol{d}_0,\cdots,\boldsymbol{d}_{n-r}-\boldsymbol{d}_0$ 这 $n-r$ 个向量均为 $\boldsymbol{A}\boldsymbol{x}=\boldsymbol{0}$ 的解，所以只要说明它们线性无关即可.

设 $\lambda_1(\boldsymbol{d}_1-\boldsymbol{d}_0)+\lambda_2(\boldsymbol{d}_2-\boldsymbol{d}_0)+\cdots+\lambda_{n-r}(\boldsymbol{d}_{n-r}-\boldsymbol{d}_0)=\boldsymbol{0}$，即

$$\lambda_1\boldsymbol{d}_1+\lambda_2\boldsymbol{d}_2+\cdots+\lambda_{n-r}\boldsymbol{d}_{n-r}+(-\lambda_1-\lambda_2-\cdots-\lambda_{n-r})\boldsymbol{d}_0=\boldsymbol{0}.$$

已知 $\boldsymbol{d}_0,\boldsymbol{d}_1,\cdots,\boldsymbol{d}_{n-r}$ 线性无关，故上式线性组合的系数全部为 0，其中包括 $\lambda_1,\lambda_2,\cdots,\lambda_{n-r}$ 全部为 0. 因此，$\boldsymbol{d}_1-\boldsymbol{d}_0,\boldsymbol{d}_2-\boldsymbol{d}_0,\cdots,\boldsymbol{d}_{n-r}-\boldsymbol{d}_0$ 线性无关，从而得证.

例 4.6 设有线性方程组

$$\begin{cases}(2-\lambda)x+2y-2z=1,\\2x+(5-\lambda)y-4z=2,\\-2x-4y+(5-\lambda)z=-\lambda-1,\end{cases}$$

问：λ 为何值时，此方程组有唯一解，无解，有无穷多个解？并在有无穷多个解时求其一般解.

解法 1　对该方程组的增广矩阵 $(\boldsymbol{A}\,\vdots\,\boldsymbol{b})$ 施行初等行变换：

$$(\boldsymbol{A}\,\vdots\,\boldsymbol{b})=\left(\begin{array}{ccc:c}2-\lambda & 2 & -2 & 1\\ 2 & 5-\lambda & -4 & 2\\ -2 & -4 & 5-\lambda & -\lambda-1\end{array}\right)\longrightarrow\left(\begin{array}{ccc:c}2 & 5-\lambda & -4 & 2\\ 2-\lambda & 2 & -2 & 1\\ -2 & -4 & 5-\lambda & -\lambda-1\end{array}\right)$$

$$\longrightarrow\left(\begin{array}{ccc:c}2 & 5-\lambda & -4 & 2\\ 0 & 1-\lambda & 1-\lambda & 1-\lambda\\ 0 & 0 & (1-\lambda)(10-\lambda) & (1-\lambda)(4-\lambda)\end{array}\right).$$

有唯一解：$(1-\lambda)(10-\lambda)\neq0$，即 $\lambda\neq1,\lambda\neq10$.

无解：$(1-\lambda)(4-\lambda)\neq0,(1-\lambda)(10-\lambda)=0$，即 $\lambda=10$.

有无穷多个解：$(1-\lambda)(4-\lambda)=(1-\lambda)(10-\lambda)=0$，即 $\lambda=1$. 此时，有

$$(\boldsymbol{A}\,\vdots\,\boldsymbol{b})=\left(\begin{array}{ccc:c}1 & 2 & -2 & 1\\ 2 & 4 & -4 & 2\\ -2 & -4 & 4 & -2\end{array}\right)\longrightarrow\left(\begin{array}{ccc:c}1 & 2 & -2 & 1\\ 0 & 0 & 0 & 0\\ 0 & 0 & 0 & 0\end{array}\right).$$

取 x_2,x_3 为自由未知量，并取 $(x_2,x_3)^{\mathrm{T}}=(1,0)^{\mathrm{T}},(0,1)^{\mathrm{T}}$，求得 $\boldsymbol{Ax}=\boldsymbol{0}$ 的一组基础解系

$$\boldsymbol{\alpha}_1=(-2,1,0)^{\mathrm{T}},\quad \boldsymbol{\alpha}_2=(2,0,1)^{\mathrm{T}}.$$

再取 $x_2=x_3=0$，求得 $\boldsymbol{Ax}=\boldsymbol{b}$ 的一个特解 $\boldsymbol{\eta}=(1,0,0)^{\mathrm{T}}$. 故 $\boldsymbol{Ax}=\boldsymbol{b}$ 的一般解为

$$\boldsymbol{x}=k_1\boldsymbol{\alpha}_1+k_2\boldsymbol{\alpha}_2+\boldsymbol{\eta}=k_1\begin{pmatrix}-2\\1\\0\end{pmatrix}+k_2\begin{pmatrix}2\\0\\1\end{pmatrix}+\begin{pmatrix}1\\0\\0\end{pmatrix},$$

其中 k_1,k_2 为任意常数.

解法 2　因为该方程组的系数矩阵 $\boldsymbol{A}$ 为 3 阶方阵，所以该方程组有唯一解的充要条件是 $\det(\boldsymbol{A})\neq0$. 我们有

$$\det(\boldsymbol{A})=\begin{vmatrix}2-\lambda & 2 & -2\\ 2 & 5-\lambda & -4\\ -2 & -4 & 5-\lambda\end{vmatrix}\xlongequal{c_3+c_2}\begin{vmatrix}2-\lambda & 2 & 0\\ 2 & 5-\lambda & 1-\lambda\\ -2 & -4 & 1-\lambda\end{vmatrix}$$

$$\xlongequal{r_2+(-1)r_3}\begin{vmatrix}2-\lambda & 2 & 0\\ 4 & 9-\lambda & 0\\ -2 & -4 & 1-\lambda\end{vmatrix}=(1-\lambda)\begin{vmatrix}2-\lambda & 2\\ 4 & 9-\lambda\end{vmatrix}$$

$$=-(\lambda-1)^2(\lambda-10).$$

因此，当 $\lambda\neq1$，且 $\lambda\neq10$ 时，该方程组有唯一解.

当 $\lambda=1$ 时，对增广矩阵 $(\boldsymbol{A}\,\vdots\,\boldsymbol{b})$ 施行初等行变换：

$$(\boldsymbol{A}\,\vdots\,\boldsymbol{b})=\left(\begin{array}{ccc:c}1&2&-2&1\\2&4&-4&2\\-2&-4&4&-2\end{array}\right)\to\left(\begin{array}{ccc:c}1&2&-2&1\\0&0&0&0\\0&0&0&0\end{array}\right).$$

可见 $\mathrm{r}(\boldsymbol{A})=\mathrm{r}(\boldsymbol{A}\,\vdots\,\boldsymbol{b})=1$，因此该方程组有无穷多个解，一般解为

$$\boldsymbol{x}=k_1\begin{pmatrix}-2\\1\\0\end{pmatrix}+k_2\begin{pmatrix}2\\0\\1\end{pmatrix}+\begin{pmatrix}1\\0\\0\end{pmatrix},$$

其中 k_1,k_2 为任意常数.

当 $\lambda=10$ 时，对增广矩阵 $(\boldsymbol{A}\,\vdots\,\boldsymbol{b})$ 施行初等行变换：

$$(\boldsymbol{A}\,\vdots\,\boldsymbol{b})=\left(\begin{array}{ccc:c}-8&2&-2&1\\2&-5&-4&2\\-2&-4&-5&-11\end{array}\right)\to\left(\begin{array}{ccc:c}2&-5&-4&2\\0&1&1&1\\0&0&0&1\end{array}\right).$$

可见 $\mathrm{r}(\boldsymbol{A})=2<\mathrm{r}(\boldsymbol{A}\,\vdots\,\boldsymbol{b})=3$，因此该方程组无解.

习题 4.2

1. 解下列线性方程组：

(a) $\begin{cases}x_1+x_2+x_3+x_4+x_5=1,\\x_1\qquad-x_3-x_4-x_5=-16,\\x_1+2x_2+3x_3+3x_4+7x_5=30,\\4x_1+3x_2-4x_3+2x_4-2x_5=5;\end{cases}$　　(b) $\begin{cases}2x_1-2x_2-3x_3=1,\\3x_1+x_2-5x_3=10,\\4x_1-x_2+3x_3=-1,\\x_1+3x_2+9x_3=-2.\end{cases}$

2. 求常数 k,l，使得下列线性方程组有解，并在有解时求出一般解：

$$\begin{cases}x_1+2x_2+x_3+x_4+x_5=1,\\3x_1+4x_2+x_3+x_4+3x_5=k,\\x_1\qquad-x_3-x_4+x_5=-2,\\5x_1+4x_2-x_3-x_4+5x_5=l.\end{cases}$$

3. 设 $a_i(i=1,2,\cdots,5)$ 为常数，证明：线性方程组

$$\begin{cases}x_1-x_2=a_1,\\x_2-x_3=a_2,\\x_3-x_4=a_3,\\x_4-x_5=a_4,\\x_5-x_1=a_5\end{cases}$$

有解的充要条件是 $\sum_{i=1}^{5} a_i=0$.

4. 设某个含有四个未知量的非齐次线性方程组,它的系数矩阵的秩为 3,又已知 $\boldsymbol{\eta}_1$,$\boldsymbol{\eta}_2$,$\boldsymbol{\eta}_3$ 是它的三个解,且

$$\boldsymbol{\eta}_1=\begin{pmatrix}2\\3\\4\\5\end{pmatrix},\quad \boldsymbol{\eta}_2+\boldsymbol{\eta}_3=\begin{pmatrix}1\\2\\3\\4\end{pmatrix},$$

求该方程组的一般解.

第五章

正交性

在本章中，我们在向量空间上增加一个结构，即引入一个新的向量运算：向量的内积运算．目的是在向量空间中引入度量的概念．这是引入向量的长度、向量正交和向量间的夹角等概念的基础．

§5.1 $\mathbf{R}^n$ 中的内积与正交性

向量空间 $\mathbf{R}^n$ 中的两个向量 $\boldsymbol{x}$ 和 $\boldsymbol{y}$ 可以看成两个 $n\times 1$ 矩阵. 设 $\boldsymbol{x}=(x_1,x_2,\cdots,x_n)^{\mathrm{T}}$，且 $\boldsymbol{y}=(y_1,y_2,\cdots,y_n)^{\mathrm{T}}$，我们定义 $\boldsymbol{x}$ 与 $\boldsymbol{y}$ 的**内积**为 $\boldsymbol{x}^{\mathrm{T}}\boldsymbol{y}$，记为 $\langle\boldsymbol{x},\boldsymbol{y}\rangle$，即

$$\langle\boldsymbol{x},\boldsymbol{y}\rangle=\boldsymbol{x}^{\mathrm{T}}\boldsymbol{y}=x_1y_1+x_2y_2+\cdots+x_ny_n.$$

有了向量的内积定义后，我们可借此来刻画向量的长度. 设 $\boldsymbol{x}=(x_1,x_2,\cdots,x_n)^{\mathrm{T}}\in\mathbf{R}^n$，则 $\boldsymbol{x}$ 的**长度**定义为

$$\|\boldsymbol{x}\|=\langle\boldsymbol{x},\boldsymbol{x}\rangle^{\frac{1}{2}}=\sqrt{x_1^2+x_2^2+\cdots+x_n^2},$$

也称它为向量 $\boldsymbol{x}$ 的**范数**. 长度为 1 的向量称为**单位向量**. 若 $\boldsymbol{a}\neq\boldsymbol{0}$，取 $\boldsymbol{x}=\dfrac{\boldsymbol{a}}{\|\boldsymbol{a}\|}$，则 $\boldsymbol{x}$ 是一个单位向量. 由向量 $\boldsymbol{a}$ 得到 $\boldsymbol{x}$ 的过程，称为把向量 $\boldsymbol{a}$ **单位化**或**规范化**.

还可进一步定义 $\mathbf{R}^n$ 中两个向量间的距离. 若向量 $\boldsymbol{x},\boldsymbol{y}\in\mathbf{R}^n$，则 $\boldsymbol{x}$ 与 $\boldsymbol{y}$ 的**距离**定义为数值 $\|\boldsymbol{y}-\boldsymbol{x}\|$.

显然，$\mathbf{R}^n$ 中向量的内积具有如下**性质**：

(a) $\langle\boldsymbol{x},\boldsymbol{y}\rangle=\langle\boldsymbol{y},\boldsymbol{x}\rangle$.

(b) $\langle\lambda\boldsymbol{x},\boldsymbol{y}\rangle=\lambda\langle\boldsymbol{x},\boldsymbol{y}\rangle\ (\lambda\in\mathbf{R})$.

(c) $\langle\boldsymbol{x}+\boldsymbol{y},\boldsymbol{z}\rangle=\langle\boldsymbol{x},\boldsymbol{z}\rangle+\langle\boldsymbol{y},\boldsymbol{z}\rangle$.

(d) 当 $\boldsymbol{x}=\boldsymbol{0}$ 时，$\langle\boldsymbol{x},\boldsymbol{x}\rangle=\boldsymbol{0}$；当 $\boldsymbol{x}\neq\boldsymbol{0}$ 时，$\langle\boldsymbol{x},\boldsymbol{x}\rangle>0$.

由于 $\mathbf{R}^2$ 中的任一向量 $\boldsymbol{x}=(x_1,x_2)^{\mathrm{T}}$ 可对应 Oxy 平面上的一个点 (x_1,x_2)，故我们通常将向量 $\boldsymbol{x}$ 视为 Oxy 平面上的一条有向线段，其中起点是坐标原点 $(0,0)$，终点是 (x_1,x_2)，方向是由起点 $(0,0)$ 指向终点 (x_1,x_2). 这样，我们可以定义 $\mathbf{R}^2$ 中两个非零向量 $\boldsymbol{x}$ 与 $\boldsymbol{y}$ 的**夹角** $\theta\ (0\leqslant\theta\leqslant\pi)$ 为它们对应的有向线段的夹角.

通常我们规定：长度与方向均相同的有向线段对应于同一个向量. 在此规定下，对于 $\mathbf{R}^2$ 中的任意两个向量 $\boldsymbol{x}=(x_1,x_2)^{\mathrm{T}}$，$\boldsymbol{y}=(y_1,y_2)^{\mathrm{T}}$，向量 $\boldsymbol{y}-\boldsymbol{x}$ 也可看作 Oxy 平面上以点 (x_1,x_2) 为起点，点 (y_1,y_2) 为终点的有向线段.

类似地，可以定义 $\mathbf{R}^n$ 中两个非零向量的夹角.

求 $\mathbf{R}^n$ 中两个非零向量的夹角可以使用如下定理：

定理 5.1 若 $\boldsymbol{x}$ 和 $\boldsymbol{y}$ 为 $\mathbf{R}^n$ 中的两个非零向量，且 θ 为它们的夹角，则

$$\langle\boldsymbol{x},\boldsymbol{y}\rangle=\|\boldsymbol{x}\|\,\|\boldsymbol{y}\|\cos\theta.$$

证　对于 $\mathbf{R}^n$ 中的向量 $\boldsymbol{x},\boldsymbol{y},\boldsymbol{y}-\boldsymbol{x}$，有

$$\|\boldsymbol{y}-\boldsymbol{x}\|^2=\|\boldsymbol{x}\|^2+\|\boldsymbol{y}\|^2-2\|\boldsymbol{x}\|\|\boldsymbol{y}\|\cos\theta.$$

由此可得

$$\begin{aligned}\|\boldsymbol{x}\|\|\boldsymbol{y}\|\cos\theta&=\frac{1}{2}(\|\boldsymbol{x}\|^2+\|\boldsymbol{y}\|^2-\|\boldsymbol{y}-\boldsymbol{x}\|^2)\\&=\frac{1}{2}[\|\boldsymbol{x}\|^2+\|\boldsymbol{y}\|^2-\langle\boldsymbol{y}-\boldsymbol{x},\boldsymbol{y}-\boldsymbol{x}\rangle]\\&=\frac{1}{2}[\|\boldsymbol{x}\|^2+\|\boldsymbol{y}\|^2-(\langle\boldsymbol{y},\boldsymbol{y}\rangle-\langle\boldsymbol{y},\boldsymbol{x}\rangle-\langle\boldsymbol{x},\boldsymbol{y}\rangle+\langle\boldsymbol{x},\boldsymbol{x}\rangle)]\\&=\langle\boldsymbol{x},\boldsymbol{y}\rangle.\end{aligned}$$

设 $\boldsymbol{x}$ 和 $\boldsymbol{y}$ 均为 $\mathbf{R}^n$ 中的非零向量，也可以通过构造以下单位向量给出它们的夹角：

$$\boldsymbol{u}=\frac{1}{\|\boldsymbol{x}\|}\boldsymbol{x}\quad 及 \quad \boldsymbol{v}=\frac{1}{\|\boldsymbol{y}\|}\boldsymbol{y}.$$

若 θ 为 $\boldsymbol{x}$ 与 $\boldsymbol{y}$ 的夹角，则

$$\cos\theta=\frac{\langle\boldsymbol{x},\boldsymbol{y}\rangle}{\|\boldsymbol{x}\|\|\boldsymbol{y}\|}=\langle\boldsymbol{u},\boldsymbol{v}\rangle.$$

两个非零向量夹角的余弦可用于衡量向量方向的接近程度.

推论[柯西-施瓦茨(Cauchy-Schwarz)不等式]　若 $\boldsymbol{x}$ 和 $\boldsymbol{y}$ 为 $\mathbf{R}^n$ 中的任意两个向量，则

$$|\langle\boldsymbol{x},\boldsymbol{y}\rangle|\leqslant\|\boldsymbol{x}\|\|\boldsymbol{y}\|,$$

当且仅当其中一个向量为 $\mathbf{0}$ 或一个向量为另一个向量的常数倍时，等号成立.

若 $\langle\boldsymbol{x},\boldsymbol{y}\rangle=0$，则称向量 $\boldsymbol{x}$ 与 $\boldsymbol{y}$ **正交**. 显然，对于两个非零向量 $\boldsymbol{x},\boldsymbol{y}$，设 θ 为 $\boldsymbol{x}$ 与 $\boldsymbol{y}$ 的夹角，则 $\boldsymbol{x}$ 与 $\boldsymbol{y}$ 正交当且仅当 $\theta=\frac{\pi}{2}$. 所以，可用记号 $\perp$ 表示正交，即 $\boldsymbol{x}$ 与 $\boldsymbol{y}$ 正交记为 $\boldsymbol{x}\perp\boldsymbol{y}$.

设 $\boldsymbol{x}$ 和 $\boldsymbol{y}$ 为 $\mathbf{R}^n$ 中的两个向量，则

$$\|\boldsymbol{x}+\boldsymbol{y}\|^2=\langle\boldsymbol{x}+\boldsymbol{y},\boldsymbol{x}+\boldsymbol{y}\rangle=\|\boldsymbol{x}\|^2+2\langle\boldsymbol{x},\boldsymbol{y}\rangle+\|\boldsymbol{y}\|^2.$$

当 $\boldsymbol{x}$ 和 $\boldsymbol{y}$ 正交时，上式即为**毕达哥拉斯(Pythagoras)定理**：

$$\|\boldsymbol{x}+\boldsymbol{y}\|^2=\|\boldsymbol{x}\|^2+\|\boldsymbol{y}\|^2.$$

例 5.1　设向量 $\boldsymbol{x}=(3,2,1)^{\mathrm{T}},\boldsymbol{y}=(4,3,2)^{\mathrm{T}}$，则

$$\langle\boldsymbol{x},\boldsymbol{y}\rangle=(3,2,1)\begin{pmatrix}4\\3\\2\end{pmatrix}=20,$$

$$\|\boldsymbol{x}\|=\sqrt{3^2+2^2+1^2}=\sqrt{14},\quad \|\boldsymbol{y}\|=\sqrt{4^2+3^2+2^2}=\sqrt{29},$$

$$\|\boldsymbol{y}-\boldsymbol{x}\|=\sqrt{1^2+1^2+1^2}=\sqrt{3}.$$

$\boldsymbol{x},\boldsymbol{y}$ 对应的单位向量分别为

$$\boldsymbol{u}=\frac{1}{\|\boldsymbol{x}\|}\boldsymbol{x}=\frac{1}{\sqrt{14}}(3,2,1)^{\mathrm{T}},\quad \boldsymbol{v}=\frac{1}{\|\boldsymbol{y}\|}\boldsymbol{y}=\frac{1}{\sqrt{29}}(4,3,2)^{\mathrm{T}},$$

于是 $\boldsymbol{x}$ 与 $\boldsymbol{y}$ 的夹角 θ 的余弦为

$$\cos\theta=\langle\boldsymbol{u},\boldsymbol{v}\rangle=\frac{20}{\sqrt{406}}.$$

内积空间

内积可用于求一个向量在另一个向量方向上的分量. 设 $\boldsymbol{x}$ 和 $\boldsymbol{y}$ 均为 $\mathbf{R}^n$ 中的非零向量，它们的夹角为 θ. 我们希望将向量 $\boldsymbol{x}$ 写为 $\boldsymbol{p}+\boldsymbol{z}$ 的形式，其中 $\boldsymbol{p}$ 为 $\boldsymbol{y}$ 方向上的向量，且 $\boldsymbol{z}$ 为与 $\boldsymbol{p}$ 正交的向量. 令 $\boldsymbol{u}=\frac{1}{\|\boldsymbol{y}\|}\boldsymbol{y}$，则 $\boldsymbol{p}=a\boldsymbol{u}$（$a$ 为待定常数）. 因 $\boldsymbol{z}$ 与 $\boldsymbol{p}$ 正交，故

$$a=\|\boldsymbol{x}\|\cos\theta=\frac{\|\boldsymbol{x}\|\|\boldsymbol{y}\|\cos\theta}{\|\boldsymbol{y}\|}=\frac{\langle\boldsymbol{x},\boldsymbol{y}\rangle}{\|\boldsymbol{y}\|},\quad \boldsymbol{p}=\frac{\langle\boldsymbol{x},\boldsymbol{y}\rangle}{\|\boldsymbol{y}\|^2}\boldsymbol{y}.$$

通常称常数 a 为 $\boldsymbol{x}$ 到 $\boldsymbol{y}$ 的**投影**，并称向量 $\boldsymbol{p}$ 为 $\boldsymbol{x}$ 到 $\boldsymbol{y}$ 的**向量投影**.

定义 5.1 设 $\boldsymbol{\alpha}_1,\boldsymbol{\alpha}_2,\cdots,\boldsymbol{\alpha}_n$ 为 $\mathbf{R}^n$ 中的非零向量. 若当 $i\neq j$ 时，$\langle\boldsymbol{\alpha}_i,\boldsymbol{\alpha}_j\rangle=0(i,j=1,2,\cdots,n)$，则称 $\boldsymbol{\alpha}_1,\boldsymbol{\alpha}_2,\cdots,\boldsymbol{\alpha}_n$ 为**正交组**.

正交组具有非常好的性质.

定理 5.2 设 $\boldsymbol{\alpha}_1,\boldsymbol{\alpha}_2,\cdots,\boldsymbol{\alpha}_n$ 为 $\mathbf{R}^n$ 中的正交组，则 $\boldsymbol{\alpha}_1,\boldsymbol{\alpha}_2,\cdots,\boldsymbol{\alpha}_n$ 线性无关.

证 设

$$k_1\boldsymbol{\alpha}_1+k_2\boldsymbol{\alpha}_2+\cdots+k_n\boldsymbol{\alpha}_n=\mathbf{0},$$

其中 $k_1,k_2,\cdots,k_n$ 为常数. 由于 $\boldsymbol{\alpha}_1,\boldsymbol{\alpha}_2,\cdots,\boldsymbol{\alpha}_n$ 为正交组，它们均是非零向量，分别利用 $\boldsymbol{\alpha}_j(j=1,2,\cdots,n)$ 对上式两端做内积，得

$$k_j\|\boldsymbol{\alpha}_j\|^2=0\quad(j=1,2,\cdots,n),$$

因此所有常数 $k_1,k_2,\cdots,k_n$ 必为 0，从而 $\boldsymbol{\alpha}_1,\boldsymbol{\alpha}_2,\cdots,\boldsymbol{\alpha}_n$ 线性无关.

定义 5.2 由单位向量组成的正交组称为**规范正交组**或**标准正交组**. 如果 $\mathbf{R}^n$ 的一组基是一个规范正交组，则称它是 $\mathbf{R}^n$ 的一组**规范正交基**或**标准正交基**.

例 5.2 向量组 $\boldsymbol{\alpha}_1=(1,1,1)^{\mathrm{T}},\boldsymbol{\alpha}_2=(1,2,-3)^{\mathrm{T}},\boldsymbol{\alpha}_3=(-5,4,1)^{\mathrm{T}}$ 为 $\mathbf{R}^3$ 中的一个正交组，可以由此构造规范正交组：令

$$\boldsymbol{u}_1=\frac{1}{\|\boldsymbol{\alpha}_1\|}\boldsymbol{\alpha}_1=\frac{1}{\sqrt{3}}(1,1,1)^{\mathrm{T}},$$

$$\boldsymbol{u}_2=\frac{1}{\|\boldsymbol{\alpha}_2\|}\boldsymbol{\alpha}_2=\frac{1}{\sqrt{14}}(1,2,-3)^{\mathrm{T}},$$

$$\boldsymbol{u}_3=\frac{1}{\|\boldsymbol{\alpha}_3\|}\boldsymbol{\alpha}_3=\frac{1}{\sqrt{42}}(-5,4,1)^{\mathrm{T}},$$

则 $\boldsymbol{u}_1,\boldsymbol{u}_2,\boldsymbol{u}_3$ 为 $\mathbf{R}^3$ 中的一个规范正交组. 可以证明，它是 $\mathbf{R}^3$ 的一组规范正交基.

定理 5.3 设 $\boldsymbol{\alpha}_1,\boldsymbol{\alpha}_2,\cdots,\boldsymbol{\alpha}_n$ 为 $\mathbf{R}^n$ 的一组规范正交基，且 $\boldsymbol{\alpha}=\sum_{i=1}^{n}k_i\boldsymbol{\alpha}_i$，则

$$k_i=\langle\boldsymbol{\alpha},\boldsymbol{\alpha}_i\rangle\quad(i=1,2,\cdots,n).$$

证 因为 $\boldsymbol{\alpha}_1,\boldsymbol{\alpha}_2,\cdots,\boldsymbol{\alpha}_n$ 是 $\mathbf{R}^n$ 的一组规范正交基，所以

$$\langle\boldsymbol{\alpha}_i,\boldsymbol{\alpha}_j\rangle=0,\quad\langle\boldsymbol{\alpha}_i,\boldsymbol{\alpha}_i\rangle=1\quad(i\neq j;i,j=1,2,\cdots,n).$$

于是

$$\langle\boldsymbol{\alpha},\boldsymbol{\alpha}_i\rangle=\left\langle\sum_{j=1}^{n}k_j\boldsymbol{\alpha}_j,\boldsymbol{\alpha}_i\right\rangle=\sum_{j=1}^{n}k_j\langle\boldsymbol{\alpha}_j,\boldsymbol{\alpha}_i\rangle$$
$$=k_i\langle\boldsymbol{\alpha}_i,\boldsymbol{\alpha}_i\rangle=k_i\quad(i=1,2,\cdots,n).$$

推论 1 设 $\boldsymbol{\alpha}_1,\boldsymbol{\alpha}_2,\cdots,\boldsymbol{\alpha}_n$ 为 $\mathbf{R}^n$ 的一组规范正交基，且

$$\boldsymbol{x}=\sum_{i=1}^{n}a_i\boldsymbol{\alpha}_i,\quad\boldsymbol{y}=\sum_{i=1}^{n}b_i\boldsymbol{\alpha}_i,$$

则

$$\langle\boldsymbol{x},\boldsymbol{y}\rangle=\sum_{i=1}^{n}a_ib_i.$$

证 由定理 5.3 知

$$\langle\boldsymbol{y},\boldsymbol{\alpha}_i\rangle=b_i\quad(i=1,2,\cdots,n),$$

因此

$$\langle\boldsymbol{x},\boldsymbol{y}\rangle=\left\langle\sum_{i=1}^{n}a_i\boldsymbol{\alpha}_i,\boldsymbol{y}\right\rangle=\sum_{i=1}^{n}a_i\langle\boldsymbol{\alpha}_i,\boldsymbol{y}\rangle=\sum_{i=1}^{n}a_i\langle\boldsymbol{y},\boldsymbol{\alpha}_i\rangle=\sum_{i=1}^{n}a_ib_i.$$

推论 2 设 $\boldsymbol{\alpha}_1,\boldsymbol{\alpha}_2,\cdots,\boldsymbol{\alpha}_n$ 为 $\mathbf{R}^n$ 的一组规范正交基，且 $\boldsymbol{\alpha}=\sum_{i=1}^{n}a_i\boldsymbol{\alpha}_i$，则

$$\|\boldsymbol{\alpha}\|^2=\sum_{i=1}^{n}a_i^2.$$

证 由于 $\boldsymbol{\alpha}=\sum_{i=1}^{n}a_i\boldsymbol{\alpha}_i$，由推论 1 有

$$\|\boldsymbol{\alpha}\|^2=\langle\boldsymbol{\alpha},\boldsymbol{\alpha}\rangle=\sum_{i=1}^{n}a_i^2.$$

一个 n 阶方阵的 n 个列向量能否构成 $\mathbf{R}^n$ 的一组规范正交基是特别重要的.

定义 5.3 若 n 阶方阵 $\boldsymbol{Q}$ 的列向量构成 $\mathbf{R}^n$ 的一组规范正交基，则称 $\boldsymbol{Q}$ 为**正交矩阵**.

定理 5.4 n 阶方阵 $\boldsymbol{Q}$ 是正交矩阵的充要条件是 $\boldsymbol{Q}^{\mathrm{T}}\boldsymbol{Q}=\boldsymbol{E}$.

证 由定义 5.3 知，一个 n 阶方阵 $\boldsymbol{Q}=(\boldsymbol{q}_1,\boldsymbol{q}_2,\cdots,\boldsymbol{q}_n)$ 是正交矩阵的充要条件是它的列向量满足

$$\boldsymbol{q}_i^{\mathrm{T}}\boldsymbol{q}_j=\delta_{ij}=\begin{cases}1, & i=j,\\ 0, & i\neq j\end{cases}\quad(i,j=1,2,\cdots,n),$$

而 $\boldsymbol{q}_i^{\mathrm{T}}\boldsymbol{q}_j$ 恰为 $\boldsymbol{Q}^{\mathrm{T}}\boldsymbol{Q}$ 的元素(i,j)，因此 $\boldsymbol{Q}$ 是正交矩阵的充要条件是

$$\boldsymbol{Q}^{\mathrm{T}}\boldsymbol{Q}=\boldsymbol{E}.$$

由定理 5.2 知，当 $\boldsymbol{Q}$ 为正交矩阵时，$\boldsymbol{Q}$ 是非奇异的，且

$$\boldsymbol{Q}^{-1}=\boldsymbol{Q}^{\mathrm{T}}.$$

由定理 5.4 还可以得到：$\boldsymbol{Q}$ 为正交矩阵当且仅当 $\boldsymbol{Q}^{\mathrm{T}}$ 是正交矩阵，因此 $\boldsymbol{Q}$ 为正交矩阵当且仅当 $\boldsymbol{Q}$ 的行向量构成 $\mathbf{R}^n$ 的一组规范正交基.

此外，两个向量同乘以一个正交矩阵 $\boldsymbol{Q}$，其内积保持不变，即

$$\langle\boldsymbol{Qx},\boldsymbol{Qy}\rangle=\langle\boldsymbol{x},\boldsymbol{y}\rangle.$$

事实上，

$$\langle\boldsymbol{Qx},\boldsymbol{Qy}\rangle=(\boldsymbol{Qy})^{\mathrm{T}}\boldsymbol{Qx}=\boldsymbol{y}^{\mathrm{T}}\boldsymbol{Q}^{\mathrm{T}}\boldsymbol{Qx}=\boldsymbol{y}^{\mathrm{T}}\boldsymbol{x}=\langle\boldsymbol{x},\boldsymbol{y}\rangle.$$

特别地，若 $\boldsymbol{x}=\boldsymbol{y}$，则

$$\|\boldsymbol{Qx}\|^2=\|\boldsymbol{x}\|^2,\quad 即\quad \|\boldsymbol{Qx}\|=\|\boldsymbol{x}\|.$$

所以，向量乘以一个正交矩阵后仍保持向量的长度，也保持向量间的夹角.

习题 5.1

1. 求下列向量 $\boldsymbol{u}$ 与 $\boldsymbol{v}$ 的夹角：

(a) $\boldsymbol{u}=(1,1,2)^{\mathrm{T}}$，$\boldsymbol{v}=(2,2,4)^{\mathrm{T}}$；　　(b) $\boldsymbol{u}=(-2,3)^{\mathrm{T}}$，$\boldsymbol{v}=(3,2)^{\mathrm{T}}$.

2. 对于下列向量 $\boldsymbol{x},\boldsymbol{y}$，求 $\boldsymbol{x}$ 到 $\boldsymbol{y}$ 的向量投影 $\boldsymbol{p}$，并验证 $\boldsymbol{p}$ 与 $\boldsymbol{x}-\boldsymbol{p}$ 正交：

(a) $\boldsymbol{x}=(3,4)^{\mathrm{T}}$，$\boldsymbol{y}=(1,0)^{\mathrm{T}}$；　　(b) $\boldsymbol{x}=(2,4,3)^{\mathrm{T}}$，$\boldsymbol{y}=(1,1,1)^{\mathrm{T}}$.

3. 设向量 $\boldsymbol{x}=(4,4,-4,4)^{\mathrm{T}}, \boldsymbol{y}=(4,2,2,1)^{\mathrm{T}}$.

(a) 求 $\boldsymbol{x}$ 与 $\boldsymbol{y}$ 的夹角； (b) 求 $\boldsymbol{x}$ 与 $\boldsymbol{y}$ 的距离.

4. 设 $\boldsymbol{x},\boldsymbol{y}$ 均为 $\mathbf{R}^n$ 中的向量，并定义

$$\boldsymbol{p}=\frac{\langle \boldsymbol{x},\boldsymbol{y}\rangle}{\|\boldsymbol{y}\|^2}\boldsymbol{y}, \quad \boldsymbol{z}=\boldsymbol{x}-\boldsymbol{p}.$$

(a) 证明：$\boldsymbol{p}\perp\boldsymbol{z}$；

(b) 若 $\|\boldsymbol{p}\|=6$，$\|\boldsymbol{z}\|=8$，求 $\|\boldsymbol{x}\|$.

5. 下列向量组是否构成 $\mathbf{R}^2$ 的规范正交基？

(a) $(1,-1)^{\mathrm{T}},(1,1)^{\mathrm{T}}$； (b) $\left(\frac{\sqrt{3}}{2},-\frac{1}{2}\right)^{\mathrm{T}},\left(\frac{1}{2},\frac{\sqrt{3}}{2}\right)^{\mathrm{T}}$.

6. 设向量

$$\boldsymbol{\alpha}_1=\left(\frac{1}{3\sqrt{2}},\frac{1}{3\sqrt{2}},-\frac{4}{3\sqrt{2}}\right)^{\mathrm{T}}, \quad \boldsymbol{\alpha}_2=\left(\frac{2}{3},\frac{2}{3},\frac{1}{3}\right)^{\mathrm{T}}, \quad \boldsymbol{\alpha}_3=\left(\frac{1}{\sqrt{2}},-\frac{1}{\sqrt{2}},0\right)^{\mathrm{T}}.$$

(a) 证明：$\boldsymbol{\alpha}_1,\boldsymbol{\alpha}_2,\boldsymbol{\alpha}_3$ 是 $\mathbf{R}^3$ 的一组规范正交基；

(b) 令 $\boldsymbol{x}=(1,2,3)^{\mathrm{T}}$，将 $\boldsymbol{x}$ 写为 $\boldsymbol{\alpha}_1,\boldsymbol{\alpha}_2,\boldsymbol{\alpha}_3$ 的线性组合的形式，并计算 $\|\boldsymbol{x}\|$.

7. 设 $\boldsymbol{\alpha},\boldsymbol{\beta}$ 为 $\mathbf{R}^2$ 的一组规范正交基，并设 $\boldsymbol{x}$ 为 $\mathbf{R}^2$ 中的一个单位向量. 若 $\langle\boldsymbol{x},\boldsymbol{\alpha}\rangle=\frac{1}{2}$，求 $\langle\boldsymbol{x},\boldsymbol{\beta}\rangle$ 的值.

8. 设 $\boldsymbol{\alpha}_1,\boldsymbol{\alpha}_2,\boldsymbol{\alpha}_3$ 为 $\mathbf{R}^n$ 的一组规范正交基，且

$$\boldsymbol{\alpha}=\boldsymbol{\alpha}_1+\boldsymbol{\alpha}_2+\boldsymbol{\alpha}_3, \quad \boldsymbol{\beta}=\boldsymbol{\alpha}_1-\boldsymbol{\alpha}_2,$$

求下列各值：

(a) $\langle\boldsymbol{\alpha},\boldsymbol{\beta}\rangle$； (b) $\|\boldsymbol{\alpha}\|$ 和 $\|\boldsymbol{\beta}\|$； (c) $\boldsymbol{\alpha}$ 与 $\boldsymbol{\beta}$ 的夹角 θ.

9. 设 $\boldsymbol{Q}$ 为 n 阶正交矩阵，并记 $d=\det(\boldsymbol{Q})$，证明：$|d|=1$.

10. 证明：两个正交矩阵的乘积也是正交矩阵.

§5.2 格拉姆-施密特正交化过程

本节中我们将讨论如何对 $\mathbf{R}^n$ 构造一组规范正交基.

定理 5.5 [格拉姆-施密特(Gram-Schmidt)正交化过程] 设 $\boldsymbol{x}_1,\boldsymbol{x}_2,\cdots,\boldsymbol{x}_n$ 为 $\mathbf{R}^n$ 的一组基. 令

$$\boldsymbol{u}_1=\frac{1}{\|\boldsymbol{x}_1\|}\boldsymbol{x}_1,$$

并递归地定义 $\boldsymbol{u}_2,\cdots,\boldsymbol{u}_n$ 为

$$\boldsymbol{u}_{k+1}=\frac{1}{\|\boldsymbol{x}_{k+1}-\boldsymbol{p}_k\|}(\boldsymbol{x}_{k+1}-\boldsymbol{p}_k)\quad(k=1,2,\cdots,n-1),$$

其中

$$\boldsymbol{p}_k=\langle\boldsymbol{x}_{k+1},\boldsymbol{u}_1\rangle\boldsymbol{u}_1+\langle\boldsymbol{x}_{k+1},\boldsymbol{u}_2\rangle\boldsymbol{u}_2+\cdots+\langle\boldsymbol{x}_{k+1},\boldsymbol{u}_k\rangle\boldsymbol{u}_k,$$

则 $\boldsymbol{u}_1,\boldsymbol{u}_2,\cdots,\boldsymbol{u}_n$ 即为 $\mathbf{R}^n$ 的一组规范正交基.

证 用数学归纳法. 显然 $\mathrm{span}(\boldsymbol{u}_1)=\mathrm{span}(\boldsymbol{x}_1)$. 设 $\boldsymbol{u}_1,\boldsymbol{u}_2,\cdots,\boldsymbol{u}_k$ 已经构造好，使得 $\boldsymbol{u}_1,\boldsymbol{u}_2,\cdots,\boldsymbol{u}_k$ 为 V 的一组规范正交基，且

$$\mathrm{span}(\boldsymbol{u}_1,\boldsymbol{u}_2,\cdots,\boldsymbol{u}_k)=\mathrm{span}(\boldsymbol{x}_1,\boldsymbol{x}_2,\cdots,\boldsymbol{x}_k).$$

因为 $\boldsymbol{p}_k$ 为 $\boldsymbol{u}_1,\boldsymbol{u}_2,\cdots,\boldsymbol{u}_k$ 的线性组合，所以 $\boldsymbol{p}_k\in\mathrm{span}(\boldsymbol{u}_1,\boldsymbol{u}_2,\cdots,\boldsymbol{u}_k)$，且

$$\boldsymbol{x}_{k+1}-\boldsymbol{p}_k\in\mathrm{span}(\boldsymbol{x}_1,\boldsymbol{x}_2,\cdots,\boldsymbol{x}_k,\boldsymbol{x}_{k+1}),\quad 即\quad \boldsymbol{x}_{k+1}-\boldsymbol{p}_k=\boldsymbol{x}_{k+1}-\sum_{i=1}^{k}l_i\boldsymbol{x}_i,$$

其中 $l_1,l_2,\cdots,l_k$ 为常数. 因 $\boldsymbol{x}_1,\boldsymbol{x}_2,\cdots,\boldsymbol{x}_k,\boldsymbol{x}_{k+1}$ 线性无关，故 $\boldsymbol{x}_{k+1}-\boldsymbol{p}_k\neq\mathbf{0}$，并且它与 $\boldsymbol{u}_i\,(i=1,2,\cdots,k)$ 均正交. 因此，$\boldsymbol{u}_1,\boldsymbol{u}_2,\cdots,\boldsymbol{u}_k,\boldsymbol{u}_{k+1}$ 为 $\mathrm{span}(\boldsymbol{x}_1,\boldsymbol{x}_2,\cdots,\boldsymbol{x}_k,\boldsymbol{x}_{k+1})$ 的一组规范正交基，从而

$$\mathrm{span}(\boldsymbol{u}_1,\boldsymbol{u}_2,\cdots,\boldsymbol{u}_{k+1})=\mathrm{span}(\boldsymbol{x}_1,\boldsymbol{x}_2,\cdots,\boldsymbol{x}_{k+1}).$$

由数学归纳法可得 $\boldsymbol{u}_1,\boldsymbol{u}_2,\cdots,\boldsymbol{u}_n$ 为 $\mathbf{R}^n$ 的一组规范正交基.

例 5.3 考虑 $\mathbf{R}^3$ 的一组基 $\boldsymbol{\alpha}_1,\boldsymbol{\alpha}_2,\boldsymbol{\alpha}_3$，其中

$$\boldsymbol{\alpha}_1=(1,1,1)^{\mathrm{T}},\quad \boldsymbol{\alpha}_2=(0,1,1)^{\mathrm{T}},\quad \boldsymbol{\alpha}_3=(0,0,1)^{\mathrm{T}}.$$

我们利用定理 5.5 给出的方法，将基 $\boldsymbol{\alpha}_1,\boldsymbol{\alpha}_2,\boldsymbol{\alpha}_3$ 变换为规范正交基 $\boldsymbol{u}_1,\boldsymbol{u}_2,\boldsymbol{u}_3$：首先，将 $\boldsymbol{\alpha}_1$ 单位化，即

$$\boldsymbol{u}_1=\frac{\boldsymbol{\alpha}_1}{\|\boldsymbol{\alpha}_1\|}=\left(\frac{1}{\sqrt{3}},\frac{1}{\sqrt{3}},\frac{1}{\sqrt{3}}\right)^{\mathrm{T}};$$

然后，记

$$\boldsymbol{\beta}_2=\boldsymbol{\alpha}_2-\boldsymbol{p}_1=\boldsymbol{\alpha}_2-\langle\boldsymbol{\alpha}_2,\boldsymbol{u}_1\rangle\boldsymbol{u}_1=\left(-\frac{2}{3},\frac{1}{3},\frac{1}{3}\right)^{\mathrm{T}},$$

得

$$\boldsymbol{u}_2=\frac{\boldsymbol{\beta}_2}{\|\boldsymbol{\beta}_2\|}=\left(-\frac{2}{\sqrt{6}},\frac{1}{\sqrt{6}},\frac{1}{\sqrt{6}}\right)^{\mathrm{T}};$$

最后，记

$$\boldsymbol{\beta}_3=\boldsymbol{\alpha}_3-\boldsymbol{p}_2=\boldsymbol{\alpha}_3-\langle\boldsymbol{\alpha}_3,\boldsymbol{u}_1\rangle\boldsymbol{u}_1-\langle\boldsymbol{\alpha}_3,\boldsymbol{u}_2\rangle\boldsymbol{u}_2=\left(0,-\frac{1}{2},\frac{1}{2}\right)^{\mathrm{T}},$$

得

$$\boldsymbol{u}_3=\frac{\boldsymbol{\beta}_3}{\|\boldsymbol{\beta}_3\|}=\left(0,-\frac{1}{\sqrt{2}},\frac{1}{\sqrt{2}}\right)^{\mathrm{T}}.$$

于是，得到 $\mathbf{R}^3$ 的一组规范正交基 $\boldsymbol{u}_1,\boldsymbol{u}_2,\boldsymbol{u}_3$.

上述格拉姆-施密特正交化过程的每一步都是同时进行单位化和正交化的(这一过程也称为**规范正交化**).也可以先将所有向量正交化,再统一单位化:先将 $\boldsymbol{\alpha}_1,\boldsymbol{\alpha}_2,\boldsymbol{\alpha}_3$ 正交化,得

$$\boldsymbol{\beta}_1=\boldsymbol{\alpha}_1,$$

$$\boldsymbol{\beta}_2=\boldsymbol{\alpha}_2-\frac{\langle\boldsymbol{\alpha}_2,\boldsymbol{\beta}_1\rangle}{\|\boldsymbol{\beta}_1\|^2}\boldsymbol{\beta}_1=\left(-\frac{2}{3},\frac{1}{3},\frac{1}{3}\right)^{\mathrm{T}},$$

$$\boldsymbol{\beta}_3=\boldsymbol{\alpha}_3-\frac{\langle\boldsymbol{\alpha}_3,\boldsymbol{\beta}_1\rangle}{\|\boldsymbol{\beta}_1\|^2}\boldsymbol{\beta}_1-\frac{\langle\boldsymbol{\alpha}_3,\boldsymbol{\beta}_2\rangle}{\|\boldsymbol{\beta}_2\|^2}\boldsymbol{\beta}_2=\left(0,-\frac{1}{2},\frac{1}{2}\right)^{\mathrm{T}};$$

再将 $\boldsymbol{\beta}_1,\boldsymbol{\beta}_2,\boldsymbol{\beta}_3$ 单位化,得

$$\boldsymbol{u}_1=\frac{\boldsymbol{\beta}_1}{\|\boldsymbol{\beta}_1\|}=\left(\frac{1}{\sqrt{3}},\frac{1}{\sqrt{3}},\frac{1}{\sqrt{3}}\right)^{\mathrm{T}},$$

$$\boldsymbol{u}_2=\frac{\boldsymbol{\beta}_2}{\|\boldsymbol{\beta}_2\|}=\left(-\frac{2}{\sqrt{6}},\frac{1}{\sqrt{6}},\frac{1}{\sqrt{6}}\right)^{\mathrm{T}},$$

$$\boldsymbol{u}_3=\frac{\boldsymbol{\beta}_3}{\|\boldsymbol{\beta}_3\|}=\left(0,-\frac{1}{\sqrt{2}},\frac{1}{\sqrt{2}}\right)^{\mathrm{T}}.$$

于是,得到 $\mathbf{R}^3$ 的一组规范正交基 $\boldsymbol{u}_1,\boldsymbol{u}_2,\boldsymbol{u}_3$.

本例中的 $\dfrac{\langle\boldsymbol{\alpha}_2,\boldsymbol{\beta}_1\rangle}{\|\boldsymbol{\beta}_1\|^2}\boldsymbol{\beta}_1$ 表示向量 $\boldsymbol{\alpha}_2$ 在向量 $\boldsymbol{\beta}_1$ 上的向量投影.若 $\boldsymbol{\beta}_1$ 是单位向量,则 $\boldsymbol{\alpha}_2$ 在 $\boldsymbol{\beta}_1$ 上的向量投影为 $\langle\boldsymbol{\alpha}_2,\boldsymbol{\beta}_1\rangle\boldsymbol{\beta}_1$.例如,$\langle\boldsymbol{\alpha}_2,\boldsymbol{u}_1\rangle\boldsymbol{u}_1$ 就表示 $\boldsymbol{\alpha}_2$ 在单位向量 $\boldsymbol{u}_1$ 上的向量投影.$\boldsymbol{\alpha}_2$ 减去它在 $\boldsymbol{\beta}_1$ 上的向量投影得到的向量 $\boldsymbol{\beta}_2$ 一定与 $\boldsymbol{\beta}_1$ 正交,如图 5.1 所示.正交化的实质是通过后面的向量减去前面已经正交的各向量上的向量投影来得到新向量,这个新向量必和前面所有的向量都正交.

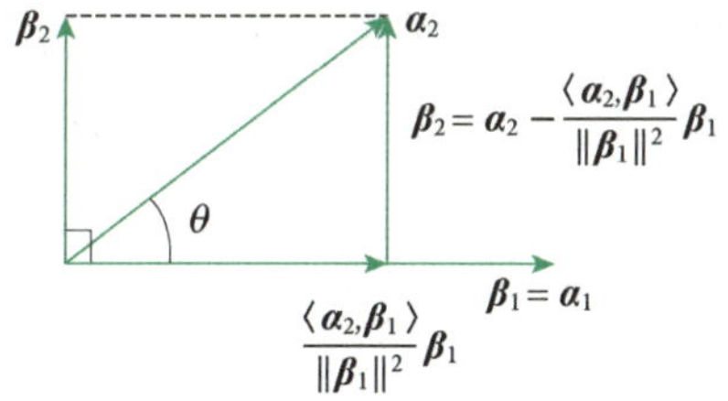

图　5.1

例 5.4　设矩阵

$$\boldsymbol{A}=\begin{pmatrix}1&-1&4\\1&4&-2\\1&4&2\\1&-1&0\end{pmatrix},$$

求 $\boldsymbol{A}$ 的列空间 $R(\boldsymbol{A})$ 的一组规范正交基.

解　$\boldsymbol{A}=(\boldsymbol{a}_1,\boldsymbol{a}_2,\boldsymbol{a}_3)$ 的列向量组是线性无关的，它们构成 $\boldsymbol{A}$ 的列空间 $R(\boldsymbol{A})$ 的一组基. 下面将基 $\boldsymbol{a}_1,\boldsymbol{a}_2,\boldsymbol{a}_3$ 规范正交化：

$$\boldsymbol{u}_1=\frac{\boldsymbol{a}_1}{\|\boldsymbol{a}_1\|}=\left(\frac{1}{2},\frac{1}{2},\frac{1}{2},\frac{1}{2}\right)^{\mathrm{T}};$$

$$\boldsymbol{\beta}_2=\boldsymbol{a}_2-\boldsymbol{p}_1=\boldsymbol{a}_2-\langle\boldsymbol{a}_2,\boldsymbol{u}_1\rangle\boldsymbol{u}_1=\left(-\frac{5}{2},\frac{5}{2},\frac{5}{2},-\frac{5}{2}\right)^{\mathrm{T}},$$

$$\boldsymbol{u}_2=\frac{\boldsymbol{\beta}_2}{\|\boldsymbol{\beta}_2\|}=\left(-\frac{1}{2},\frac{1}{2},\frac{1}{2},-\frac{1}{2}\right)^{\mathrm{T}};$$

$$\boldsymbol{\beta}_3=\boldsymbol{a}_3-\boldsymbol{p}_2=\boldsymbol{a}_3-\langle\boldsymbol{a}_3,\boldsymbol{u}_1\rangle\boldsymbol{u}_1-\langle\boldsymbol{a}_3,\boldsymbol{u}_2\rangle\boldsymbol{u}_2=(2,-2,2,-2)^{\mathrm{T}},$$

$$\boldsymbol{u}_3=\frac{\boldsymbol{\beta}_3}{\|\boldsymbol{\beta}_3\|}=\left(\frac{1}{2},-\frac{1}{2},\frac{1}{2},-\frac{1}{2}\right)^{\mathrm{T}}.$$

所以，向量组 $\boldsymbol{u}_1,\boldsymbol{u}_2,\boldsymbol{u}_3$ 是 $R(\boldsymbol{A})$ 的一组规范正交基.

习题 5.2

1. 对下列矩阵 $\boldsymbol{A}$，使用格拉姆-施密特正交化过程求 $R(\boldsymbol{A})$ 的一组规范正交基：

(a) $\boldsymbol{A}=\begin{pmatrix}-1 & 2\\ 1 & 3\end{pmatrix}$；　　(b) $\boldsymbol{A}=\begin{pmatrix}2 & 3\\ 1 & 5\end{pmatrix}$.

2. 给定 $\mathbf{R}^3$ 的一组基 $\boldsymbol{\alpha}_1,\boldsymbol{\alpha}_2,\boldsymbol{\alpha}_3$，其中

$$\boldsymbol{\alpha}_1=(1,2,-1)^{\mathrm{T}},\quad \boldsymbol{\alpha}_2=(-1,3,1)^{\mathrm{T}},\quad \boldsymbol{\alpha}_3=(4,-1,0)^{\mathrm{T}},$$

由此利用格拉姆-施密特正交化过程求 $\mathbf{R}^3$ 的一组规范正交基.

3. 已知向量 $\boldsymbol{\alpha}=\frac{1}{2}(1,-1,1,1)^{\mathrm{T}}$，$\boldsymbol{\beta}=\frac{1}{6}(1,-1,3,-5)^{\mathrm{T}}$ 构成 $\mathbf{R}^4$ 的一个正交组，求

$$\boldsymbol{A}=\begin{pmatrix}1 & -1 & 1 & 1\\ 1 & -1 & 3 & -5\end{pmatrix}$$

的零空间 $N(\boldsymbol{A})$ 的一组规范正交基，并将它扩展为 $\mathbf{R}^4$ 的一组规范正交基.

第六章 特征值与特征向量

特征值与特征向量出现在许多应用问题中，例如线性微分方程组求解问题，工程技术中的振动问题、稳定性问题，动态经济模型问题等．在本章中，我们介绍特征值、特征向量的概念及计算方法，并讨论实对称矩阵的对角化问题．

§6.1 特征值与特征向量

许多应用问题都涉及将一个线性算子重复作用在一个向量上. 求解此类问题的关键是，针对线性算子选择一组在某种意义下很自然的基，或者说一个坐标系，使得关于该线性算子的计算得以简化. 对应于这一组新的基中的向量——特征向量，我们关联一个缩放因子——特征值.

定义 6.1 设 $\boldsymbol{A}$ 为 n 阶方阵，λ_0 是常数. 如果存在非零列向量($n\times 1$ 矩阵)$\boldsymbol{\alpha}$，使得

$$\boldsymbol{A\alpha}=\lambda_0\boldsymbol{\alpha},$$

则称 λ_0 为 $\boldsymbol{A}$ 的一个**特征值**，而称 $\boldsymbol{\alpha}$ 为 $\boldsymbol{A}$ 的属于(或对应于)特征值 λ_0 的**特征向量**.

例 6.1 设矩阵 $\boldsymbol{A}=\begin{pmatrix}4 & -2\\1 & 1\end{pmatrix}$，向量 $\boldsymbol{\alpha}=\begin{pmatrix}2\\1\end{pmatrix}$. 因为

$$\boldsymbol{A\alpha}=\begin{pmatrix}6\\3\end{pmatrix}=3\begin{pmatrix}2\\1\end{pmatrix}=3\boldsymbol{\alpha},$$

所以 $\lambda_0=3$ 为 $\boldsymbol{A}$ 的一个特征值，$\boldsymbol{\alpha}=(2,1)^{\mathrm{T}}$ 为 $\boldsymbol{A}$ 的属于特征值 3 的特征向量.

例 6.2 设 $\boldsymbol{E}$ 为 n 阶单位矩阵，则对于任意非零向量 $\boldsymbol{\alpha}\in\mathbf{R}^n$，有 $\boldsymbol{E\alpha}=\boldsymbol{\alpha}$. 于是，1 就是 $\boldsymbol{E}$ 的一个特征值，$\mathbf{R}^n$ 中所有非零向量都是属于 1 的特征向量.

由特征值与特征向量的定义，易知以下**结论**成立：

(a) 如果 $\boldsymbol{\alpha},\boldsymbol{\beta}$ 都是 n 阶方阵 $\boldsymbol{A}$ 的属于特征值 λ_0 的特征向量，则它们的和 $\boldsymbol{\alpha}+\boldsymbol{\beta}$ 也是 $\boldsymbol{A}$ 的属于特征值 λ_0 的特征向量；

(b) 如果 $\boldsymbol{\alpha}$ 是 $\boldsymbol{A}$ 的属于特征值 λ_0 的特征向量，则对于任意非零常数 k，$k\boldsymbol{\alpha}$ 也是 $\boldsymbol{A}$ 的属于特征值 λ_0 的特征向量.

如何求一个矩阵的特征值与特征向量呢？

设

$$\boldsymbol{\alpha}=(c_1,c_2,\cdots,c_n)^{\mathrm{T}}\neq(0,0,\cdots,0)^{\mathrm{T}}$$

是 n 阶方阵

$$\boldsymbol{A}=\begin{pmatrix}a_{11} & a_{12} & \cdots & a_{1n}\\a_{21} & a_{22} & \cdots & a_{2n}\\\vdots & \vdots & & \vdots\\a_{n1} & a_{n2} & \cdots & a_{nn}\end{pmatrix}$$

的属于特征值 λ_0 的特征向量，则

$$A\boldsymbol{\alpha} = \lambda_0\boldsymbol{\alpha}, \quad \text{即} \quad (\lambda_0 \boldsymbol{E} - \boldsymbol{A})\boldsymbol{\alpha} = \boldsymbol{0},$$

亦即 $\boldsymbol{\alpha}=(c_1,c_2,\cdots,c_n)^{\mathrm{T}}$ 是齐次线性方程组

$$\begin{cases} (\lambda_0 - a_{11})x_1 - a_{12}x_2 - \cdots - a_{1n}x_n = 0, \\ -a_{21}x_1 + (\lambda_0 - a_{22})x_2 - \cdots - a_{2n}x_n = 0, \\ \cdots\cdots \\ -a_{n1}x_1 - a_{n2}x_2 - \cdots + (\lambda_0 - a_{nn})x_n = 0 \end{cases} \tag{6.1}$$

的一个非零解. 所以，齐次线性方程组(6.1)的系数行列式应为 0：

$$\begin{vmatrix} \lambda_0 - a_{11} & -a_{12} & \cdots & -a_{1n} \\ -a_{21} & \lambda_0 - a_{22} & \cdots & -a_{2n} \\ \vdots & \vdots & & \vdots \\ -a_{n1} & -a_{n2} & \cdots & \lambda_0 - a_{nn} \end{vmatrix} = 0,$$

即

$$\det(\lambda_0 \boldsymbol{E} - \boldsymbol{A}) = 0.$$

从上述讨论可知，对于 n 阶方阵 $\boldsymbol{A}$，下面的命题是等价的：

(a) λ_0 为 $\boldsymbol{A}$ 的一个特征值；

(b) $(\lambda_0\boldsymbol{E}-\boldsymbol{A})\boldsymbol{x}=\boldsymbol{0}$ 有非零解；

(c) $\det(\lambda_0\boldsymbol{E}-\boldsymbol{A})=0$；

(d) $\lambda_0\boldsymbol{E}-\boldsymbol{A}$ 为奇异矩阵；

(e) $N(\lambda_0\boldsymbol{E}-\boldsymbol{A})\neq\{\boldsymbol{0}\}$.

定义 6.2　设 $\boldsymbol{A}$ 是 n 阶方阵，λ 是未知量，则称矩阵 $\lambda\boldsymbol{E}-\boldsymbol{A}$ 为 $\boldsymbol{A}$ 的**特征矩阵**. 特征矩阵的行列式

$$\det(\lambda \boldsymbol{E} - \boldsymbol{A})$$

是 λ 的一个多项式，称为 $\boldsymbol{A}$ 的**特征多项式**.

所谓特征值 λ_0，就是特征多项式的根，所以特征值也叫作**特征根**. 由于实系数多项式的根未必是实数，所以 $\boldsymbol{A}$ 的特征根可能是复数，此时 $\boldsymbol{A}$ 的属于这个特征值的特征向量也是复向量. 本书只考虑实特征值.

归纳以上讨论，可以总结出 n 阶方阵 $\boldsymbol{A}$ 的特征值和特征向量的求法：

(a) 计算 $\boldsymbol{A}$ 的特征多项式 $f(\lambda)=\det(\lambda\boldsymbol{E}-\boldsymbol{A})$；

(b) 求出 $f(\lambda)$的全部根，它们即为 $\boldsymbol{A}$ 的全部特征值；

(c) 对于每个特征值 λ_0，求出齐次线性方程组(6.1)的全部非零解，它们就是属于 λ_0 的全部特征向量.

显然，若 $\boldsymbol{A}$ 为 n 阶三角形矩阵，则 $\boldsymbol{A}$ 的主对角线元素是它的全部特征值.

例 6.3 求矩阵 $\boldsymbol{A}$ 的特征值与特征向量，其中

$$\boldsymbol{A}=\begin{pmatrix}1 & -3 & 3\\ 3 & -5 & 3\\ 6 & -6 & 4\end{pmatrix}.$$

解 $\boldsymbol{A}$ 的特征多项式为

$$\det(\lambda\boldsymbol{E}-\boldsymbol{A})=\begin{vmatrix}\lambda-1 & 3 & -3\\ -3 & \lambda+5 & -3\\ -6 & 6 & \lambda-4\end{vmatrix}=(\lambda+2)^2(\lambda-4),$$

所以 $\boldsymbol{A}$ 的特征值为 $\lambda_1=-2$（二重），$\lambda_2=4$.

对于特征值 $\lambda_1=-2$，求其特征向量. 将 $\lambda_1=-2$ 代入线性方程组 $(\lambda\boldsymbol{E}-\boldsymbol{A})\boldsymbol{x}=\boldsymbol{0}$，得

$$\begin{cases}-3x_1+3x_2-3x_3=0,\\ -3x_1+3x_2-3x_3=0,\\ -6x_1+6x_2-6x_3=0,\end{cases}\quad \text{即}\quad x_1-x_2+x_3=0.$$

求得此线性方程组的一组基础解系

$$\boldsymbol{u}=(1,1,0)^{\mathrm{T}},\quad \boldsymbol{v}=(-1,0,1)^{\mathrm{T}}.$$

所以，$\boldsymbol{A}$ 的属于特征值 $\lambda_1=-2$ 的全部特征向量为 $k_1\boldsymbol{u}+k_2\boldsymbol{v}$ (k_1,k_2 不全为 0).

下面求属于 $\lambda_2=4$ 的特征向量. 把 $\lambda_2=4$ 代入线性方程组 $(\lambda\boldsymbol{E}-\boldsymbol{A})\boldsymbol{x}=\boldsymbol{0}$，得

$$\begin{cases}3x_1+3x_2-3x_3=0,\\ -3x_1+9x_2-3x_3=0,\\ -6x_1+6x_2\qquad\quad=0,\end{cases}\quad \text{即}\quad \begin{cases}x_1+x_2-x_3=0,\\ 2x_2-x_3=0.\end{cases}$$

易知此线性方程组的一组基础解系由一个向量组成，因此任一非零特解，如 $\boldsymbol{w}=(1,1,2)^{\mathrm{T}}$ 为特征向量. 所以，$\boldsymbol{A}$ 的属于特征值 $\lambda_2=4$ 的全部特征向量为 $k_3\boldsymbol{w}$ ($k_3\neq0$).

要说明的是：若 $\boldsymbol{A}$ 是 n 阶方阵，则它的特征多项式 $f(\lambda)$ 一定是 n 次多项式，且首项 λ^n 的系数是 1，λ^{n-1} 的系数是 $-(a_{11}+a_{22}+\cdots+a_{nn})$，其中 $a_{11}+a_{22}+\cdots+a_{nn}$ 是 $\boldsymbol{A}$ 的主对角线元素之和.

定义 6.3 设 $\boldsymbol{A}=(a_{ij})$ 是 n 阶方阵，则称 $\boldsymbol{A}$ 的主对角线元素之和为 $\boldsymbol{A}$ 的**迹**，记为 $\mathrm{tr}(\boldsymbol{A})$，即

$$\mathrm{tr}(\boldsymbol{A})=a_{11}+a_{22}+\cdots+a_{nn}.$$

$\boldsymbol{A}$ 的特征多项式 $f(\lambda)$ 的常数项应该是

$$f(0)=(-1)^n\det(\boldsymbol{A}).$$

所以，若 $\boldsymbol{A}$ 的 n 个特征值为 $\lambda_1,\lambda_2,\cdots,\lambda_n$，则

$$f(\lambda)=(\lambda-\lambda_1)(\lambda-\lambda_2)\cdots(\lambda-\lambda_n).$$

展开并比较系数，即得

$$\lambda_1+\lambda_2+\cdots+\lambda_n=\operatorname{tr}(\boldsymbol{A}),\quad \lambda_1\lambda_2\cdots\lambda_n=\det(\boldsymbol{A}).$$

由此可知，n 阶方阵 $\boldsymbol{A}$ 非奇异当且仅当 $\boldsymbol{A}$ 的特征值全不为 0.

对于较大的 n，求特征多项式的根一般很困难，不过以后我们还将学习求特征值的数值方法. 若 $\boldsymbol{A}$ 的特征值已经通过数值方法求得，验证它们的精确度的方法就是计算它们的和，并与 $\boldsymbol{A}$ 的迹 $\operatorname{tr}(\boldsymbol{A})$ 进行比较.

若 λ_0 为 n 阶方阵 $\boldsymbol{A}$ 的一个特征值，我们还可以得到和 $\boldsymbol{A}$ 相关的矩阵的特征值.

定理 6.1 如果 $\boldsymbol{A}$ 为 n 阶方阵，λ_0 为 $\boldsymbol{A}$ 的特征值，$\boldsymbol{\alpha}$ 是 $\boldsymbol{A}$ 的属于 λ_0 的特征向量，即 $\boldsymbol{A\alpha}=\lambda_0\boldsymbol{\alpha}$，那么

(a) $k\lambda_0$ 是 $k\boldsymbol{A}$ 的特征值（k 是常数），且 $(k\boldsymbol{A})\boldsymbol{\alpha}=(k\lambda_0)\boldsymbol{\alpha}$，即 $\boldsymbol{\alpha}$ 是 $k\boldsymbol{A}$ 的属于 $k\lambda_0$ 的特征向量.

(b) λ_0^m 是 $\boldsymbol{A}^m$ 的特征值（m 是正整数），且 $\boldsymbol{A}^m\boldsymbol{\alpha}=\lambda_0^m\boldsymbol{\alpha}$，即 $\boldsymbol{\alpha}$ 是 $\boldsymbol{A}^m$ 的属于 λ_0^m 的特征向量.

(c) 若 $\boldsymbol{A}$ 是非奇异矩阵，则 λ_0^{-1} 是 $\boldsymbol{A}^{-1}$ 的特征值，且 $\boldsymbol{A}^{-1}\boldsymbol{\alpha}=\lambda_0^{-1}\boldsymbol{\alpha}$，即 $\boldsymbol{\alpha}$ 是 $\boldsymbol{A}^{-1}$ 的属于 λ_0^{-1} 的特征向量；$\lambda_0^{-1}\det(\boldsymbol{A})$ 是 $\boldsymbol{A}^*$ 的特征值，且 $\boldsymbol{A}^*\boldsymbol{\alpha}=\lambda_0^{-1}\det(\boldsymbol{A})\boldsymbol{\alpha}$，即 $\boldsymbol{\alpha}$ 是 $\boldsymbol{A}^*$ 的属于 $\lambda_0^{-1}\det(\boldsymbol{A})$ 的特征向量.

(d) 设 $\varphi(x)=b_{-1}x^{-1}+b_0+b_1x+\cdots+b_lx^l$，令

$$\varphi(\boldsymbol{A})=b_{-1}\boldsymbol{A}^{-1}+b_0\boldsymbol{E}+b_1\boldsymbol{A}+\cdots+b_l\boldsymbol{A}^l,$$

则 $\varphi(\lambda_0)$ 是 $\varphi(\boldsymbol{A})$ 的特征值，且 $\varphi(\boldsymbol{A})\alpha=\varphi(\lambda_0)\boldsymbol{\alpha}$，即 $\boldsymbol{\alpha}$ 是 $\varphi(\boldsymbol{A})$ 的属于 $\varphi(\lambda_0)$ 的特征向量.

(e) λ_0 也是 $\boldsymbol{A}^{\mathrm{T}}$ 的特征值，即 $\boldsymbol{A}$ 和 $\boldsymbol{A}^{\mathrm{T}}$ 的特征值相同.

由特征值和特征向量的定义容易得到定理 6.1 的证明，留给读者完成.

例 6.4 设 3 阶方阵 $\boldsymbol{A}$ 的特征值分别为 $1,-1,2$，求行列式 $\det(\boldsymbol{A}^*+3\boldsymbol{A}-2\boldsymbol{E})$ 的值.

解 因为 $\boldsymbol{A}$ 的特征值全不为 0，所以 $\boldsymbol{A}$ 是非奇异矩阵，从而 $\boldsymbol{A}^*=\det(\boldsymbol{A})\boldsymbol{A}^{-1}$. 而 $\det(\boldsymbol{A})=\lambda_1\lambda_2\lambda_3=1\times(-1)\times2=-2$，所以

$$\boldsymbol{A}^*+3\boldsymbol{A}-2\boldsymbol{E}=-2\boldsymbol{A}^{-1}-2\boldsymbol{E}+3\boldsymbol{A},$$

把上式记作 $\varphi(\boldsymbol{A})$，有 $\varphi(x)=-2x^{-1}-2+3x$，从而 $\varphi(\boldsymbol{A})$ 的特征值为

$$\varphi(1)=-1,\quad \varphi(-1)=-3,\quad \varphi(2)=3,$$

所以

$$\det(\boldsymbol{A}^*+3\boldsymbol{A}-2\boldsymbol{E})=\varphi(1)\varphi(-1)\varphi(2)=(-1)\times(-3)\times3=9.$$

习题 6.1

1. 求下列矩阵的特征值与特征向量:

(a) $\begin{pmatrix}2&1\\1&2\end{pmatrix}$; (b) $\begin{pmatrix}1&-1&1\\0&-1&1\\0&0&1\end{pmatrix}$;

(c) $\begin{pmatrix}1&0&0&0\\0&2&0&0\\0&0&3&0\\0&0&0&4\end{pmatrix}$; (d) $\begin{pmatrix}2&0&0&0\\1&1&0&0\\0&0&2&1\\0&0&0&2\end{pmatrix}$.

2. 证明:三角形矩阵的特征值为其主对角线元素.

3. 设 $\boldsymbol{A}$ 为 n 阶方阵,证明:$\boldsymbol{A}$ 为奇异矩阵当且仅当 $\lambda=0$ 为 $\boldsymbol{A}$ 的一个特征值.

4. 设 $\boldsymbol{A}$ 为 n 阶非奇异矩阵,λ_0 为 $\boldsymbol{A}$ 的特征值,证明:$\dfrac{1}{\lambda_0}$ 为 $\boldsymbol{A}^{-1}$ 的特征值.

5. 设 λ_0 为矩阵 $\boldsymbol{A}$ 的特征值,$\boldsymbol{x}$ 为 $\boldsymbol{A}$ 的属于 λ_0 的特征向量,用数学归纳法证明:对于任意正整数 m,λ_0^m 为 $\boldsymbol{A}^m$ 的特征值,且 $\boldsymbol{x}$ 为 $\boldsymbol{A}^m$ 的属于 λ_0^m 的特征向量.

6. 若 n 阶方阵 $\boldsymbol{A}$ 满足 $\boldsymbol{A}^2=\boldsymbol{A}$,则称它为**幂等矩阵**. 证明:若 λ_0 为幂等矩阵的特征值,则 λ_0 必为 0 或 1.

7. 若对于某个正整数 k,n 阶方阵 $\boldsymbol{A}$ 满足 $\boldsymbol{A}^k=\boldsymbol{O}$,则称它为**幂零矩阵**. 证明:幂零矩阵的所有特征值均为 0.

8. 证明:n 阶方阵 $\boldsymbol{A}$ 和 $\boldsymbol{A}^{\mathrm{T}}$ 有相同的特征值.

9. 设 $\boldsymbol{A}$ 为 2 阶方阵. 若 $\mathrm{tr}(\boldsymbol{A})=11$,且 $\det(\boldsymbol{A})=30$,$\boldsymbol{A}$ 的特征值是什么?

10. 设 $\boldsymbol{A}$ 为正交矩阵,证明:

(a) 若 λ_0 为 $\boldsymbol{A}$ 的特征值,则 $|\lambda_0|=1$;

(b) $|\det(\boldsymbol{A})|=1$.

11. 设 n 阶方阵 $\boldsymbol{A},\boldsymbol{B},\boldsymbol{P}$ 满足 $\boldsymbol{B}=\boldsymbol{P}^{-1}\boldsymbol{A}\boldsymbol{P}$,$\boldsymbol{x}$ 为 $\boldsymbol{B}$ 的属于特征值 λ_0 的特征向量,证明:$\boldsymbol{P}\boldsymbol{x}$ 为 $\boldsymbol{A}$ 的属于特征值 λ_0 的特征向量.

12. 设 $\boldsymbol{A}$ 为 n 阶方阵,其各列元素之和等于一个固定常数 c,证明:c 为 $\boldsymbol{A}$ 的特征值.

§6.2 相似矩阵与矩阵的对角化

定义 6.4 对于 n 阶方阵 $\boldsymbol{A}$ 和 $\boldsymbol{B}$，若存在 n 阶非奇异矩阵 $\boldsymbol{P}$，使得 $\boldsymbol{B}=\boldsymbol{P}^{-1}\boldsymbol{A}\boldsymbol{P}$，则称矩阵 $\boldsymbol{B}$ **相似**于矩阵 $\boldsymbol{A}$，记作 $\boldsymbol{A}\sim\boldsymbol{B}$.

相似是矩阵之间的一种关系，这种关系具有下面三个**性质**：

(a) **自反性**：$\boldsymbol{A}\sim\boldsymbol{A}$.

这是因为 $\boldsymbol{A}=\boldsymbol{E}^{-1}\boldsymbol{A}\boldsymbol{E}$.

(b) **对称性**：若 $\boldsymbol{A}\sim\boldsymbol{B}$，则 $\boldsymbol{B}\sim\boldsymbol{A}$.

这是因为，若 $\boldsymbol{A}\sim\boldsymbol{B}$，则存在非奇异矩阵 $\boldsymbol{P}$，使得 $\boldsymbol{B}=\boldsymbol{P}^{-1}\boldsymbol{A}\boldsymbol{P}$. 令 $\boldsymbol{Q}=\boldsymbol{P}^{-1}$，就有

$$\boldsymbol{A}=\boldsymbol{P}\boldsymbol{B}\boldsymbol{P}^{-1}=\boldsymbol{Q}^{-1}\boldsymbol{B}\boldsymbol{Q},$$

所以 $\boldsymbol{B}\sim\boldsymbol{A}$.

(c) **传递性**：若 $\boldsymbol{A}\sim\boldsymbol{B}$，$\boldsymbol{B}\sim\boldsymbol{C}$，则 $\boldsymbol{A}\sim\boldsymbol{C}$.

这是因为，由 $\boldsymbol{A}\sim\boldsymbol{B}$，$\boldsymbol{B}\sim\boldsymbol{C}$ 知，存在非奇异矩阵 $\boldsymbol{P}$，$\boldsymbol{Q}$，使得 $\boldsymbol{B}=\boldsymbol{P}^{-1}\boldsymbol{A}\boldsymbol{P}$，$\boldsymbol{C}=\boldsymbol{Q}^{-1}\boldsymbol{B}\boldsymbol{Q}$，于是

$$\boldsymbol{C}=\boldsymbol{Q}^{-1}(\boldsymbol{P}^{-1}\boldsymbol{A}\boldsymbol{P})\boldsymbol{Q}=(\boldsymbol{P}\boldsymbol{Q})^{-1}\boldsymbol{A}(\boldsymbol{P}\boldsymbol{Q}).$$

故 $\boldsymbol{A}\sim\boldsymbol{C}$.

由于相似关系的对称性，当 $\boldsymbol{B}$ 相似于 $\boldsymbol{A}$ 时，我们也称 $\boldsymbol{A}$ 和 $\boldsymbol{B}$ 是**相似矩阵**.

相似矩阵具有下面一些**性质**：

(a) 相似矩阵有相同的特征多项式，从而有相同的特征值和行列式.

证 设 $\boldsymbol{A}\sim\boldsymbol{B}$，则存在非奇异矩阵 $\boldsymbol{P}$，使得 $\boldsymbol{B}=\boldsymbol{P}^{-1}\boldsymbol{A}\boldsymbol{P}$. 于是

$$\lambda\boldsymbol{E}-\boldsymbol{B}=\lambda\boldsymbol{E}-\boldsymbol{P}^{-1}\boldsymbol{A}\boldsymbol{P}=\boldsymbol{P}^{-1}(\lambda\boldsymbol{E}-\boldsymbol{A})\boldsymbol{P},$$

从而

$$\det(\lambda\boldsymbol{E}-\boldsymbol{B})=\det(\boldsymbol{P}^{-1})\det(\lambda\boldsymbol{E}-\boldsymbol{A})\det(\boldsymbol{P})=\det(\lambda\boldsymbol{E}-\boldsymbol{A}).$$

由性质(a)知，若 n 阶方阵 $\boldsymbol{A}$ 相似于对角矩阵

$$\mathrm{diag}(\lambda_1,\lambda_2,\cdots,\lambda_n)=\begin{pmatrix}\lambda_1 & & & \\ & \lambda_2 & & \\ & & \ddots & \\ & & & \lambda_n\end{pmatrix},$$

则 $\lambda_1,\lambda_2,\cdots,\lambda_n$ 就是 $\boldsymbol{A}$ 的 n 个特征值.

(b) 相似矩阵有相同的秩.

(c) 如果 $\boldsymbol{A}\sim\boldsymbol{B}$，那么 $\boldsymbol{A}^k\sim\boldsymbol{B}^k$，即存在非奇异矩阵 $\boldsymbol{P}$，使得

$$\boldsymbol{B}^k=\boldsymbol{P}^{-1}\boldsymbol{A}^k\boldsymbol{P}\quad(k\text{ 为正整数}).$$

根据以上性质，可以简化矩阵的运算，如矩阵的方幂运算．下面讨论对于已知的矩阵 $\boldsymbol{A}$，如何快速简便地计算其方幂 $\boldsymbol{A}^k$，乃至计算矩阵 $\boldsymbol{A}$ 的多项式 $\varphi(\boldsymbol{A})$，其中 $\varphi(x)$ 为 x 的多项式．

定义 6.5 设 $\boldsymbol{A}$ 为 n 阶方阵．若存在非奇异矩阵 $\boldsymbol{X}$，使得 $\boldsymbol{X}^{-1}\boldsymbol{A}\boldsymbol{X}$ 为对角矩阵，则称矩阵 $\boldsymbol{A}$ **可对角化**，并称 $\boldsymbol{X}$ 为 $\boldsymbol{A}$ 的**对角化矩阵**．

定理 6.2 n 阶方阵 $\boldsymbol{A}$ 可对角化当且仅当 $\boldsymbol{A}$ 有 n 个线性无关的特征向量．

证 设矩阵 $\boldsymbol{A}$ 有 n 个线性无关的特征向量 $\boldsymbol{x}_1,\boldsymbol{x}_2,\cdots,\boldsymbol{x}_n$，又设 $\lambda_i(i=1,2,\cdots,n)$ 为 $\boldsymbol{A}$ 的 $\boldsymbol{x}_i$ 对应的特征值，令 $\boldsymbol{X}$ 为 n 阶方阵，其第 j 个列向量为 $\boldsymbol{x}_j(j=1,2,\cdots,n)$，于是 $\boldsymbol{A}\boldsymbol{x}_j=\lambda_j\boldsymbol{x}_j$ 为 $\boldsymbol{A}\boldsymbol{X}$ 的第 j 个列向量，从而

$$\begin{aligned}\boldsymbol{A}\boldsymbol{X}&=(\boldsymbol{A}\boldsymbol{x}_1,\boldsymbol{A}\boldsymbol{x}_2,\cdots,\boldsymbol{A}\boldsymbol{x}_n)=(\lambda_1\boldsymbol{x}_1,\lambda_2\boldsymbol{x}_2,\cdots,\lambda_n\boldsymbol{x}_n)\\&=(\boldsymbol{x}_1,\boldsymbol{x}_2,\cdots,\boldsymbol{x}_n)\begin{pmatrix}\lambda_1&&&\\&\lambda_2&&\\&&\ddots&\\&&&\lambda_n\end{pmatrix}\\&=\boldsymbol{X}\boldsymbol{D},\end{aligned}$$

其中 $\boldsymbol{D}=\operatorname{diag}(\lambda_1,\lambda_2,\cdots,\lambda_n)$ 为对角矩阵．由于 $\boldsymbol{X}$ 有 n 个线性无关的列向量，可得 $\boldsymbol{X}$ 为非奇异矩阵，因此

$$\boldsymbol{D}=\boldsymbol{X}^{-1}\boldsymbol{A}\boldsymbol{X}.$$

反之，设 $\boldsymbol{A}$ 可对角化，则存在 n 阶非奇异矩阵 $\boldsymbol{X}$，使得

$$\boldsymbol{D}=\boldsymbol{X}^{-1}\boldsymbol{A}\boldsymbol{X},\quad\text{即}\quad\boldsymbol{A}\boldsymbol{X}=\boldsymbol{X}\boldsymbol{D},$$

其中 $\boldsymbol{D}$ 为对角矩阵．设 $\boldsymbol{D}=\operatorname{diag}(\lambda_1,\lambda_2,\cdots,\lambda_n)$，记 $\boldsymbol{x}_1,\boldsymbol{x}_2,\cdots,\boldsymbol{x}_n$ 为 $\boldsymbol{X}$ 的列向量，则

$$\boldsymbol{A}\boldsymbol{x}_j=\lambda_j\boldsymbol{x}_j\quad(j=1,2,\cdots,n).$$

因此，$\lambda_j(j=1,2,\cdots,n)$ 为 $\boldsymbol{A}$ 的特征值，且 $\boldsymbol{x}_j$ 为 $\boldsymbol{A}$ 的对应于 λ_j 的特征向量．由于 $\boldsymbol{X}$ 的列向量组是线性无关的，因此 $\boldsymbol{A}$ 有 n 个线性无关的特征向量．

注 1 若矩阵 $\boldsymbol{A}$ 可对角化，则对角化矩阵 $\boldsymbol{X}$ 的列向量为 $\boldsymbol{A}$ 的特征向量，且 $\boldsymbol{D}=\boldsymbol{X}^{-1}\boldsymbol{A}\boldsymbol{X}$ 的主对角线元素为对应的特征值．

注 2 对角化矩阵 $\boldsymbol{X}$ 不是唯一的．把给定的对角化矩阵 $\boldsymbol{X}$ 的各列

重新排列，或者将它们乘以一个非零常数，将得到一个新对角化矩阵.

注 3　若矩阵 $\boldsymbol{A}$ 可对角化，则 $\boldsymbol{A}$ 可分解为乘积形式：$\boldsymbol{A}=\boldsymbol{X}\boldsymbol{D}\boldsymbol{X}^{-1}$，其中 $\boldsymbol{D}$ 为对角矩阵.

对于任意正整数 k，由注 3 可得

$$\boldsymbol{A}^k=\boldsymbol{X}\boldsymbol{D}^k\boldsymbol{X}^{-1}=\boldsymbol{X}\begin{pmatrix}\lambda_1^k & & & \\ & \lambda_2^k & & \\ & & \ddots & \\ & & & \lambda_n^k\end{pmatrix}\boldsymbol{X}^{-1},\quad 其中\quad \boldsymbol{D}=\begin{pmatrix}\lambda_1 & & & \\ & \lambda_2 & & \\ & & \ddots & \\ & & & \lambda_n\end{pmatrix}.$$

例 6.5　例 6.3 中的矩阵 $\boldsymbol{A}$ 可对角化，因为 $\boldsymbol{A}$ 有三个线性无关的特征向量：

$$(1,1,0)^{\mathrm{T}},\quad (-1,0,1)^{\mathrm{T}},\quad (1,1,2)^{\mathrm{T}}.$$

以这三个向量为列构造矩阵

$$\boldsymbol{X}=\begin{pmatrix}1 & -1 & 1\\ 1 & 0 & 1\\ 0 & 1 & 2\end{pmatrix},$$

则

$$\boldsymbol{X}^{-1}\boldsymbol{A}\boldsymbol{X}=\begin{pmatrix}-2 & & \\ & -2 & \\ & & 4\end{pmatrix}$$

为对角矩阵. 记

$$\boldsymbol{D}=\begin{pmatrix}-2 & & \\ & -2 & \\ & & 4\end{pmatrix},$$

得

$$\boldsymbol{A}^k=\boldsymbol{X}\boldsymbol{D}^k\boldsymbol{X}^{-1}=\begin{pmatrix}1 & -1 & 1\\ 1 & 0 & 1\\ 0 & 1 & 2\end{pmatrix}\begin{pmatrix}(-2)^k & & \\ & (-2)^k & \\ & & 4^k\end{pmatrix}\begin{pmatrix}-1/2 & 3/2 & -1/2\\ -1 & 1 & 0\\ 1/2 & -1/2 & 1/2\end{pmatrix}$$

$$=\begin{pmatrix}\dfrac{(-2)^k}{2}+\dfrac{4^k}{2} & \dfrac{(-2)^k}{2}-\dfrac{4^k}{2} & -\dfrac{(-2)^k}{2}+\dfrac{4^k}{2}\\ -\dfrac{(-2)^k}{2}+\dfrac{4^k}{2} & 3\,\dfrac{(-2)^k}{2}-\dfrac{4^k}{2} & -\dfrac{(-2)^k}{2}+\dfrac{4^k}{2}\\ -(-2)^k+4^k & (-2)^k-4^k & 4^k\end{pmatrix}\quad (k\ 为正整数).$$

例 6.6 设矩阵

$$\boldsymbol{A}=\begin{pmatrix}1 & 1 & -1\\ 1 & -1 & 2\\ 1 & -2 & 3\end{pmatrix},$$

则 $\boldsymbol{A}$ 不可对角化. 事实上，$\boldsymbol{A}$ 的全部特征向量为 $k(0,1,1)^{\mathrm{T}}(k\neq 0)$，而 $\boldsymbol{A}$ 是 3 阶方阵，却只有一个线性无关的特征向量，所以 $\boldsymbol{A}$ 不可对角化.

若 n 阶方阵 $\boldsymbol{A}$ 有少于 n 个线性无关的特征向量，则称 $\boldsymbol{A}$ 为**退化矩阵**. 根据定理 6.2，一个退化矩阵是不可对角化的.

由定理 6.2 可知，n 阶方阵 $\boldsymbol{A}$ 是否可对角化关键在于 $\boldsymbol{A}$ 是否有 n 个线性无关的特征向量，故需要讨论特征向量中哪一些是线性无关的.

定理 6.3 设 λ_1,λ_2 是 n 阶方阵 $\boldsymbol{A}$ 的两个不同特征值，$\boldsymbol{\alpha}_1,\boldsymbol{\alpha}_2$ 是矩阵 $\boldsymbol{A}$ 的分别属于 λ_1,λ_2 的特征向量，则 $\boldsymbol{\alpha}_1,\boldsymbol{\alpha}_2$ 线性无关.

证 由于 $\boldsymbol{\alpha}_1,\boldsymbol{\alpha}_2$ 是 $\boldsymbol{A}$ 的分别属于 λ_1,λ_2 的特征向量，因此有

$$\boldsymbol{A}\boldsymbol{\alpha}_1=\lambda_1\boldsymbol{\alpha}_1,\quad \boldsymbol{A}\boldsymbol{\alpha}_2=\lambda_2\boldsymbol{\alpha}_2.$$

设

$$k_1\boldsymbol{\alpha}_1+k_2\boldsymbol{\alpha}_2=\boldsymbol{0}. \tag{6.2}$$

上式两边左乘 $\boldsymbol{A}$，得

$$k_1\boldsymbol{A}\boldsymbol{\alpha}_1+k_2\boldsymbol{A}\boldsymbol{\alpha}_2=\boldsymbol{0},$$

即

$$k_1\lambda_1\boldsymbol{\alpha}_1+k_2\lambda_2\boldsymbol{\alpha}_2=\boldsymbol{0}. \tag{6.3}$$

(6.2)式两边乘以 λ_2，再减去(6.3)式，得

$$k_1(\lambda_2-\lambda_1)\boldsymbol{\alpha}_1=\boldsymbol{0}.$$

而 $\lambda_1\neq\lambda_2,\boldsymbol{\alpha}_1\neq\boldsymbol{0}$，于是 $k_1=0$. 代入(6.2)式，由 $\boldsymbol{\alpha}_2\neq\boldsymbol{0}$ 可得 $k_2=0$. 故 $\boldsymbol{\alpha}_1$，$\boldsymbol{\alpha}_2$ 线性无关.

推论 1 设 $\lambda_1,\lambda_2,\cdots,\lambda_r$ 是 n 阶方阵 $\boldsymbol{A}$ 的不同特征值，$\boldsymbol{\alpha}_1,\boldsymbol{\alpha}_2,\cdots,\boldsymbol{\alpha}_r$ 是矩阵 $\boldsymbol{A}$ 的依次属于 $\lambda_1,\lambda_2,\cdots,\lambda_r$ 的特征向量，则 $\boldsymbol{\alpha}_1,\boldsymbol{\alpha}_2,\cdots,\boldsymbol{\alpha}_r$ 线性无关.

由推论 1 立即得到：若 n 阶方阵 $\boldsymbol{A}$ 有 n 个不同特征值，则 $\boldsymbol{A}$ 可对角化.

推论 2 设 $\lambda_1,\lambda_2,\cdots,\lambda_r$ 是 n 阶方阵 $\boldsymbol{A}$ 的不同特征值，$\boldsymbol{\alpha}_{i1},\boldsymbol{\alpha}_{i2},\cdots,\boldsymbol{\alpha}_{is_i}$ 是矩阵 $\boldsymbol{A}$ 的属于 $\lambda_i(i=1,2,\cdots,r)$ 的线性无关特征向量，则向量组 $\boldsymbol{\alpha}_{11},\cdots,\boldsymbol{\alpha}_{1s_1},\cdots,\boldsymbol{\alpha}_{r1},\cdots,\boldsymbol{\alpha}_{rs_r}$ 也线性无关.

一个方阵 $\boldsymbol{A}$ 是否可对角化与它的特征值中重根 λ_0 的重数和 λ_0 所对应的线性方程组 $(\lambda_0\boldsymbol{E}-\boldsymbol{A})\boldsymbol{x}=\boldsymbol{0}$ 的基础解系中所含解的个数有着密切关系. 为了阐明这种关系,我们给出如下定理,并由此给出判别矩阵是否可对角化的新定理:

定理 6.4 设 λ_0 为 n 阶方阵 $\boldsymbol{A}$ 的 k 重特征根,则齐次线性方程组 $(\lambda_0\boldsymbol{E}-\boldsymbol{A})\boldsymbol{x}=\boldsymbol{0}$ 的基础解系中所含解的个数小于或等于 k,即

$$\mathrm{r}(\lambda_0\boldsymbol{E}-\boldsymbol{A})\geqslant n-k.$$

证明从略.

于是,我们有如下判别矩阵是否可对角化的定理:

定理 6.5 设 $\boldsymbol{A}$ 为 n 阶方阵,$\lambda_1,\lambda_2,\cdots,\lambda_r$ 是 $\boldsymbol{A}$ 的全部不同特征值,其重数分别为 $k_1,k_2,\cdots,k_r$,则 $\boldsymbol{A}$ 可对角化的充要条件是

$$\mathrm{r}(\lambda_i\boldsymbol{E}-\boldsymbol{A})=n-k_i\quad(i=1,2,\cdots,r),$$

即 k_i 重特征根有 k_i 个线性无关的特征向量.

证 因为 $\boldsymbol{A}$ 为 n 阶方阵,所以

$$k_1+k_2\cdots+k_r=n.$$

若 $\mathrm{r}(\lambda_i\boldsymbol{E}-\boldsymbol{A})=n-k_i$,则 $\boldsymbol{A}$ 的属于 $\lambda_i(i=1,2,\cdots,r)$ 的线性无关特征向量有 k_i 个. 由定理 6.3 的推论 2 可知,$\boldsymbol{A}$ 共有 $k_1+k_2+\cdots+k_r=n$ 个线性无关的特征向量,因此 $\boldsymbol{A}$ 可对角化.

若 $\boldsymbol{A}$ 可对角化,则 $\boldsymbol{A}$ 有 n 个线性无关的特征向量. 由定理 6.4 可知,$\boldsymbol{A}$ 的属于 $\lambda_i(i=1,2,\cdots,r)$ 的线性无关特征向量的个数 $l_i\leqslant k_i$. 由于

$$l_1+l_2+\cdots+l_r=n=k_1+k_2+\cdots+k_r,$$

从而 $l_i=k_i(i=1,2,\cdots,r)$,即

$$\mathrm{r}(\lambda_i\boldsymbol{E}-\boldsymbol{A})=n-k_i\quad(i=1,2,\cdots,r).$$

例 6.7 设矩阵

$$\boldsymbol{A}=\begin{pmatrix}0&0&1\\1&1&t\\1&0&0\end{pmatrix},$$

问:t 取何值时,$\boldsymbol{A}$ 可对角化?

解 因为

$$\det(\lambda\boldsymbol{E}-\boldsymbol{A})=\begin{vmatrix}\lambda&0&-1\\-1&\lambda-1&-t\\-1&0&\lambda\end{vmatrix}=(\lambda-1)^2(\lambda+1),$$

所以 $\boldsymbol{A}$ 的特征值为

$$\lambda_1=-1,\quad \lambda_2=1(\text{二重}).$$

由定理 6.5 可知，矩阵 $\boldsymbol{A}$ 可对角化的充要条件是二重根 1 有两个线性无关的特征向量，即 $\mathrm{r}(\boldsymbol{E}-\boldsymbol{A})=1$. 对 $\boldsymbol{E}-\boldsymbol{A}$ 进行初等行变换，可得

$$\boldsymbol{E}-\boldsymbol{A}=\begin{pmatrix}1&0&-1\\-1&0&-t\\-1&0&1\end{pmatrix}\longrightarrow\begin{pmatrix}1&0&-1\\0&0&t+1\\0&0&0\end{pmatrix},$$

所以当 $t+1=0$，即 $t=-1$ 时，$\mathrm{r}(\boldsymbol{E}-\boldsymbol{A})=1$. 因此，当 $t=-1$ 时，矩阵 $\boldsymbol{A}$ 可对角化.

若对称矩阵 $\boldsymbol{A}$ 的元素全为实(复)数，则称 $\boldsymbol{A}$ 为**实(复)对称矩阵**. 实对称矩阵是一类很重要的矩阵. 一般来说，实矩阵不一定可对角化，但实对称矩阵一定可对角化. 也就是说，对于实对称矩阵 $\boldsymbol{A}$，一定存在非奇异矩阵 $\boldsymbol{P}$，使得 $\boldsymbol{P}^{-1}\boldsymbol{A}\boldsymbol{P}$ 是对角矩阵. 进一步，还可以要求这个非奇异矩阵 $\boldsymbol{P}$ 为正交矩阵. 下面先介绍实对称矩阵的特征值和特征向量的性质.

定理 6.6 实对称矩阵的特征值都是实数，并且属于不同特征值的特征向量必正交.

定理 6.7 对于 n 阶实对称矩阵 $\boldsymbol{A}$，一定存在 n 阶正交矩阵 $\boldsymbol{U}$，使得 $\boldsymbol{U}^{\mathrm{T}}\boldsymbol{A}\boldsymbol{U}$ 为对角矩阵.

对上面两个定理我们不予证明，感兴趣的读者可参阅相关的书籍. 下面给出求其中正交矩阵 $\boldsymbol{U}$ 的步骤：

(a) 求出 $\boldsymbol{A}$ 的特征多项式 $f(\lambda)=\det(\lambda\boldsymbol{E}-\boldsymbol{A})$ 的全部根，即 $\boldsymbol{A}$ 的特征值. 设 $\boldsymbol{A}$ 的全部不同特征值为

$$\lambda_1,\ \lambda_2,\ \cdots,\ \lambda_s.$$

(b) 对于每个 $\lambda_i(i=1,2,\cdots,s)$，解齐次线性方程组

$$(\lambda_i\boldsymbol{E}-\boldsymbol{A})\boldsymbol{x}=\boldsymbol{0},$$

找出相应的一组基础解系 $\boldsymbol{\alpha}_{i1},\cdots,\boldsymbol{\alpha}_{it_i}$.

(c) 将 $\boldsymbol{\alpha}_{i1},\cdots,\boldsymbol{\alpha}_{it_i}$ 规范正交化，得到一组正交的单位向量 $\boldsymbol{p}_{i1},\cdots,\boldsymbol{p}_{it_i}$，它们为 $\boldsymbol{A}$ 的属于特征值 λ_i 的两两正交的单位特征向量.

(d) 由于 $\lambda_1,\lambda_2,\cdots,\lambda_s$ 各不相同，所以

$$\boldsymbol{p}_{11},\cdots,\boldsymbol{p}_{1t_1},\boldsymbol{p}_{21},\cdots,\boldsymbol{p}_{2t_2},\boldsymbol{p}_{s1},\cdots,\boldsymbol{p}_{st_s}$$

仍为两两正交的单位向量组，它们共有 n 个. 以这一组向量为列向量构造一个矩阵

$$\boldsymbol{U}=(\boldsymbol{p}_{11},\cdots,\boldsymbol{p}_{1t_1},\boldsymbol{p}_{21},\cdots,\boldsymbol{p}_{2t_2},\boldsymbol{p}_{s1},\cdots,\boldsymbol{p}_{st_s}),$$

则 $\boldsymbol{U}$ 为所求的正交矩阵，且

$$\boldsymbol{U}^{\mathrm{T}}\boldsymbol{A}\boldsymbol{U}=\boldsymbol{U}^{-1}\boldsymbol{A}\boldsymbol{U}=\mathrm{diag}(\lambda_1,\cdots,\lambda_1,\lambda_2,\cdots,\lambda_2,\cdots,\lambda_s,\cdots,\lambda_s),$$

其中含有 t_i 个 $\lambda_i(i=1,2,\cdots,s)$.

例 6.8　设矩阵

$$\boldsymbol{A}=\begin{pmatrix}2&2&4\\2&-1&2\\4&2&2\end{pmatrix},$$

求正交矩阵 $\boldsymbol{U}$，使得 $\boldsymbol{U}^{-1}\boldsymbol{A}\boldsymbol{U}$ 为对角矩阵.

解　先求 $\boldsymbol{A}$ 的所有不同特征值. 因为

$$\det(\lambda\boldsymbol{E}-\boldsymbol{A})=(\lambda+2)^2(\lambda-7),$$

所以 $\boldsymbol{A}$ 的所有不同特征值为 $\lambda_1=-2$（二重），$\lambda_2=7$.

对于 $\lambda_1=-2$，将其代入线性方程组 $(\lambda\boldsymbol{E}-\boldsymbol{A})\boldsymbol{x}=\boldsymbol{0}$，得

$$\begin{cases}-4x_1-2x_2-4x_3=0,\\-2x_1-\ x_2-2x_3=0,\\-4x_1-2x_2-4x_3=0.\end{cases}$$

求得此方程组的一组基础解系

$$\boldsymbol{\alpha}_1=(1,-2,0)^{\mathrm{T}},\quad \boldsymbol{\alpha}_2=(1,0,-1)^{\mathrm{T}}.$$

把它规范正交化：

$$\boldsymbol{u}_1=\frac{\boldsymbol{\alpha}_1}{\|\boldsymbol{\alpha}_1\|}=\frac{1}{\sqrt{5}}(1,-2,0)^{\mathrm{T}}=\left(\frac{\sqrt{5}}{5},-\frac{2\sqrt{5}}{5},0\right)^{\mathrm{T}},$$

$$\boldsymbol{\beta}_2=\boldsymbol{\alpha}_2-\langle\boldsymbol{\alpha}_2,\boldsymbol{u}_1\rangle\boldsymbol{u}_1=\left(\frac{4}{5},\frac{2}{5},-1\right)^{\mathrm{T}},$$

$$\boldsymbol{u}_2=\frac{\boldsymbol{\beta}_2}{\|\boldsymbol{\beta}_2\|}=\frac{\sqrt{5}}{3}\left(\frac{4}{5},\frac{2}{5},-1\right)^{\mathrm{T}}=\left(\frac{4\sqrt{5}}{15},\frac{2\sqrt{5}}{15},-\frac{\sqrt{5}}{3}\right)^{\mathrm{T}}.$$

对于 $\lambda_2=7$，将其代入线性方程组 $(\lambda\boldsymbol{E}-\boldsymbol{A})\boldsymbol{x}=\boldsymbol{0}$，得

$$\begin{cases}5x_1-2x_2-4x_3=0,\\-2x_1+8x_2-2x_3=0,\\-4x_1-2x_2+5x_3=0.\end{cases}$$

求得此方程组的一组基础解系

$$\boldsymbol{\alpha}_3=(2,1,2)^{\mathrm{T}}.$$

将 $\boldsymbol{\alpha}_3$ 单位化，得

$$u_3=\left(\frac{2}{3},\frac{1}{3},\frac{2}{3}\right)^{\mathrm{T}}.$$

$\boldsymbol{u}_1,\boldsymbol{u}_2,\boldsymbol{u}_3$ 是 $\boldsymbol{A}$ 的一组正交的单位特征向量，以它们为列构造矩阵

$$\boldsymbol{U}=(\boldsymbol{u}_1,\boldsymbol{u}_2,\boldsymbol{u}_3)=\begin{pmatrix}\frac{\sqrt{5}}{5} & \frac{4\sqrt{5}}{15} & \frac{2}{3}\\ -\frac{2\sqrt{5}}{5} & \frac{2\sqrt{5}}{15} & \frac{1}{3}\\ 0 & -\frac{\sqrt{5}}{3} & \frac{2}{3}\end{pmatrix},$$

则 $\boldsymbol{U}$ 是一个正交矩阵，且

$$\boldsymbol{U}^{-1}\boldsymbol{A}\boldsymbol{U}=\begin{pmatrix}-2 & & \\ & -2 & \\ & & 7\end{pmatrix}.$$

例 6.9 设 3 阶实对称矩阵 $\boldsymbol{A}$ 的特征值为 1,2,3，$\boldsymbol{\xi}_1=(-1,-1,1)^{\mathrm{T}}$，$\boldsymbol{\xi}_2=(1,-2,-1)^{\mathrm{T}}$ 分别为 $\boldsymbol{A}$ 的属于特征值 1,2 的特征向量.

(a) 求 $\boldsymbol{A}$ 的属于特征值 3 的特征向量；

(b) 求出矩阵 $\boldsymbol{A}$.

解 (a) 设 $\boldsymbol{A}$ 的属于特征值 3 的特征向量为 $\boldsymbol{\xi}_3=(x_1,x_2,x_3)^{\mathrm{T}}$. 由于

$$\boldsymbol{\xi}_3\perp\boldsymbol{\xi}_1,\quad \boldsymbol{\xi}_3\perp\boldsymbol{\xi}_2,$$

故得线性方程组

$$\begin{cases}-x_1-x_2+x_3=0,\\ x_1-2x_2-x_3=0.\end{cases}$$

求得该方程组的一组基础解系为$(1,0,1)^{\mathrm{T}}$，所以 $\boldsymbol{A}$ 的属于特征值 3 的特征向量为 $k(1,0,1)^{\mathrm{T}}$，$k\neq 0$.

(b) **解法 1** 取 $\boldsymbol{\xi}_3=(1,0,1)^{\mathrm{T}}$，并记

$$\boldsymbol{P}=(\boldsymbol{\xi}_1,\boldsymbol{\xi}_2,\boldsymbol{\xi}_3)=\begin{pmatrix}-1 & 1 & 1\\ -1 & -2 & 0\\ 1 & -1 & 1\end{pmatrix}.$$

由于

$$\boldsymbol{P}^{-1}\boldsymbol{A}\boldsymbol{P}=\begin{pmatrix}1 & & \\ & 2 & \\ & & 3\end{pmatrix},$$

所以

$$A=P\begin{pmatrix}1&&\\&2&\\&&3\end{pmatrix}P^{-1}.$$

经计算得

$$P^{-1}=\frac{1}{6}\begin{pmatrix}-2&-2&2\\1&-2&-1\\3&0&3\end{pmatrix},$$

于是

$$\begin{aligned}A&=\begin{pmatrix}-1&1&1\\-1&-2&0\\1&-1&1\end{pmatrix}\begin{pmatrix}1&&\\&2&\\&&3\end{pmatrix}\cdot\frac{1}{6}\begin{pmatrix}-2&-2&2\\1&-2&-1\\3&0&3\end{pmatrix}\\&=\frac{1}{6}\begin{pmatrix}13&-2&5\\-2&10&2\\5&2&13\end{pmatrix}.\end{aligned}$$

解法 2　注意到 $\boldsymbol{\xi}_1,\boldsymbol{\xi}_2,\boldsymbol{\xi}_3$ 是 $\mathbf{R}^3$ 的一组正交基，单位化后可得一组标准正交基

$$\boldsymbol{\eta}_1=\frac{1}{\sqrt{3}}(-1,-1,1)^{\mathrm{T}},\quad \boldsymbol{\eta}_2=\frac{1}{\sqrt{6}}(1,-2,-1)^{\mathrm{T}},\quad \boldsymbol{\eta}_3=\frac{1}{\sqrt{2}}(1,0,1)^{\mathrm{T}}$$

记

$$U=(\boldsymbol{\eta}_1,\boldsymbol{\eta}_2,\boldsymbol{\eta}_3)=\begin{pmatrix}-1/\sqrt{3}&1/\sqrt{6}&1/\sqrt{2}\\-1/\sqrt{3}&-2/\sqrt{6}&0\\1/\sqrt{3}&-1/\sqrt{6}&1/\sqrt{2}\end{pmatrix},$$

则 U 为正交矩阵，且

$$A=U\begin{pmatrix}1&&\\&2&\\&&3\end{pmatrix}U^{-1}=U\begin{pmatrix}1&&\\&2&\\&&3\end{pmatrix}U^{\mathrm{T}}=\frac{1}{6}\begin{pmatrix}13&-2&5\\-2&10&2\\5&2&13\end{pmatrix}.$$

习题 6.2

1. 设 A 和 B 为相似矩阵，证明：

(a) A^{T} 和 B^{T} 为相似矩阵；　　(b) A^k 和 B^k 为相似矩阵，其中 k 为任意正整数.

2. 证明：若矩阵 A 相似于矩阵 B，且 A 为非奇异矩阵，则 B 也为非奇异矩阵，且 A^{-1} 和 B^{-1} 是相似矩阵.

3. 设 $\boldsymbol{A},\boldsymbol{B}$ 均为 n 阶方阵，证明：

(a) $\mathrm{tr}(\boldsymbol{AB})=\mathrm{tr}(\boldsymbol{BA})$；　　(b) 若矩阵 $\boldsymbol{A}$ 相似于矩阵 $\boldsymbol{B}$，则 $\mathrm{tr}(\boldsymbol{A})=\mathrm{tr}(\boldsymbol{B})$.

4. 将下列矩阵 $\boldsymbol{A}$ 分解为乘积 $\boldsymbol{XDX}^{-1}$ 的形式，其中 $\boldsymbol{D}$ 为对角矩阵：

(a) $\boldsymbol{A}=\begin{pmatrix}0&1\\1&0\end{pmatrix}$；　　(b) $\boldsymbol{A}=\begin{pmatrix}2&2&1\\0&1&2\\0&0&-1\end{pmatrix}$.

5. 对于第 4 题中的每个矩阵，利用因式分解 $\boldsymbol{A}=\boldsymbol{XDX}^{-1}$，求 $\boldsymbol{A}^5$ 及 $\boldsymbol{A}^{-1}$.

6. 对于下列矩阵 $\boldsymbol{A}$，求矩阵 $\boldsymbol{B}$，使得 $\boldsymbol{BB}^{\mathrm{T}}=\boldsymbol{A}$：

(a) $\boldsymbol{A}=\begin{pmatrix}2&1\\1&2\end{pmatrix}$；　　(b) $\boldsymbol{A}=\begin{pmatrix}1&2&3\\2&4&3\\3&3&9\end{pmatrix}$.

7. 设矩阵 $\boldsymbol{A}$ 可对角化，它的特征值全为 1 或 -1，证明：$\boldsymbol{A}^{-1}=\boldsymbol{A}$.

8. 设 $\boldsymbol{A}$ 为 n 阶方阵，它有一个重数为 n 的特征值 λ_0，证明：$\boldsymbol{A}$ 可对角化的充要条件是

$$\boldsymbol{A}=\lambda_0\boldsymbol{E}.$$

9. 证明：非零的幂零矩阵是退化矩阵.

§6.3 二　次　型

本节中我们将看到矩阵在研究 n 元二次方程时的重要作用. 对于每个 n 元二次方程，可以关联一个 n 元函数：

$$f(x_1,x_2,\cdots,x_n)=f(\boldsymbol{x})=\boldsymbol{x}^{\mathrm{T}}\boldsymbol{A}\boldsymbol{x}\quad(\boldsymbol{x}=(x_1,x_2,\cdots,x_n)^{\mathrm{T}}\in\mathbf{R}^n).$$

这个 n 元函数就是所谓的二次型. 二次型在许多问题中都有应用. 在研究最优化理论时，二次型尤为重要.

定义 6.6　含有 n 个变量 $x_1,x_2,\cdots,x_n$ 的二次方程形如

$$\boldsymbol{x}^{\mathrm{T}}\boldsymbol{A}\boldsymbol{x}+\boldsymbol{B}\boldsymbol{x}+\alpha=0,$$

其中 $\boldsymbol{x}=(x_1,x_2,\cdots,x_n)^{\mathrm{T}}$，$\boldsymbol{A}=(a_{ij})$ 为 n 阶对称矩阵，$\boldsymbol{B}$ 为 $1\times n$ 矩阵，α 为常数. 称 n 元函数

$$f(\boldsymbol{x})=\boldsymbol{x}^{\mathrm{T}}\boldsymbol{A}\boldsymbol{x}=\sum_{i=1}^{n}\Big(\sum_{j=1}^{n}a_{ij}x_j\Big)x_i$$

为该二次方程关联的 n 个变量的**二次型**，其中 $\boldsymbol{A}$ 称为**二次型 $f(\boldsymbol{x})$ 的矩阵**. 同时，把矩阵 $\boldsymbol{A}$ 的秩称为**二次型 $f(\boldsymbol{x})$ 的秩**.

由二次型的定义可知

$$f(\boldsymbol{x})=\boldsymbol{x}^{\mathrm{T}}\boldsymbol{A}\boldsymbol{x}=(x_1,x_2,\cdots,x_n)\begin{pmatrix}a_{11}&a_{12}&\cdots&a_{1n}\\a_{21}&a_{22}&\cdots&a_{2n}\\\vdots&\vdots&&\vdots\\a_{n1}&a_{n2}&\cdots&a_{nn}\end{pmatrix}\begin{pmatrix}x_1\\x_2\\\vdots\\x_n\end{pmatrix}$$

$$=(x_1,x_2,\cdots,x_n)\begin{pmatrix}a_{11}x_1+a_{12}x_2+\cdots+a_{1n}x_n\\a_{21}x_1+a_{22}x_2+\cdots+a_{2n}x_n\\\vdots\\a_{n1}x_1+a_{n2}x_2+\cdots+a_{nn}x_n\end{pmatrix}$$

$$=a_{11}x_1^2+a_{12}x_1x_2+\cdots+a_{1n}x_1x_n+\cdots$$
$$+a_{n1}x_nx_1+a_{n2}x_nx_2+\cdots+a_{nn}x_n^2,$$

因为 $\boldsymbol{A}$ 是对称矩阵，所以 $a_{ij}=a_{ji}(i,j=1,2,\cdots,n)$. 因此 $2a_{ij}x_ix_j=a_{ij}x_ix_j+a_{ji}x_jx_i$，从而

$$f(\boldsymbol{x})=a_{11}x_1^2\cdots+a_{nn}x_n^2+2a_{12}x_1x_2+\cdots+2a_{1n}x_1x_n+2a_{23}x_2x_3$$
$$+\cdots+2a_{n-1,n}x_{n-1}x_n.$$

所以，二次型本质上是含有 n 个变量 $x_1,x_2,\cdots,x_n$ 的二次齐次多项式.

任给一个二次型，就唯一确定一个对称矩阵(二次型的矩阵)；反之，任给一个对称矩阵，也可以唯一确定一个二次型. 这样，二次型与对称矩阵之间存在一一对应的关系. 例如，二次型

$$f(x_1,x_2,x_3,x_4)=x_1^2+2x_2^2+7x_4^2-2x_1x_2-2x_2x_3+4x_3x_4$$

对应的对称矩阵是

$$\begin{pmatrix}1&-1&0&0\\-1&2&-1&0\\0&-1&0&2\\0&0&2&7\end{pmatrix},$$

而对称矩阵

$$\begin{pmatrix}-2&3&1\\3&1&0\\1&0&-1\end{pmatrix}$$

对应的二次型是

$$f(x_1,x_2,x_3)=-2x_1^2+x_2^2-x_3^2+6x_1x_2+2x_1x_3.$$

在定义 6.6 中，当 $\boldsymbol{A}$ 为复对称矩阵时，称二次型 $f(\boldsymbol{x})=\boldsymbol{x}^{\mathrm{T}}\boldsymbol{A}\boldsymbol{x}$ 为**复二次型**；当 $\boldsymbol{A}$ 为实对称矩阵时，称二次型 $f(\boldsymbol{x})=\boldsymbol{x}^{\mathrm{T}}\boldsymbol{A}\boldsymbol{x}$ 为**实二次型**. 本章中我们只讨论实二次型.

定义 6.7　设 $x_1,x_2,\cdots,x_n$ 和 $y_1,y_2,\cdots,y_n$ 是两组变量，c_{ij}

$(i,j=1,2,\cdots,n)$为常数,则称

$$\begin{cases} x_1 = c_{11}y_1 + c_{12}y_2 + \cdots + c_{1n}y_n, \\ x_2 = c_{21}y_1 + c_{22}y_2 + \cdots + c_{2n}y_n, \\ \cdots\cdots \\ x_n = c_{n1}y_1 + c_{n2}y_2 + \cdots + c_{nn}y_n \end{cases} \tag{6.4}$$

为由 $x_1,x_2,\cdots,x_n$ 到 $y_1,y_2,\cdots,y_n$ 的一个**线性变换**. 若系数行列式

$$\begin{vmatrix} c_{11} & c_{12} & \cdots & c_{1n} \\ c_{21} & c_{22} & \cdots & c_{2n} \\ \vdots & \vdots & & \vdots \\ c_{n1} & c_{n2} & \cdots & c_{nn} \end{vmatrix} \neq 0,$$

则称该线性变换是**非奇异**或**可逆**的.

令

$$\boldsymbol{x}=(x_1,x_2,\cdots,x_n)^{\mathrm{T}}, \quad \boldsymbol{y}=(y_1,y_2,\cdots,y_n)^{\mathrm{T}},$$

$$\boldsymbol{C}=\begin{pmatrix} c_{11} & c_{12} & \cdots & c_{1n} \\ c_{21} & c_{22} & \cdots & c_{2n} \\ \vdots & \vdots & & \vdots \\ c_{n1} & c_{n2} & \cdots & c_{nn} \end{pmatrix},$$

则线性变换(6.4)可以表示为

$$\boldsymbol{x}=\boldsymbol{C}\boldsymbol{y}.$$

若 $\det(\boldsymbol{C})\neq 0$,则这个线性变换是非奇异的.

对二次型进行线性变换后可以得到一个新二次型. 设

$$f(\boldsymbol{x}) = \boldsymbol{x}^{\mathrm{T}}\boldsymbol{A}\boldsymbol{x} \quad (\boldsymbol{x} = (x_1,x_2,\cdots,x_n)^{\mathrm{T}}, \boldsymbol{A}^{\mathrm{T}} = \boldsymbol{A})$$

是一个二次型,对它做线性变换

$$\boldsymbol{x} = \boldsymbol{C}\boldsymbol{y},$$

可得到一个含未知量 $y_1,y_2,\cdots,y_n$ 的二次型:

$$\boldsymbol{y}^{\mathrm{T}}\boldsymbol{B}\boldsymbol{y}, \quad 其中 \quad \boldsymbol{y} = (y_1,y_2,\cdots,y_n)^{\mathrm{T}}.$$

将线性变换 $\boldsymbol{x}=\boldsymbol{C}\boldsymbol{y}$ 代入原二次型,有

$$f(\boldsymbol{x}) = \boldsymbol{x}^{\mathrm{T}}\boldsymbol{A}\boldsymbol{x} = (\boldsymbol{C}\boldsymbol{y})^{\mathrm{T}}\boldsymbol{A}(\boldsymbol{C}\boldsymbol{y}) = \boldsymbol{y}^{\mathrm{T}}\boldsymbol{C}^{\mathrm{T}}\boldsymbol{A}\boldsymbol{C}\boldsymbol{y} = \boldsymbol{y}^{\mathrm{T}}\boldsymbol{B}\boldsymbol{y},$$

所以

$$\boldsymbol{B} = \boldsymbol{C}^{\mathrm{T}}\boldsymbol{A}\boldsymbol{C}.$$

这即为变换前后两个二次型的矩阵之间的关系. 与此相应,引入下面的定义:

定义 6.8 对于两个 n 阶方阵 $\boldsymbol{A},\boldsymbol{B}$,若存在非奇异矩阵 $\boldsymbol{C}$,使得

$$\boldsymbol{B} = \boldsymbol{C}^{\mathrm{T}}\boldsymbol{A}\boldsymbol{C}.$$

则称 $\boldsymbol{A}$ 与 $\boldsymbol{B}$ 合同，记作 $\boldsymbol{A}\simeq\boldsymbol{B}$.

因此，经过非奇异线性变换后，新二次型的矩阵与原二次型的矩阵是合同的. 所以，可以通过矩阵将二次型的变换表示出来，为以后的讨论提供有力的工具.

合同是矩阵之间的一种关系，这种关系具有以下性质：

（a）自反性：$\boldsymbol{A}\simeq\boldsymbol{A}$；

（b）对称性：若 $\boldsymbol{A}\simeq\boldsymbol{B}$，则 $\boldsymbol{B}\simeq\boldsymbol{A}$；

（c）传递性：若 $\boldsymbol{A}\simeq\boldsymbol{B}$，$\boldsymbol{B}\simeq\boldsymbol{C}$，则 $\boldsymbol{A}\simeq\boldsymbol{C}$.

在对二次型进行变换时，总是要求所做的线性变换是非奇异的. 设对二次型 $\boldsymbol{x}^{\mathrm{T}}\boldsymbol{A}\boldsymbol{x}$ 做非奇异线性变换 $\boldsymbol{x}=\boldsymbol{C}\boldsymbol{y}$ 得到一个新二次型 $\boldsymbol{y}^{\mathrm{T}}\boldsymbol{B}\boldsymbol{y}$，其中 $\boldsymbol{B}=\boldsymbol{C}^{\mathrm{T}}\boldsymbol{A}\boldsymbol{C}$. 由 $\boldsymbol{x}=\boldsymbol{C}\boldsymbol{y}$ 可得

$$\boldsymbol{y}=\boldsymbol{C}^{-1}\boldsymbol{x}.$$

这也是一个非奇异线性变换，且它可将所得到的新二次型还原. 这样就使得我们可以从所得到的新二次型的性质推出原二次型相应的一些性质.

利用非奇异线性变换，可以将一个已知二次型进行化简. 最好的非奇异线性变换应该是正交变换（线性变换对应的矩阵为正交矩阵时称线性变换为正交变换），它具有良好的性质. 例如，由第五章的 §5.1 可知，正交变换保持向量的内积、长度、夹角不变.

正交变换

定理 6.8　任意二次型

$$f(\boldsymbol{x})=\boldsymbol{x}^{\mathrm{T}}\boldsymbol{A}\boldsymbol{x}=\sum_{i=1}^{n}\Big(\sum_{j=1}^{n}a_{ij}x_j\Big)x_i \qquad (6.5)$$
$$(\boldsymbol{x}=(x_1,x_2,\cdots,x_n)^{\mathrm{T}},\ \boldsymbol{A}^{\mathrm{T}}=\boldsymbol{A})$$

都可经过正交变换化成平方和

$$\lambda_1y_1^2+\lambda_2y_2^2+\cdots+\lambda_ny_n^2, \qquad (6.6)$$

其中 $\lambda_1,\lambda_2,\cdots,\lambda_n$ 是 $\boldsymbol{A}$ 的全部特征值.

证　对于任何实对称矩阵 $\boldsymbol{A}$，总存在正交矩阵 $\boldsymbol{Q}$，使得 $\boldsymbol{Q}^{-1}\boldsymbol{A}\boldsymbol{Q}=\boldsymbol{Q}^{\mathrm{T}}\boldsymbol{A}\boldsymbol{Q}$ 为对角矩阵

$$\boldsymbol{\Lambda}=\begin{pmatrix}\lambda_1&&&\\&\lambda_2&&\\&&\ddots&\\&&&\lambda_n\end{pmatrix},$$

且 $\lambda_1,\lambda_2,\cdots,\lambda_n$ 是 $\boldsymbol{A}$ 的全部特征值. 令 $\boldsymbol{x}=\boldsymbol{Q}\boldsymbol{y}$，$\boldsymbol{y}=(y_1,y_2,\cdots,y_n)^{\mathrm{T}}$，则此线性变换是正交变换，且

$$f(\boldsymbol{x})=\boldsymbol{x}^{\mathrm{T}}\boldsymbol{A}\boldsymbol{x}=\boldsymbol{y}^{\mathrm{T}}\boldsymbol{Q}^{\mathrm{T}}\boldsymbol{A}\boldsymbol{Q}\boldsymbol{y}=\boldsymbol{y}^{\mathrm{T}}\boldsymbol{\Lambda}\boldsymbol{y}=\lambda_1 y_1^2+\lambda_2 y_2^2+\cdots+\lambda_n y_n^2.$$

二次型经过非奇异线性变换或正交变换所变成的平方和形式称为二次型的**标准形**.

例 6.10 用正交变换化二次型

$$f(x_1,x_2,x_3)=2x_1x_2-2x_1x_3+2x_2x_3$$

为标准形.

解 $f(x_1,x_2,x_3)$的矩阵为

$$\boldsymbol{A}=\begin{pmatrix}0&1&-1\\1&0&1\\-1&1&0\end{pmatrix}.$$

先求 $\boldsymbol{A}$ 的全部特征值，再对每个特征值求其对应的特征向量. 由

$$\det(\lambda\boldsymbol{E}-\boldsymbol{A})=(\lambda-1)^2(\lambda+2)$$

得 $\boldsymbol{A}$ 的全部特征值为 $\lambda_1=1$(二重)，$\lambda_2=-2$.

把 $\lambda_1=1$ 代入线性方程组$(\lambda\boldsymbol{E}-\boldsymbol{A})\boldsymbol{x}=\boldsymbol{0}$，得

$$\begin{cases}x_1-x_2+x_3=0,\\-x_1+x_2-x_3=0,\\x_1-x_2+x_3=0.\end{cases}$$

求得该方程组的一组基础解系

$$\boldsymbol{\alpha}_1=(1,1,0)^{\mathrm{T}},\quad \boldsymbol{\alpha}_2=(-1,0,1)^{\mathrm{T}}.$$

将它们规范正交化：

$$\boldsymbol{u}_1=\frac{\boldsymbol{\alpha}_1}{\|\boldsymbol{\alpha}_1\|}=\frac{\sqrt{2}}{2}(1,1,0)^{\mathrm{T}}=\left(\frac{\sqrt{2}}{2},\frac{\sqrt{2}}{2},0\right)^{\mathrm{T}};$$

$$\boldsymbol{\beta}_2=\boldsymbol{\alpha}_2-\langle\boldsymbol{\alpha}_2,\boldsymbol{u}_1\rangle\boldsymbol{u}_1=\left(-\frac{1}{2},\frac{1}{2},1\right)^{\mathrm{T}},$$

$$\boldsymbol{u}_2=\frac{\boldsymbol{\beta}_2}{\|\boldsymbol{\beta}_2\|}=\frac{\sqrt{6}}{3}\left(-\frac{1}{2},\frac{1}{2},1\right)^{\mathrm{T}}=\left(-\frac{\sqrt{6}}{6},\frac{\sqrt{6}}{6},\frac{\sqrt{6}}{3}\right)^{\mathrm{T}}.$$

把 $\lambda_2=-2$ 代入线性方程组$(\lambda\boldsymbol{E}-\boldsymbol{A})\boldsymbol{x}=\boldsymbol{0}$，得

$$\begin{cases}-2x_1-x_2+x_3=0,\\-x_1-2x_2-x_3=0,\\x_1-x_2-2x_3=0.\end{cases}$$

求得该方程组的一组基础解系

$$\boldsymbol{\alpha}_3=(1,-1,1)^{\mathrm{T}}.$$

将 $\boldsymbol{\alpha}_3$ 单位化，得

$$\boldsymbol{u}_3=\frac{\sqrt{3}}{3}(1,-1,1)^{\mathrm{T}}.$$

由 $\boldsymbol{u}_1,\boldsymbol{u}_2,\boldsymbol{u}_3$ 构造正交矩阵

$$\boldsymbol{U}=(\boldsymbol{u}_1,\boldsymbol{u}_2,\boldsymbol{u}_3)=\begin{pmatrix}\sqrt{2}/2 & -\sqrt{6}/6 & \sqrt{3}/3\\ \sqrt{2}/2 & \sqrt{6}/6 & -\sqrt{3}/3\\ 0 & \sqrt{6}/3 & \sqrt{3}/3\end{pmatrix},$$

则 $f(x_1,x_2,x_3)$ 经过正交变换 $\boldsymbol{x}=\boldsymbol{U}\boldsymbol{y}$ ($\boldsymbol{x}=(x_1,x_2,x_3)^{\mathrm{T}}$，$\boldsymbol{y}=(y_1,y_2,y_3)^{\mathrm{T}}$)，即

$$\begin{cases}x_1=\dfrac{\sqrt{2}}{2}y_1-\dfrac{\sqrt{6}}{6}y_2+\dfrac{\sqrt{3}}{3}y_3,\\ x_2=\dfrac{\sqrt{2}}{2}y_1+\dfrac{\sqrt{6}}{6}y_2-\dfrac{\sqrt{3}}{3}y_3,\\ x_3=\dfrac{\sqrt{6}}{3}y_2+\dfrac{\sqrt{3}}{3}y_3,\end{cases}$$

可化为标准形

$$y_1^2+y_2^2-2y_3^2.$$

以上我们证明了任何一个实二次型都可经过正交变换化为标准形. 由于正交变换一定是非奇异的，因此这也说明了任何一个实二次型都可经过非奇异线性变换化为标准形. 因为正交变换能保持向量的度量性质不变，所以正交变换保持了二次型的几何性质.

从化二次型为标准形的方法上可以看出，一个实二次型的标准形不是唯一的. 但是，可以证明一个实二次型的标准形中不为 0 的系数的个数等于该实二次型的秩，它是唯一确定的.

定理 6.9 若二次型 $f(\boldsymbol{x})$ 经过非奇异线性变换化为标准形，则标准形中正、负系数的个数由 $f(\boldsymbol{x})$ 唯一确定，不因所做的线性变换不同而改变.

证明从略.

通常称定理 6.9 为**惯性定律**，其中二次型 $f(\boldsymbol{x})$ 的标准形中正、负系数的个数 p,q 分别称为二次型 $f(\boldsymbol{x})$ 的**正、负惯性指数**，$p-q$ 称为二次型 $f(\boldsymbol{x})$ 的**符号差**，$p+q$ 等于 $f(\boldsymbol{x})$ 的秩.

正定二次型在二次型中有着特殊的地位，且在实际应用中也具有重要的作用. 下面我们将介绍正定二次型的定义及判别方法.

定义 6.9 对于 $\mathbf{R}^n$ 中的所有非零向量 $\boldsymbol{x}$，若二次型 $f(\boldsymbol{x})=\boldsymbol{x}^{\mathrm{T}}\boldsymbol{A}\boldsymbol{x}>0$，则称该二次型为正定的；若二次型 $f(\boldsymbol{x})=\boldsymbol{x}^{\mathrm{T}}\boldsymbol{A}\boldsymbol{x}<0$，则称该二次型为负定的；若二次型 $f(\boldsymbol{x})=\boldsymbol{x}^{\mathrm{T}}\boldsymbol{A}\boldsymbol{x}\geqslant 0$，且对于某个 $\boldsymbol{x}\neq\boldsymbol{0}$，其值为 0，则称该二次型为半正定的；若 $f(\boldsymbol{x})\leqslant 0$，且对于某个 $\boldsymbol{x}\neq\boldsymbol{0}$，其值为 0，则称该二次型为半负定的. 若二次型 $f(\boldsymbol{x})=\boldsymbol{x}^{\mathrm{T}}\boldsymbol{A}\boldsymbol{x}$ 既不是正定或半正定的，也不是负正或半负正的，则称该二次型是不定的.

二次型是正定或负定的，依赖于二次型的矩阵. 若二次型 $f(\boldsymbol{x})=\boldsymbol{x}^{\mathrm{T}}\boldsymbol{A}\boldsymbol{x}$ 是正定、负定、半正定、半负定或不定的，则我们分别称矩阵 $\boldsymbol{A}$ 为正定、负定、半正定、半负定或不定的.

下面的定理将给出正定矩阵的重要特征.

定理 6.10 若 $\boldsymbol{A}$ 为 n 阶实对称矩阵，则 $\boldsymbol{A}$ 是正定的当且仅当其所有特征值均是正的.

证 若 $\boldsymbol{A}$ 为正定的，且 λ 为 $\boldsymbol{A}$ 的一个特征值，则对于任意属于 λ 的特征向量 $\boldsymbol{x}$，有

$$\boldsymbol{x}^{\mathrm{T}}\boldsymbol{A}\boldsymbol{x}=\lambda\boldsymbol{x}^{\mathrm{T}}\boldsymbol{x}=\lambda\|\boldsymbol{x}\|^2.$$

所以

$$\lambda=\frac{\boldsymbol{x}^{\mathrm{T}}\boldsymbol{A}\boldsymbol{x}}{\|\boldsymbol{x}\|^2}>0.$$

反之，设 $\boldsymbol{A}$ 的所有特征值均为正的. 令 $\boldsymbol{x}_1,\boldsymbol{x}_2,\cdots,\boldsymbol{x}_n$ 为 $\boldsymbol{A}$ 的一个规范正交特征向量组. 设 $\boldsymbol{x}\in\mathbf{R}^n$，且 $\boldsymbol{x}\neq\boldsymbol{0}$，则

$$\boldsymbol{x}=k_1\boldsymbol{x}_1+k_2\boldsymbol{x}_2+\cdots+k_n\boldsymbol{x}_n,$$

其中

$$k_i=\boldsymbol{x}^{\mathrm{T}}\boldsymbol{x}_i\ (i=1,2,\cdots,n),\quad 且\quad \sum_{i=1}^{n}k_i^2=\|\boldsymbol{x}\|^2>0.$$

由此可得

$$\begin{aligned}\boldsymbol{x}^{\mathrm{T}}\boldsymbol{A}\boldsymbol{x}&=(k_1\boldsymbol{x}_1+\cdots+k_n\boldsymbol{x}_n)^{\mathrm{T}}(k_1\lambda_1\boldsymbol{x}_1+\cdots+k_n\lambda_n\boldsymbol{x}_n)\\&=\sum_{i=1}^{n}k_i^2\lambda_i\geqslant\min\{\lambda_i\}\|\boldsymbol{x}\|^2>0,\end{aligned}$$

因此 $\boldsymbol{A}$ 是正定的.

若 $\boldsymbol{A}$ 的所有特征值均为负的，则 $-\boldsymbol{A}$ 必为正定矩阵，从而 $\boldsymbol{A}$ 必为负定的. 若 $\boldsymbol{A}$ 的特征值有不同的符号，则 $\boldsymbol{A}$ 既不是正定矩阵，也不是负定矩阵. 事实上，若 λ_1 为 $\boldsymbol{A}$ 的一个正特征值，且 $\boldsymbol{x}_1$ 为属于 λ_1 的特征向量，则

$$\boldsymbol{x}_1^{\mathrm{T}}\boldsymbol{A}\boldsymbol{x}_1=\lambda_1\boldsymbol{x}_1^{\mathrm{T}}\boldsymbol{x}_1=\lambda_1\|\boldsymbol{x}_1\|^2>0.$$

若 λ_2 为一个负特征值，且其对应的一个特征向量为 $\boldsymbol{x}_2$，则

$$x_2^{\mathrm{T}}Ax_2 = \lambda_2 x_2^{\mathrm{T}} x_2 = \lambda_2 \|x_2\|^2 < 0.$$

正定矩阵在使用有限差分或有限元法数值求解一般边值问题时起到重要的作用.

正定矩阵还具有以下性质:

性质 6.1　若 A 为实对称正定矩阵,则 A 为非奇异矩阵.

性质 6.2　若 A 为实对称正定矩阵,则 $\det(A)>0$.

这两个性质的证明留作练习.

定义 6.10　在 n 阶方阵 A 中,由第 $i_1,i_2,\cdots,i_k$ 行和第 $i_1,i_2,\cdots,i_k$ 列($1\leqslant i_1,i_2,\cdots,i_k\leqslant n$)组成的 k 阶子式称为 A 的 **k 阶主子式**. 特别地,当

$$i_1=1,\quad i_2=2,\quad \cdots,\quad i_k=k$$

时,由矩阵 A 的前 k 行和前 k 列构成的 k 阶主子式称为 **k 阶顺序主子式**(简称**顺序主子式**),记为 Δ_k.

易见,n 阶方阵有且仅有 n 个顺序主子式 $\Delta_1,\Delta_2,\cdots,\Delta_n$.

定理 6.11　n 阶实对称矩阵 $A=(a_{ij})$ 为正定的充要条件是 A 的所有顺序主子式都大于 0,即

$$a_{11}>0,\quad \begin{vmatrix} a_{11} & a_{12} \\ a_{21} & a_{22} \end{vmatrix}>0,\quad \cdots,\quad \begin{vmatrix} a_{11} & \cdots & a_{1n} \\ \vdots & & \vdots \\ a_{n1} & \cdots & a_{nn} \end{vmatrix}>0.$$

证明从略.

二次型的应用

推论　n 阶实对称矩阵 $A=(a_{ij})$ 为负定的充要条件是 A 的奇数阶顺序主子式为负的,偶数阶顺序主子式为正的,即

$$(-1)^r\begin{vmatrix} a_{11} & \cdots & a_{1r} \\ \vdots & & \vdots \\ a_{r1} & \cdots & a_{rr} \end{vmatrix}>0\quad (r=1,2,\cdots,n).$$

例 6.11　t 取何值时二次型

$$f(x_1,x_2,x_3)=x_1{}^2+4x_2{}^2+2x_3{}^2+2tx_1x_2+2x_1x_3$$

是正定的?

解　该二次型的矩阵为

$$A=\begin{pmatrix} 1 & t & 1 \\ t & 4 & 0 \\ 1 & 0 & 2 \end{pmatrix}.$$

$\boldsymbol{A}$ 的顺序主子式为

$$\Delta_1=1>0,\quad \Delta_2=\begin{vmatrix}1 & t\\ t & 4\end{vmatrix}=4-t^2,\quad \Delta_3=\det(\boldsymbol{A})=4-2t^2,$$

所以该二次型正定的充要条件是

$$\begin{cases}4-t^2>0,\\ 4-2t^2>0\end{cases}\Longleftrightarrow -\sqrt{2}<t<\sqrt{2}.$$

因此，当 $-\sqrt{2}<t<\sqrt{2}$ 时，该二次型是正定的.

习题 6.3

1. 设 $\boldsymbol{A}$ 为可对角化的 n 阶方阵，证明：若 $\boldsymbol{B}$ 为与 $\boldsymbol{A}$ 相似的矩阵，则 $\boldsymbol{B}$ 也可对角化.

2. 证明：若 $\boldsymbol{A}$ 和 $\boldsymbol{B}$ 为两个可对角化的 n 阶方阵，它们有相同的对角化矩阵 $\boldsymbol{X}$，则

$$\boldsymbol{AB}=\boldsymbol{BA}.$$

3. 求下列二次型的矩阵：

(a) $f(x,y)=3x^2+y^2-2xy$；

(b) $f(x,y,z)=x^2-y^2+z^2-xy+2xz-3yz$.

4. 下列矩阵中哪些是正定的？负定的？不定的？

(a) $\begin{pmatrix}3 & 2\\ 2 & 1\end{pmatrix}$；　(b) $\begin{pmatrix}1 & 2 & 1\\ 2 & 1 & 1\\ 1 & 1 & 2\end{pmatrix}$；　(c) $\begin{pmatrix}-1 & 0 & 0\\ 0 & 3 & 2\\ 0 & 2 & 3\end{pmatrix}$.

5. 证明：若 $\boldsymbol{A}$ 是实对称正定矩阵，则 $\det(\boldsymbol{A})>0$.

6. 证明：若 $\boldsymbol{A}$ 是实对称正定矩阵，则 $\boldsymbol{A}$ 为非奇异矩阵，且 $\boldsymbol{A}^{-1}$ 是正定矩阵.

7. 设 $\boldsymbol{A}$ 为 n 阶奇异矩阵，证明：$\boldsymbol{A}^{\mathrm{T}}\boldsymbol{A}$ 为半正定矩阵，但并不是正定矩阵.

8. 设 $\boldsymbol{A}$ 为 n 阶实对称正定矩阵，$\boldsymbol{S}$ 为 n 阶非奇异矩阵，证明：$\boldsymbol{S}^{\mathrm{T}}\boldsymbol{AS}$ 为正定矩阵.

9. 对于下列矩阵，求其所有的顺序主子式，并利用它们确定矩阵是否为正定的：

(a) $\begin{pmatrix}2 & -1\\ -1 & 2\end{pmatrix}$；　(b) $\begin{pmatrix}6 & 4 & -2\\ 4 & 5 & 3\\ -2 & 3 & 6\end{pmatrix}$；　(c) $\begin{pmatrix}4 & 2 & 1\\ 2 & 3 & -2\\ 1 & -2 & 5\end{pmatrix}$.

10. 证明：若 $\boldsymbol{B}$ 为非奇异的对称矩阵，则 $\boldsymbol{B}^2$ 为正定矩阵.

11. 用正交变换将下列二次型化为标准形，并写出所做的正交变换：

(a) $f(x_1,x_2,x_3)=2x_1^2+5x_2^2+5x_3^2+4x_1x_2-4x_1x_3-8x_2x_3$；

(b) $f(x_1,x_2,x_3,x_4)=x_1x_2+x_2x_3+x_3x_4+x_1x_4$.

12. 判定下列二次型是否为正定的：

(a) $f(x_1,x_2,x_3)=5x_1^2+x_2^2+4x_3^2-4x_1x_2-4x_2x_3$；

(b) $f(x_1,x_2,x_3,x_4)=x_1^2+x_2^2+4x_3^2+7x_4^2+4x_1x_4-4x_2x_3+2x_2x_4+4x_3x_4$.

部分习题参考答案与提示

习　题　1.1

1. (a) $x_1=5, x_2=2$;　　(b) $x_1=x_2=x_3=1$.

2. (a) $\left(\begin{array}{cc|c}1 & -2 & 1\\ 0 & 2 & 4\end{array}\right)$;　　(b) $\left(\begin{array}{ccc|c}1 & 1 & 1 & 3\\ 0 & 1 & 1 & 2\\ 0 & 0 & 1 & 1\end{array}\right)$.

3. (a) $\begin{cases}2x_1+3x_2=3,\\ 3x_1+\ \ x_2=4;\end{cases}$　　(b) $\begin{cases}x_1+2x_2+3x_3=-1,\\ 2x_1+3x_2+4x_3=2,\\ 3x_1+4x_2+5x_3=1.\end{cases}$

4. (a) $x_1=x_2=1, x_3=-1$;　　(b) $x_1=-1, x_2=x_3=1$.

6. 提示：$x_1=x_2=0$ 是解.

习　题　1.2

1. 行阶梯形矩阵：(a),(d),(e);行最简形矩阵：(e).

2. (b),(c),(d)相容.　(b) $x_1=-3, x_2=-2$;　(d) $x_1=-1, x_2=2, x_3=1$.

3. (b) 首变量：x_1, x_2；无自由未知量.　　(c) 首变量：x_1, x_3；自由未知量：x_2.

(d) 首变量：x_1, x_2, x_3；无自由未知量.

4. (a) $x_1=1, x_2=0$;　　(b) $\begin{cases}x_1=-2x_3+5,\\ x_2=x_3-3,\end{cases}$ x_3 是自由未知量；

(c) $\begin{cases}x_1=\dfrac{1}{7}x_3+1,\\ x_2=\dfrac{5}{7}x_3,\end{cases}$ x_3 是自由未知量.

5. (a) 否，$x_1=x_2=x_3=0$;　　(b) $k=3$.

6. (a) $\alpha=5, \beta=4$;　　(b) $\alpha=5, \beta\neq 4$.

习　题　1.3

1. (a) $\begin{pmatrix}3 & 0 & 6\\ 6 & -3 & 9\\ 12 & 3 & 24\end{pmatrix}$;　　(b) $\begin{pmatrix}25 & -4 & 2\\ 14 & -3 & 7\\ 0 & 5 & 26\end{pmatrix}$;　　(c) $\begin{pmatrix}25 & 14 & 0\\ -4 & -3 & 5\\ 2 & 7 & 26\end{pmatrix}$;

(d) $\boldsymbol{E}$;　　(e) $\boldsymbol{E}$.

2. $c_{23}=2, c_{14}=-3$.

3. (a) $\begin{pmatrix}1 & 1\\ 2 & -1\end{pmatrix}\begin{pmatrix}x_1\\ x_2\end{pmatrix}=\begin{pmatrix}1\\ 3\end{pmatrix}$;　(b) $\begin{pmatrix}1 & 1 & 0\\ 2 & 2 & 1\\ 3 & -1 & 1\end{pmatrix}\begin{pmatrix}x_1\\ x_2\\ x_3\end{pmatrix}=\begin{pmatrix}1\\ 2\\ 3\end{pmatrix}$.

6. (a) 否;　　(b) 否.

7. 提示: $\boldsymbol{A}^{\mathrm{T}}(\boldsymbol{A}^{-1})^{\mathrm{T}}=\boldsymbol{E}$.

8. 提示: $\boldsymbol{A}(\boldsymbol{x}-\boldsymbol{y})=\boldsymbol{0}$ 有非零解.

9. 提示: $\boldsymbol{A}^m(\boldsymbol{A}^{-1})^m=\boldsymbol{E}$.

10. 提示: $\boldsymbol{A},\boldsymbol{B}$ 不一定是乘法可交换的,可举例说明.

11. 成立.

12. 例如 $\boldsymbol{A}=\begin{pmatrix}1 & 0\\ 0 & 0\end{pmatrix}$, $\boldsymbol{B}=\begin{pmatrix}0 & 0\\ 1 & 0\end{pmatrix}$.

13. 不一定,例如 $\boldsymbol{A}=\begin{pmatrix}0 & -1\\ -1 & 1\end{pmatrix}$, $\boldsymbol{B}=\begin{pmatrix}1 & 1\\ 1 & 1\end{pmatrix}$.

14. 提示: 利用对称矩阵的定义.

15. 提示: 利用对称矩阵的定义.

16. 提示: $a_{ii}-(-a_{ii})=0$.

17. 提示: (a) 利用对称矩阵和反对称矩阵的定义; (b) 利用(a).

习　题　1.4

1. (a) $\boldsymbol{E}_0=\begin{pmatrix}3 & 0\\ 0 & 1\end{pmatrix}$;　(b) $\boldsymbol{E}_0=\begin{pmatrix}1 & 0 & 0\\ 0 & 0 & 1\\ 0 & 1 & 0\end{pmatrix}$;　(c) $\boldsymbol{E}_0=\begin{pmatrix}1 & 0 & 0\\ 0 & 1 & 0\\ 0 & 2 & 1\end{pmatrix}$.

2. (a) $\boldsymbol{E}_0=\begin{pmatrix}0 & 1\\ 1 & 0\end{pmatrix}$;　(b) $\boldsymbol{E}_0=\begin{pmatrix}1 & 2 & 0\\ 0 & 1 & 0\\ 0 & 0 & 1\end{pmatrix}$;　(c) $\boldsymbol{E}_0=\begin{pmatrix}1 & 0 & 0\\ 0 & 1 & 0\\ 0 & 0 & -1\end{pmatrix}$.

3. $\boldsymbol{E}_1=\begin{pmatrix}1 & 0 & 0\\ -1 & 1 & 0\\ 0 & 0 & 1\end{pmatrix}$, $\boldsymbol{E}_2=\begin{pmatrix}1 & 0 & 0\\ 0 & 1 & 0\\ -1 & 0 & 1\end{pmatrix}$, $\boldsymbol{E}_3=\begin{pmatrix}1 & 0 & 0\\ 0 & 1 & 0\\ 0 & -\frac{1}{3} & 1\end{pmatrix}$.

4. (a) $\boldsymbol{E}_1^{-1}=\begin{pmatrix}1 & 0\\ 2 & 1\end{pmatrix}$, $\boldsymbol{E}_2^{-1}=\begin{pmatrix}1 & 0\\ 0 & -1\end{pmatrix}$, $\boldsymbol{E}_3^{-1}=\begin{pmatrix}1 & 2\\ 0 & 1\end{pmatrix}$, $\boldsymbol{A}=\boldsymbol{E}_1^{-1}\boldsymbol{E}_2^{-1}\boldsymbol{E}_3^{-1}$;

(b) 提示: $\boldsymbol{A}^{-1}=\boldsymbol{E}_3\boldsymbol{E}_2\boldsymbol{E}_1$.

5. (a) $\begin{pmatrix}0&1\\1&0\end{pmatrix}$； (b) $\begin{pmatrix}-1&2\\3&-5\end{pmatrix}$； (c) $\begin{pmatrix}1&-1/2&-1/6\\0&1/2&-1/6\\0&0&1/3\end{pmatrix}$； (d) $\begin{pmatrix}-1&0&2\\0&1&0\\3&0&-5\end{pmatrix}$.

6. (a) $\boldsymbol{X}=(-1,2,4)^{\mathrm{T}}$； (b) $\boldsymbol{X}=(-5,0,13)^{\mathrm{T}}$.

7. (a) $\boldsymbol{X}=\begin{pmatrix}-7&-6\\8&7\end{pmatrix}$； (b) $\boldsymbol{X}=\begin{pmatrix}-3&2\\-4&3\end{pmatrix}$；

(c) $\boldsymbol{X}=\begin{pmatrix}-3/2&-1/2\\-1/2&-1/2\end{pmatrix}$； (d) $\boldsymbol{X}=\begin{pmatrix}1&-1/2\\2&-1/2\end{pmatrix}$.

8. 无穷多个，奇异.

9. 是，奇异.

10. 提示：$(\boldsymbol{A}-\boldsymbol{B})\boldsymbol{x}=\boldsymbol{0}$ 有非零解.

11. 提示：用反证法.

12. 提示：利用对称矩阵的定义.

13. 提示：利用定理 1.5.

14. 提示：将 $\boldsymbol{A},\boldsymbol{B}$ 中的元素设出.

习　题　1.5

1. (a) $(\boldsymbol{E}\quad \boldsymbol{A}^{-1})$； (b) $\begin{pmatrix}\boldsymbol{E}&\boldsymbol{A}^{-1}\\\boldsymbol{A}&\boldsymbol{E}\end{pmatrix}$.

2. 提示：将 $\boldsymbol{A},\boldsymbol{B}$ 中的元素设出.

3. (a) $\boldsymbol{A}\boldsymbol{b}_1=\begin{pmatrix}2\\11\end{pmatrix}$，$\boldsymbol{A}\boldsymbol{b}_2=\begin{pmatrix}-1\\7\end{pmatrix}$； (b) $\boldsymbol{\alpha}_1\boldsymbol{B}=(2,-1)$，$\boldsymbol{\alpha}_2\boldsymbol{B}=(11,7)$.

4. 提示：$\boldsymbol{X}=(x_1,x_3,\cdots,x_n)^{\mathrm{T}}$.

6. (b) $\boldsymbol{C}=-\boldsymbol{A}_{11}^{-1}\boldsymbol{A}_{12}\boldsymbol{A}_{22}^{-1}$.

7. 提示：用反证法.

8. 提示：取 $\boldsymbol{x}=\boldsymbol{e}_i(i=1,2,\cdots,n)$，代入 $\boldsymbol{A}\boldsymbol{x}=\boldsymbol{0}$.

9. 提示：$\boldsymbol{B}-\boldsymbol{C}=\boldsymbol{O}$.

习　题　2.1

1. (a) 7； (b) -10.

2. $\lambda=\dfrac{3\pm\sqrt{21}}{2}$.

4. (a) 否； (b) 是； (c) 是.

习　题　2.2

1. (a) -2,非奇异; (b) -2,非奇异.
2. $k_1=2,k_2=-4,k_3=-2$.
3. 提示:每行提出一个公因子 k.
4. 提示:$\det(\boldsymbol{E})=\det(\boldsymbol{A}\boldsymbol{A}^{-1})=\det(\boldsymbol{A})\det(\boldsymbol{A}^{-1})$.
5. 提示:$\det(\boldsymbol{B})=\det(\boldsymbol{P}^{-1}\boldsymbol{A}\boldsymbol{P})=\det(\boldsymbol{P}^{-1})\det(\boldsymbol{A})\det(\boldsymbol{P})$.
6. 提示:$\det(\boldsymbol{A}\boldsymbol{B})=\det(\boldsymbol{A})\det(\boldsymbol{B})$.
7. 提示:用数学归纳法.
8. 提示:利用初等行变换.
9. 提示:利用分块矩阵和初等行变换.
10. 提示:$\det(\boldsymbol{A}\boldsymbol{A}^{\mathrm{T}})=\det(\boldsymbol{A})\det(\boldsymbol{A}^{\mathrm{T}})=(\det(\boldsymbol{A}))^2=\det(\boldsymbol{E})=1$.

习　题　2.3

1. (a) $\det(\boldsymbol{A})=-2$, $\boldsymbol{A}^*=\begin{pmatrix}-4 & 3\\ 2 & -1\end{pmatrix}$, $\boldsymbol{A}^{-1}=\begin{pmatrix}2 & -3/2\\ -1 & 1/2\end{pmatrix}$;

   (b) $\det(\boldsymbol{A})=6$, $\boldsymbol{A}^*=\begin{pmatrix}6 & 6 & 4\\ 0 & 3 & -2\\ 0 & 0 & 2\end{pmatrix}$, $\boldsymbol{A}^{-1}=\begin{pmatrix}1 & 1 & 2/3\\ 0 & 1/2 & -1/3\\ 0 & 0 & 1/3\end{pmatrix}$.
2. $\boldsymbol{A}=\begin{pmatrix}a & 0\\ 0 & a\end{pmatrix}$.
3. 提示:(b) $\det(\boldsymbol{B})=b_1\cdots b_i\cdots b_n\neq 0$, $\det(\boldsymbol{A})=a_1\cdots a_i\cdots a_n\neq 0$;

   (c) $\boldsymbol{A}^{-1}=\dfrac{\boldsymbol{A}^*}{\det(\boldsymbol{A})}$, $\boldsymbol{B}^{-1}=\dfrac{\boldsymbol{B}^*}{\det(\boldsymbol{B})}$.
4. 提示:利用 $\boldsymbol{A}\boldsymbol{A}^*=\det(\boldsymbol{A})\boldsymbol{E}$.
5. 提示:利用 $\boldsymbol{A}\boldsymbol{A}^*=\det(\boldsymbol{A})\boldsymbol{E}$.
6. 同第 5 题.
7. 提示:$\boldsymbol{A}^*(\boldsymbol{A}^*)^*=\det(\boldsymbol{A}^*)\boldsymbol{E}=\det(\boldsymbol{A})\boldsymbol{E}=\boldsymbol{E}$, $(\boldsymbol{A}^*)^*=(\boldsymbol{A}^*)^{-1}=(\boldsymbol{A}^{-1})^*$,

   $\boldsymbol{A}^*=\boldsymbol{A}^{-1}$, $(\boldsymbol{A}^*)^*=(\boldsymbol{A}^{-1})^{-1}=\boldsymbol{A}$.
8. 提示:$\det(\boldsymbol{A})=\pm 1$.
9. (a) $\begin{cases}x_1=1,\\ x_2=0;\end{cases}$ (b) 无解; (c) $\begin{cases}x_1=5,\\ x_2=1,\\ x_3=1.\end{cases}$

习　题　2.4

1. 都可能有.

2. $r(\boldsymbol{A})\geqslant r(\boldsymbol{B})\geqslant r(\boldsymbol{A})-1$；

3. (a) $r=2$； (b) $r=2$； (c) $r=3$.

4. (a) $k=1$； (b) $k=-2$； (c) $k\neq1$，且 $k\neq-2$.

习　题　3.1

1. 提示：利用向量空间的定义.

5. 提示：用反证法.

6. 提示：等式两边加上 $-\boldsymbol{x}$.

7. (a) 否； (b) 是.

8. (a) $N(\boldsymbol{A})$包含所有形如 $\alpha(-1,1,0,0)^{\mathrm{T}}+\beta(1,0,1,0)^{\mathrm{T}}$ 的向量，其中 α,β 为常数；

   (b) $N(\boldsymbol{A})$包含所有形如 $\alpha\left(-\frac{3}{2},-\frac{1}{2},1\right)^{\mathrm{T}}$ 的向量，其中 α 为常数.

9. 提示：利用子空间的定义.

习　题　3.2

1. (a) 线性无关； (b) 线性相关.

2. (a) 线性无关； (b) 线性无关； (c) 线性相关.

3. (a) 否； (b) 是.

4. 提示：设 $k_1(\boldsymbol{\alpha}+\boldsymbol{\beta})+k_2(\boldsymbol{\alpha}-\boldsymbol{\beta})+k_3(\boldsymbol{\alpha}-2\boldsymbol{\beta}+\boldsymbol{\gamma})=\mathbf{0}$.

7. 提示：线性无关时只有零解.

8. 提示：利用线性无关的定义.

习　题　3.3

3. (a) $\boldsymbol{\alpha}_1,\boldsymbol{\alpha}_2,\boldsymbol{\alpha}_3$ 是极大无关组，$\boldsymbol{\alpha}_4=\frac{8}{5}\boldsymbol{\alpha}_1-\boldsymbol{\alpha}_2+2\boldsymbol{\alpha}_3$；

   (b) $\boldsymbol{\alpha}_1,\boldsymbol{\alpha}_2,\boldsymbol{\alpha}_3$ 是极大无关组，$\boldsymbol{\alpha}_4=\boldsymbol{\alpha}_1+3\boldsymbol{\alpha}_2-\boldsymbol{\alpha}_3$，$\boldsymbol{\alpha}_5=-\boldsymbol{\alpha}_2+\boldsymbol{\alpha}_3$.

4. $a=2,b=5$.

5. $r(\text{Ⅳ})=3$.

习　题　3.4

1. (a) 否； (b) 是.

2. (a) $\det(\boldsymbol{X})\neq0$； (b) $\boldsymbol{x}_3=(1,0,1)^{\mathrm{T}}$.

3. $\boldsymbol{x}_1,\boldsymbol{x}_3,\boldsymbol{x}_5$.

4. 否.

习　题　3.5

1. (a) $\begin{pmatrix} 3 & -2 \\ -1 & 1 \end{pmatrix}$；　(b) $\begin{pmatrix} -5/11 & 3/11 \\ 2/11 & 1/11 \end{pmatrix}$.

2. (a) $\begin{pmatrix} 5/2 & -2 & 1/2 \\ -1/2 & 0 & 1/2 \\ -1/2 & 1 & -1/2 \end{pmatrix}$；　(b) $\left(\frac{3}{2},\frac{1}{2},-\frac{3}{2}\right)^{\mathrm{T}}$；　(c) $\left(\frac{19}{2},-\frac{5}{2},\frac{1}{2}\right)^{\mathrm{T}}$.

3. $\boldsymbol{\beta}_1=\begin{pmatrix} 5 \\ 6 \end{pmatrix}$，$\boldsymbol{\beta}_2=\begin{pmatrix} 9 \\ 11 \end{pmatrix}$.

4. 提示：$(\boldsymbol{e}_1,\boldsymbol{e}_2)=(\boldsymbol{\alpha}_1,\boldsymbol{\alpha}_2)\boldsymbol{P}$，$(\boldsymbol{\alpha}_1,\boldsymbol{\alpha}_2)=(\boldsymbol{\beta}_1,\boldsymbol{\beta}_2)\boldsymbol{Q}$.

习　题　3.6

1. 提示：利用线性算子的定义.

3. $L((7,6)^{\mathrm{T}})=\left(-\frac{2}{3},\frac{55}{3}\right)^{\mathrm{T}}$.

4. (a) 是；　(b) 否.

5. (a) 是；　(b) 否.

6. (a) 是；　(b) 否.

9. (a) $\boldsymbol{A}=\begin{pmatrix} 1 & 0 & 1 \\ 0 & 0 & 0 \end{pmatrix}$；　(b) $\boldsymbol{A}=\begin{pmatrix} -1 & 1 & 0 \\ -1 & 0 & 1 \end{pmatrix}$.

10. $\boldsymbol{A}=\begin{pmatrix} 1 & -1 & -1 \\ -1 & 1 & -1 \\ -1 & -1 & 1 \end{pmatrix}$.　(a) $x=(0,-2,0)^{\mathrm{T}}$；　(b) $x=(0,-4,2)^{\mathrm{T}}$.

11. $\boldsymbol{A}=\begin{pmatrix} 1 & 0 \\ 0 & 1 \\ 1 & -1 \end{pmatrix}$.

习　题　4.1

1. 提示：利用定理 1.5.

4. $\mathrm{r}(\boldsymbol{A})=3$，基础解系为

$$\boldsymbol{\alpha}_1=(-1,-1,1,2,0)^{\mathrm{T}},\quad \boldsymbol{\alpha}_2=(7,5,-5,0,8)^{\mathrm{T}}.$$

习　题　4.2

1. (a) $\boldsymbol{x}=(1,-2,0,1,0)^{\mathrm{T}}k_1+(-18,21,-5,0,3)^{\mathrm{T}}$（$k_1$ 为任意常数）；

(b) $\boldsymbol{x}=(1,2,-1)^{\mathrm{T}}$.

2. $k=0, l=-4, \boldsymbol{x}=k_1\boldsymbol{\xi}_1+k_2\boldsymbol{\xi}_2+k_3\boldsymbol{\xi}_3+\boldsymbol{\eta}^*$（$k_1, k_2, k_3$ 为任意常数），其中

$$\boldsymbol{\xi}_1=(1,-1,1,0,0)^{\mathrm{T}},\quad \boldsymbol{\xi}_2=(1,-1,0,1,0)^{\mathrm{T}},\quad \boldsymbol{\xi}_3=(-1,0,0,0,1)^{\mathrm{T}},$$

$$\boldsymbol{\eta}^*=\left(-2,\frac{3}{2},0,0,0\right)^{\mathrm{T}}.$$

3. 提示：利用线性方程组有解的充要条件 $\mathrm{r}(\boldsymbol{A})=\mathrm{r}(\boldsymbol{A}\,\vdots\,\boldsymbol{b})$，其中 $\boldsymbol{A},\boldsymbol{b}$ 分别为线性方程组的系数矩阵和右端项矩阵.

4. $\boldsymbol{x}=k_1\boldsymbol{\xi}_1+\boldsymbol{\eta}^*$（$k_1$ 为任意常数），其中 $\boldsymbol{\xi}_1=(3,4,5,6)^{\mathrm{T}}, \boldsymbol{\eta}^*=(2,3,4,5)^{\mathrm{T}}$.

习　题　5.1

1. (a) 0；　(b) $\frac{\pi}{2}$.

2. (a) $(3,0)^{\mathrm{T}}$；　(b) $(3,3,3)^{\mathrm{T}}$.

3. (a) $\frac{\pi}{3}$；　(b) 7.

4. (b) $\|\boldsymbol{x}\|=10$.

5. (a) 否；　(b) 是.

6. (b) $\boldsymbol{x}=-\frac{3\sqrt{2}}{2}\boldsymbol{\alpha}_1+3\boldsymbol{\alpha}_2-\frac{\sqrt{2}}{2}\boldsymbol{\alpha}_3$，$\|\boldsymbol{x}\|=\sqrt{14}$.

7. $\pm\frac{\sqrt{3}}{2}$.

8. (a) 0；　(b) $\sqrt{3}$，$\sqrt{2}$；　(c) $\frac{\pi}{2}$.

9. 提示：由正交矩阵的定义可得 $d=\pm1$.

10. 提示：利用正交矩阵的定义.

习　题　5.2

1. (a) $\boldsymbol{b}_1=\left(-\frac{1}{\sqrt{2}},\frac{1}{\sqrt{2}}\right)^{\mathrm{T}}$，$\boldsymbol{b}_2=\left(\frac{1}{\sqrt{2}},\frac{1}{\sqrt{2}}\right)^{\mathrm{T}}$；　(b) $\boldsymbol{b}_1=\left(\frac{2}{\sqrt{5}},\frac{1}{\sqrt{5}}\right)^{\mathrm{T}}$，$\boldsymbol{b}_2=\left(-\frac{1}{\sqrt{5}},\frac{2}{\sqrt{5}}\right)^{\mathrm{T}}$.

2. $\boldsymbol{b}_1=\left(\frac{1}{\sqrt{6}},\frac{2}{\sqrt{6}},-\frac{1}{\sqrt{6}}\right)^{\mathrm{T}}$，$\boldsymbol{b}_2=\left(-\frac{1}{\sqrt{3}},\frac{1}{\sqrt{3}},\frac{1}{\sqrt{3}}\right)^{\mathrm{T}}$，$\boldsymbol{b}_3=\left(\frac{1}{\sqrt{2}},0,\frac{1}{\sqrt{2}}\right)^{\mathrm{T}}$.

习　题　6.1

1. (a) $\lambda_1=1,\lambda_2=3$，$\boldsymbol{\xi}_1=k_1(-1,1)^{\mathrm{T}}$，$\boldsymbol{\xi}_2=k_2(1,1)^{\mathrm{T}}$；

(b) $\lambda_1=1$（二重），$\lambda_2=-1$，$\boldsymbol{\xi}_1=k_1(1,0,0)^{\mathrm{T}}$，$\boldsymbol{\xi}_3=k_3(1,2,0)^{\mathrm{T}}$；

(c) $\lambda_1=1,\lambda_2=2,\lambda_3=3,\lambda_4=4$，$\boldsymbol{\xi}_1=k_1(1,0,0,0)^{\mathrm{T}}$，$\boldsymbol{\xi}_2=k_2(0,1,0,0)^{\mathrm{T}}$，

$\boldsymbol{\xi}_3=k_3(0,0,1,0)^{\mathrm{T}}$，$\boldsymbol{\xi}_4=k_4(0,0,0,1)^{\mathrm{T}}$；

(d) $\lambda_1=2$(三重), $\lambda_2=1$, $\xi_1=k_1(1,1,0,0)^T+k_2(0,0,1,0)^T$, $\xi_2=k_3(0,1,0,0)^T$.

9. $\lambda_1=5, \lambda_2=6$.

习 题 6.2

4. (a) $X=\begin{pmatrix}1 & 1\\ 1 & -1\end{pmatrix}$, $D=\begin{pmatrix}1 & 0\\ 0 & -1\end{pmatrix}$; (b) $X=\begin{pmatrix}1 & -2 & 1/3\\ 0 & 1 & -1\\ 0 & 0 & 1\end{pmatrix}$, $D=\begin{pmatrix}2 & 0 & 0\\ 0 & 1 & 0\\ 0 & 0 & -1\end{pmatrix}$.

5. 提示: $A^5=(XDX^{-1})^5=XD^5X^{-1}$.

6. (a) 提示: 取正交矩阵 P, 使得 P^TAP 为对角矩阵;

(b) 提示: 与(a)相同.

习 题 6.3

3. (a) $\begin{pmatrix}3 & -1\\ -1 & 1\end{pmatrix}$; (b) $\begin{pmatrix}1 & -1/2 & 1\\ -1/2 & -1 & -3/2\\ 1 & -3/2 & 1\end{pmatrix}$.

4. (a) 不定; (b) 不定; (c) 不定.

9. (a) 是; (b) 否; (c) 是.

11. (a) 提示: 二次型的矩阵为 $\begin{pmatrix}2 & 2 & -2\\ 2 & 5 & -4\\ -2 & -4 & 5\end{pmatrix}$, 其特征值为 $\lambda_1=1$(二重), $\lambda_2=10$.

(b) 提示: 二次型的矩阵为 $\begin{pmatrix}0 & 1/2 & 0 & 1/2\\ 1/2 & 0 & 1/2 & 0\\ 0 & 1/2 & 0 & 1/2\\ 1/2 & 0 & 1/2 & 0\end{pmatrix}$, 其特征值为 $\lambda_1=0$(二重), $\lambda_2=1$, $\lambda_3=-1$.

12. (a) 否. 提示: 二次型的矩阵为 $\begin{pmatrix}5 & -2 & 0\\ -2 & 1 & -2\\ 0 & -2 & 4\end{pmatrix}$.

(b) 否. 提示: 二次型的矩阵为 $\begin{pmatrix}1 & 0 & 0 & 2\\ 0 & 1 & -2 & 1\\ 0 & -2 & 4 & 2\\ 2 & 1 & 2 & 7\end{pmatrix}$.